KB144502

한국산업인력공단 출제기준 **100% 반영** 합격 수험서!

미용사 일반
필기시험 최종마무리

한국미용교과교육과정연구회 지음

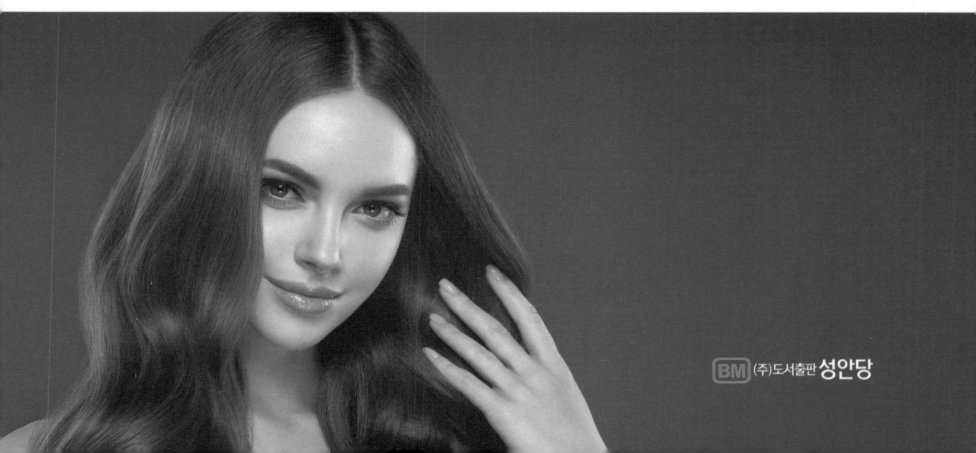

BM (주)도서출판 **성안당**

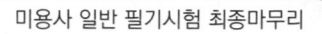

"국가기술자격 미용사(일반) 필기시험 합격률 31.6%!"
(2018년 한국산업인력공단 국가기술자격통계)

미용사(일반) 국가자격시험 정말로 합격하기 어려운가요?

대부분의 미용사(일반) 필기시험 대비 문제집은 기본적인 이론과 지난 기출문제(정시시험)를 중심으로 구성되었기 때문에 최근 국가기술자격 CBT 상시시험의 새로운 문제 유형을 쫓아가지 못하고 있고, 그 결과 합격률은 점차 떨어지고 있습니다. 이에 ㈜성안당과 최고의 집필진이 모여 수험자가 반드시 합격할 수 있도록 「미용사 일반 필기시험에 미치다」, 「미용사 일반 실기시험에 미치다」에 이어 「미용사 일반 필기시험 최종마무리」를 출간하였습니다. 이 책은 〈출제문제를 철저하게 분석한 핵심이론정리〉, 〈출제빈도가 높은 기출문제〉, 〈최근 출제 경향에 맞춘 CBT 상시시험 복원문제와 적중문제〉가 전격 수록되어, CBT 상시시험을 철저히 준비하기 원하는 수험자나 시험 준비 시간이 부족한 수험자 모두에게 합격이라는 만족할 만한 결과를 만들어줄 것입니다.

CBT 상시시험 완벽 대비! 합격을 위한 최종마무리!

1. 꼭 알아두어야 할 알짜배기 핵심이론정리

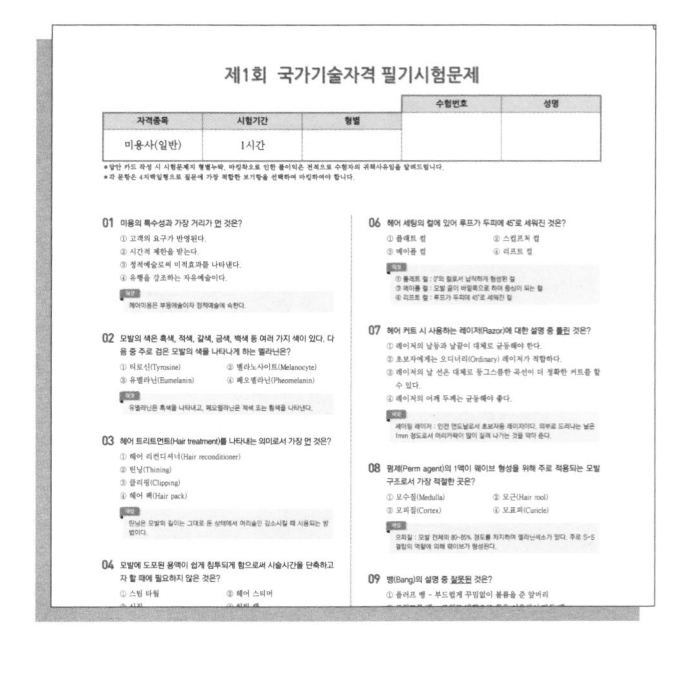

2. 매년 반복 출제되는 기출문제

3. CBT 상시시험 복원문제와 적중문제

4. 저자 직강 문제풀이 동영상 강좌

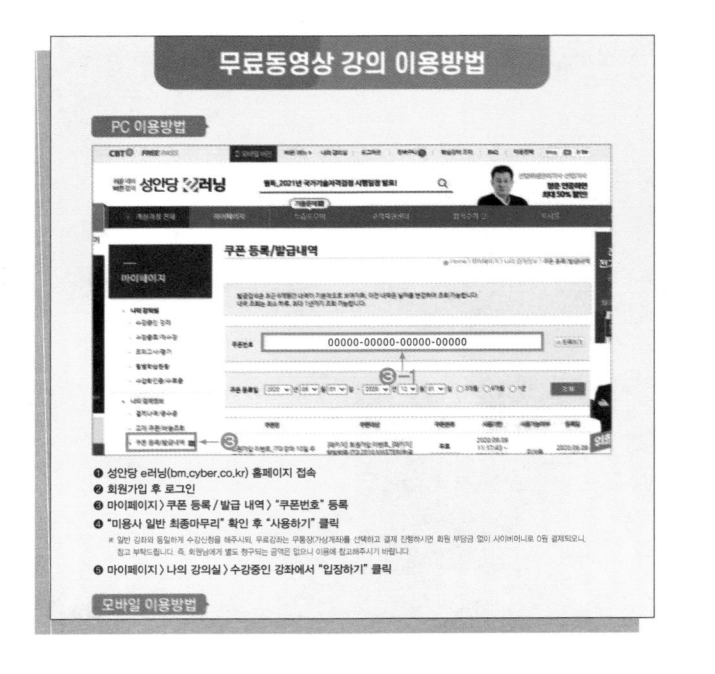

무료동영상 강의 이용방법

PC 이용방법

① 성안당 e러닝(bm.cyber.co.kr) 홈페이지 접속
② 회원가입 후 로그인
③ 마이페이지 〉 쿠폰 등록 / 발급 내역 〉 "쿠폰번호" 등록
④ "미용사 일반 최종마무리" 확인 후 "사용하기" 클릭

※ 일반 강좌와 동일하게 수강신청을 해주시되, 무료강좌는 무통장(가상계좌)를 선택하고 결제 진행하시면 회원 부담금 없이 사이버머니로 0원 결제되오니,
참고 부탁드립니다. 즉, 회원님에게 별도 청구되는 금액은 없으니 이용에 참고해주시기 바랍니다.

⑤ 마이페이지 〉 나의 강의실 〉 수강중인 강좌에서 "입장하기" 클릭

모바일 이용방법

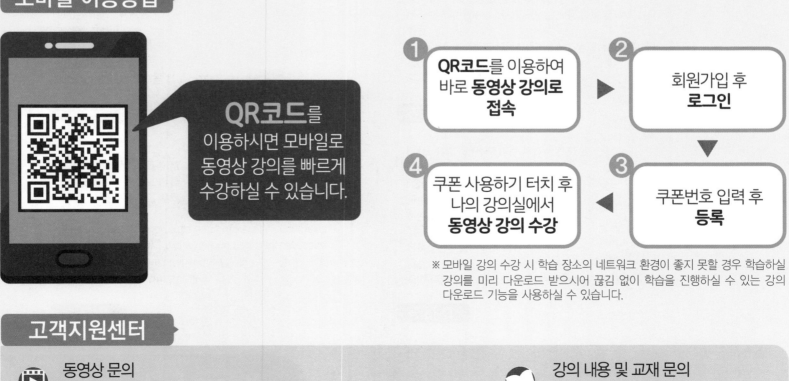

QR코드를 이용하시면 모바일로 동영상 강의를 빠르게 수강하실 수 있습니다.

① QR코드를 이용하여 바로 **동영상 강의로** 접속
② 회원가입 후 **로그인**
③ 쿠폰번호 입력 후 **등록**
④ 쿠폰 사용하기 터치 후 나의 강의실에서 **동영상 강의 수강**

※ 모바일 강의 수강 시 학습 장소의 네트워크 환경이 좋지 못할 경우 학습하실 강의를 미리 다운로드 받으시어 끊김 없이 학습을 진행하실 수 있는 강의 다운로드 기능을 사용하실 수 있습니다.

고객지원센터

 동영상 문의
031-950-6332
상담시간 : 09:00~18:00 점심시간 : 12:30~13:30(주말, 공휴일 휴무)

 강의 내용 및 교재 문의
031-950-6372

저자소개

배신영

현) 대림대학교 항공서비스과 교수
U.A.E Emirates Arilines Cabin Crew
Melbourne University Private Hawthorn English Language
Centers Certificate California State University, Long Beach,
TESOL Cetificate
中國天津南開大學校 硏修
中國北京人民大學校 硏修
中國硯台師範大學校 硏修

곽진만

현) 한국헤어컬러리스트 협회 대표
현) 뷰티 에듀테인먼트(주) 대표
경력
로레알 코리아 교육팀 과장
쟈끄데상쥬 교육이사
이용사 NCS 모듈 집필위원

윤정순

현) 신라대학교 뷰티비지니스학과 외래교수
현) 대동대학교 겸임 조교수
현) 윤정순 뷰티아카데미 학원 원장
학력
인제대학교 보건대학원 보건학 석사
인제대학교 일반대학원 보건학 박사 수료
경력
동주대학교 겸임전임 강사 및 초빙교수 역임
동명대학교 전임강사 및 학과장 역임
윤정순 미용실 운영
인제대학교, 인제대학보건대학원 외래교수 역임
부산시 상공회의소(소창업 지원센터) 교육강사

이복희

현) 서경대학교 미용예술학과 주임교수
학력
서경대학교 문화예술학 박사
서경대학교(일반대학원) 미용예술학 석사
경력
NCS 개발 및 심의 위원
학습모듈 개발 검토위원
대한민국 산업현장교수

윤미선

현) 한성대학교 예술대학원 뷰티예술학과 주임교수
학력
숭실대학교 뷰티공학 박사
경력
한국네일미용학회 이사
한국미용직능대책위원회 부위원장
USA NAIL & HAIR 대표
USA NAIL2 대표
ELITE NAIL & HAIR(미국 뉴저지주) 근무

오무선

현) 오무선뷰티컴퍼니 대표
현) 오무선미용실 및 오무선 뷰티아카데미 경영
현) 계명문화대학교 기업브랜드학부 오무선뷰티전공 교수
경력
대구 교도소 재소자 직업훈련지도 미용 특별 강사
대구미용사회 중앙회 기술 강사 및 이사 역임
전국 기능경기 대회 미용심사위원
국제기능 올림픽 대회 후보 선수 2차 평가 미용직종 심사위원
대구기능발전회 회장 역임
대구광역시장배 미용기능 경기대회 심사위원
한국미용장협회 대구, 경북지회장 및 이사 임명
대구광역시 기능경기위원회 위원

정매자

현) 서정대학교 뷰티아트과 교수
현) 대한민국 명장회 및 대한미용장협회 이사
현) 과정평가형 자격 지원단 위촉장
현) 대한민국명장 심사위원
현) 지방, 전국 기능경기대회 과제출제 및 검토위원
현) 대한미용사 중앙회 기술 강사
현) 정정원헤어룩 대표
경력
대구광역시 달구별명인 심사위원회 위원 다수
각종 기능경기대회 심사위원 다수
국가기술자격검정 미용장 시험 감독위원(채점)
국가기술검정 시험위원

정향옥

현)대한민국산업현장교수
현)인하직업전문학교장
현)인하희망학교(대안)이사장
현)인하뷰티플러스대표
현)글로벌 뷰티산업진흥원대표
현)글로벌뷰티산업협동조합이사장
학력
상명대학원 박사과정수료
경력
NCS검토 및 심의위원
학습모듈검토위원
국가기술자격정책 심의위원(이,미용분야)
수상
대한민국대통령상 표창

들어가는 말

본 수험서는 미용 직무(task)인 일과 관련된 지식을 미용산업 현장과 연결고리를 지음으로써 학습의 지속성(전이)과 지식의 확장이라는 측면에서 지속적인 가치를 지니는 미용사의 지식을 일반화시키고자 했다.

집필방향은 새롭게 출간 및 개정 보완된 "미용사(일반) 필기/실기시험에 美치다"에서의 기초한 내용과 더불어, 한국산업인력공단 주관 국가기술자격시험에서 요구하는 미용사(일반) 필기시험 출제기준과 기출문제(정시 및 상시시험)를 선지식으로 하여 역 집필하였다.

집필원칙은 내용의 엄격성과 적절성 관점에서 살펴볼 수 있다. 질 높은 '소수의' 내용을 선정한다는 깊이 있는 원칙을 적절하게 지키고자 함으로써 내용은 단편 지식(무의미한 암기)이 아닌, 수험자의 경험과 지적활동을 통해 배움의 내용을 스스로 '구성'할 수 있게 하였다. 수험자의 특성과 모든 교과 교육과정에서 요구되는 현실적인 적용을 전반적으로 고려하여 미용전문 용어 또한 수행준거에 따라 엄격하게 제시하고자 했다. 특히 본서는 미용사(일반) 국가기술자격 필기시험 준비를 위한 기본서 〈미용사 일반 필기시험에 미치다〉에 이은 "최종마무리" 단계로서 최근 어려워진 상시시험을 대비하여 반드시 합격할 수 있도록 집필하였다.

더 나아가 본서의 저자(한국미용교과교육과정연구회)들은 한국산업인력공단 국가기술자격시험에 공시된 출제기준을 미용이론, 피부학, 공중보건학, 소독학, 공중위생관리법규, 화장품의 6개 파트로 구조화하여 수험자가 습득해야 할 전체 그림의 틀을 그려볼 수 있도록 하였다. 또한, '모든' 수험자가 최종마무리 문제풀이를 통해 합격이라는 공통의 목적에 도달할 수 있도록 내적 구성요소를 고루 갖춘 맞춤형 합격 수험서로 개발하였다.

이는 핵심정리이론(제1편), 기출문제(제2편), 상시대비 복원문제(제3편), 상시대비 적중문제(제4편)로서 지문에 따른 해설을 근거로 수험자들이 관점을 가지고 적용, 해석, 설명할 수 있도록 하였다. 이에 1회 60문제 기준 10회 차, 상시대비 복원문제 2회차 및 상시대비 적중문제 5회차를 새로운 상황과 맥락으로 제공하였다. 또한, 저자 직강 상시시험 문제 풀이 동영상을 제공하였다.

살펴본 바와 같이 본서는 미용 아티스트로서의 수험자의 미래 삶의 질을 결정하는 관문으로서 '합격'을 성공적으로 완성할 수 있도록 심혈을 기울여 집필·출간하였다. 본서가 나오기까지 수고한 한국미용교과교육과정연구회 모든 회원과 최고의 수험서를 만들기 위해 최선을 다하는 성안당 출판사에게 심심한 감사의 말을 전한다.

한국미용교과교육과정연구회

국가자격 미용사(일반) 필기시험 안내

❖ **개요**

미용업무는 공중위생분야로서, 국민의 건강과 직결된 중요한 분야이다. 국가의 산업구조가 제조업에서 서비스업 중심으로 전환되는 차원에서 수요가 증대되고 있다. 분야별로 세분화 및 전문화되고 있는 세계적인 추세에 맞추어 헤어미용 업무를 수행할 수 있는 미용분야 전문인력을 양성하여 국민의 보건과 건강을 보호하기 위하여 자격제도를 제정하였다.

❖ **직행직무**

아름다운 헤어스타일 연출 등을 위하여 헤어 및 두피에 적절한 관리법과 기기 및 제품을 사용하여 일반미용을 수행한다.

❖ **진로 및 전망**

- 진로 : 미용실에 취업하거나 직접 미용실 운영
- 전망 : 미용업계가 과학화, 기업화됨에 따라 미용사의 지위와 대우가 향상되고 작업조건도 양호해질 전망이다. 미용실을 이용하는 남성이 많아지고, 남자 미용사가 미용업에 종사하는 수가 많아지는 추세로 보아 남자에게 취업의 기회가 확대될 전망이다.

 * 공중위생법상 미용사가 되려는 자는 미용사자격취득을 한 뒤 시·도지사의 면허를 받도록 하고 있다(법 제9조)
 * 미용사(일반)의 업무범위 : 파마, 머리카락 자르기, 머리카락 모양내기, 머리피부 손질, 머리카락 염색, 머리감기, 의료기기와 의약품을 사용하지 아니하는 눈썹손질

❖ **취득방법**

- 시행처 : 한국산업인력공단(http://q-net.or.kr)
- 훈련기관 : 직업전문학교 미용 6개월 과정 및 여성발전센터 3개월 과정 등
- 시험과목
 - 필기 : 1. 미용이론(피부학)
  2. 공중위생관리학(공중보건학·소독학·공중위생법규)
  3. 화장품학
 - 실기 : 미용작업
- 검정방법
 - 필기 : 객관식 4지 택일형, 60문항(60분)
 - 실기 : 작업형(2시간 45분)

- 합격기준 : 60점 이상/100점
- 응시자격 : 제한 없음
 ※ '16년도부터 과정평가형 자격으로 취득 가능(www.ncs.go.kr)

❖ **시험 수수료**

- 필기 : 14,500원
- 실기 : 24,900원

❖ **출제경향**

헤어샴푸, 커트, 펌, 세팅, 컬러링 등 미용작업의 숙련도 및 정확성 평가

❖ **수험원서 접수방법**

- 인터넷 접수만 가능
- 원서접수 홈페이지 : http://q-net.or.kr

❖ **수험원서 접수시간**

접수시간은 회별 원서접수 첫날 10:00부터 마지막 날 18:00까지

❖ **수험원서 접수기간**

- CBT 필기시험 : 연중 상시시험
- 실기시험 : 연중 상시시험
 ※ 필기·실기시험별로 정해진 접수기간 동안 접수하며 연간 시행계획을 기준으로 지사(출장소)의 세부시행계획에 따라 시행

❖ **합격자 발표**

- 인터넷(http://q-net.or.kr/)에서 로그인 후 확인(발표일로부터 2개월간 안내)
- ARS 자동응답전화(☎ 1666-0510)에서 수험번호 누르고 조회(실기시험만 7일간 안내)
- CBT 필기시험은 시험종료 즉시 합격 여부가 발표되므로 별도의 ARS 자동응답전화를 통한 합격자 발표 미운영

CBT 필기시험	실기시험
수험자 답안 제출과 동시에 합격 여부 확인	해당 실기시험 종료 후 다음 주 목요일 09:00에 합격자 발표 * 공휴일에 해당할 경우 별도 지정

미용사(일반) 필기시험 출제기준

직무분야	이용 · 숙박 · 여행 · 오락 · 스포츠	중직무분야	이용 · 미용	자격종목	미용사(일반)	적용기간	2021. 1. 1. ~ 2021. 12. 31.

직무내용 : 고객의 미적요구와 정서적 만족감 충족을 위해 미용기기와 제품을 활용하여 샴푸, 헤어 커트, 헤어 퍼머넌트 웨이브, 헤어 컬러, 두피, 모발 관리, 헤어스타일 연출 등의 서비스를 제공하는 직무

검정방법	객관식	문제 수	60	시험시간	1시간

주요항목	세부항목	세세항목
1. 미용이론	1. 미용총론	1. 미용의 개요 2. 미용과 관련된 인체의 명칭 3. 미용작업의 자세 4. 고객응대
	2. 미용의 역사	1. 한국의 미용 2. 외국의 미용
	3. 미용장비	1. 미용도구(빗, 브러시, 가위, 레이저, 샴푸도기 등) 2. 미용기기(세팅기, 미스트기, 히팅기, 소독기 등)
	4. 헤어 샴푸 및 컨디셔너	1. 헤어샴푸 2. 헤어 컨디셔너
	5. 헤어 커트	1. 헤어 커트의 기초이론(작업 자세 및 커트 유형, 특징 등) 2. 헤어 커트 시술
	6. 헤어 퍼머넌트 웨이브	1. 퍼머넌트 웨이브 기초이론 2. 퍼머넌트 웨이브 시술
	7. 헤어스타일 연출	1. 헤어스타일 기초이론 2. 헤어 세팅 작업(헤어세팅, 헤어 아이론(Iron), 블로 드라이 등)
	8. 두피 및 모발 관리	1. 두피 · 모발 관리의 이해 2. 두피 관리(스캘프 트리트먼트) 3. 모발 관리(헤어트리트먼트)
	9. 헤어 컬러	1. 색채이론 2. 탈색이론 및 방법 3. 염색이론 및 방법
	10. 뷰티 코디네이션	1. 뷰티코디네이션 2. 가발
	11. 피부와 피부 부속기관	1. 피부 구조 및 기능 2. 피부 부속기관의 구조 및 기능
	12. 피부유형분석	1. 정상피부의 성상 및 특징 2. 건성피부의 성상 및 특징 3. 지성피부의 성상 및 특징 4. 민감성 피부의 성상 및 특징 5. 복합성 피부의 성상 및 특징 6. 노화피부의 성상 및 특징
	13. 피부와 영양	1. 3대 영양소, 비타민, 무기질 2. 피부와 영양 3. 체형과 영양
	14. 피부 장애와 질환	1. 원발진과 속발진 2. 피부 질환
	15. 피부와 광선	1. 자외선이 미치는 영향 2. 적외선이 미치는 영향
	16. 피부 면역	1. 면역의 종류와 작용
	17. 피부 노화	1. 피부 노화의 원인 2. 피부 노화현상
2. 공중위생관리학	1. 공중보건학 총론	1. 공중보건학의 개념 2. 건강과 질병 3. 인구보건 및 보건지표
	2. 질병관리	1. 역학 2. 감염병관리 3. 기생충질환관리 4. 성인병관리 5. 정신보건 6. 이 · 미용 안전사고

주요항목	세부항목		세세항목
	3. 가족 및 노인보건		1. 가족보건 2. 노인보건
	4. 환경보건		1. 환경보건의 개념 2. 대기환경 3. 수질환경 4. 주거 및 의복환경
	5. 산업보건		1. 산업보건의 개념 2. 산업재해
	6. 식품위생과 영양		1. 식품위생의 개념 2. 영양소 3. 영양상태 판정 및 영양장애
	7. 보건행정		1. 보건행정의 정의 및 체계 2. 사회보장과 국제 보건기구
	8. 소독의 정의 및 분류		1. 소독 관련 용어 정의 2. 소독기전 3. 소독법의 분류 4. 소독인자
	9. 미생물 총론		1. 미생물의 정의 2. 미생물의 역사 3. 미생물의 분류 4. 미생물의 증식
	10. 병원성 미생물		1. 병원성 미생물의 분류 2. 병원성 미생물의 특성
	11. 소독방법		1. 소독 도구 및 기기 2. 소독 시 유의사항 3. 대상별 살균력 평가
2. 공중위생관리학	12. 분야별 위생 · 소독		1. 실내 환경 위생 · 소독 2. 도구 및 기기 위생 · 소독 3. 이 · 미용업 종사자 및 고객의 위생관리
	13. 공중위생관리법의 목적 및 정의		1. 목적 및 정의
	14. 영업의 신고 및 폐업		1. 영업의 신고 및 폐업신고 2. 영업의 승계
	15. 영업자 준수사항		1. 위생관리
	16. 이 · 미용사의 면허		1. 면허발급 및 취소 2. 면허수수료
	17. 이 · 미용사의 업무		1. 이 · 미용사의 업무
	18. 행정지도감독		1. 영업소 출입검사 2. 영업제한 3. 영업소 폐쇄 4. 공중위생감시원
	19. 업소 위생등급		1. 위생평가 2. 위생등급
	20. 보수교육		1. 영업자 위생교육 2. 위생교육기관
	21. 벌칙		1. 위반자에 대한 벌칙, 과징금 2. 과태료, 양벌규정 3. 행정처분
	22. 법령, 법규사항		1. 공중위생관리법시행령 2. 공중위생관리법시행규칙
	1. 화장품학 개론		1. 화장품의 정의 2. 화장품의 분류
	2. 화장품 제조		1. 화장품의 원료 2. 화장품의 기술 3. 화장품의 특성
3. 화장품학	3. 화장품의 종류와 기능		1. 기초 화장품 2. 메이크업 화장품 3. 모발 화장품 4. 바디(Body)관리 화장품 5. 네일 화장품 6. 방향화장품 7. 에센셜(아로마) 오일 및 캐리어 오일 8. 기능성 화장품

차례

제 1 편

핵심이론정리

Chapter 01 미용총론

Section 01 미용의 개요

미용이란 퍼머넌트(헤어 펌), 머리카락 자르기(헤어 커트), 머리카락 모양 내기(헤어스타일 연출), 머리피부 손질(두피 및 모발 관리), 머리카락 염색(헤어 컬러링), 머리 감기(헤어 샴푸 및 컨디셔너), 의료기기나 의약품을 사용하지 아니하는 눈썹 손질 등을 하는 영업이다(공중위생관리법 시행령 제4조).

❶ 미용의 특수성

미용은 그림, 조각, 건축, 조경과 같은 조형예술로서 주로 시각을 통해 얻을 수 있으며, 장식 · 정적 · 부용예술이라는 명칭과 함께 특수성을 갖는다.
① 의사표현의 제한   ② 소재선정의 제한
③ 작업시간의 제한   ④ 미적효과의 변화

❷ 미용의 과정

모발을 소재로 하여 머리형태(헤어스타일)를 완성시켜 나가는 절차로서 소재 → 구상 → 제작 → 보정의 4가지 과정을 말한다.

❸ 미용의 통칙

헤어스타일을 연출하고자 할 때 연령, 계절, 경우, 직업 등에 맞게 작업해야 한다.

❹ 미용사의 사명

미용업은 인간사회의 문화가 발전함에 따라 생겨난 직업으로 위생적, 문화적, 미적 측면에서 사회에 공헌해야 한다.

❺ 미용사의 교양 및 위생

(1) 미용사의 교양
① 위생지식의 습득   ② 미적 감각의 함양
③ 인격 함양   ④ 건전한 지식의 배양
⑤ 전문지식의 습득

(2) 미용사의 위생
① 청결   ② 복장
③ 휴식   ④ 구강 위생

Section 02 인체의 명칭

❶ 두부의 각부 명칭

뇌두개와 안면두개 크기의 비례로서 얼굴형을 나타낸다.

(1) 두부의 영역

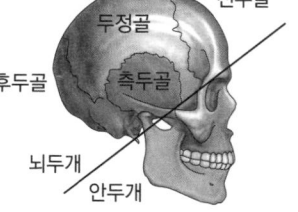
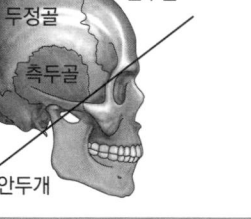
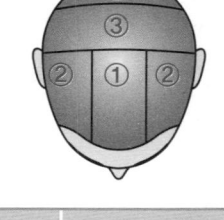

구분	두개골	두부위치	두발명
①	전두골	전두부(프론트)	전발
②	측두골	측두부(사이드)	빈
③	두정골	두정부(크라운)	곡
④	후두골	후두부(네이프)	포

(2) 두부의 선

두부의 선	명칭	비고
두상의 분배선 (Parting)	전 정중선 (Front center line)	C.P~G.P까지 연결선
	후 정중선 (Back center line)	G.P~N.P까지 연결선
	측두선	F.S.P에서 시작하여 T.P 또는 G.P로 연결되는 분배선
	측중선	E.P에서 T.P까지 수직으로 연결선
	수평선	E.P에서 B.P까지 수평으로 연결선
발제선 (Hair line)	얼굴선 (Hem line)	C.P에서 양쪽 E.S.C.P까지 이어지는 발제선
	목 옆선 (Nape side line)	E.P에서 E.B.P~N.S.C.P까지 이어지는 발제선
	목선 (Nape line)	양쪽 N.S.C.P를 연결시키는 발제선

(3) 두부의 지점(Head position)

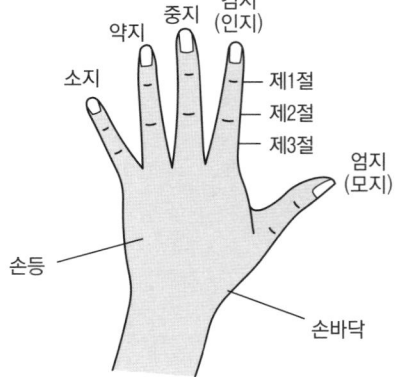

❷ 손의 명칭

Section 03 미용 작업 시 요구되는 자세

❶ 올바른 작업 자세

미용업은 의자에 앉은 고객을 향해 서서하는 작업이 대체적으로 많다. 따라서 올바른 작업 자세는 피곤과 능률에 깊은 관계가 있다.

(1) 안정된 작업 자세

몸 전체의 근육을 꾸준히 움직이므로 균형을 잘 유지할 수 있도록 한다.

(2) 작업대상의 높이와 자세

① 유압 미용의자를 사용함으로써 작업대상과의 높이를 조절한다.
② 작업대상과는 정대해야 하며, 작업 위치는 심장 높이 정도가 좋다.
  • 심장 높이보다 높게 작업 시 혈액순환이 감소된다.
  • 심장 높이보다 낮게 작업 시 울혈을 일으키기 쉽다.
  • 샴푸 작업 시 어깨너비 정도로 발을 벌리고 등을 곧게 펴도록 한다.
  • 앉아서 시술할 때는 의자에 똑바로 앉아 상체를 약간 앞으로 굽혀서 시술한다.
  • 후두부 시술 시 고객의 고개를 앞으로 숙이도록 하며 무릎을 굽히지 말고 허리선부터 굽힌다.

(3) 힘의 배분과 자세

시작부터 마무리까지 균일한 동작을 위하여 힘의 배분을 고려한다. 힘의 배분은 미용사의 자세에 큰 영향을 준다.

(4) 명시거리

① 정상시력일 때 안구에서 약 25cm 거리가 적당하다.
② 실내 조도를 75Lux로 유지하고, 정밀 작업 시 100Lux 정도로 한다.

Chapter 02 미용의 역사

Section 01 한국의 미용

❶ 고대미용

고대 미용의 고찰은 유적지의 유물이나 고분출토물의 벽화 등을 통하여 이루어진다.

(1) 고조선

① 편발 : 두발을 땋아서 늘어뜨린 땋은머리
② 추결 : 방망이와 같이 뾰죽하게 묶는 상투머리

(2) 삼한시대

마한, 진한, 변한으로 구성된 삼한시대는 머리형태로 신분을 표시한 최초의 시대이다.
① 남자 수식
  • 수장급 : 관모 착용
  • 일반 : 상투머리
  • 어린아이 : 편두(두부에 돌을 눌러서 각진 머리모양으로 변형)
  • 노예 : 체두(체발이라고도 하며, 머리털을 바싹 깎은 형)
② 여자 수식 : 두상에서 두발 다발을 나누어 한 다발은 정수리에 틀어 얹고 남은 다발은 늘어뜨리거나 땋은 뒤 후두부에 말아 올려서 납

작하게 붙였다.
③ 화장 및 장신구 : 이마를 넓게 보이도록 머리털을 뽑고, 눈썹 화장을 했으며 장신구들을 목이나 귀에 달고 다녔다.

(3) 삼국시대

고구려, 백제, 신라의 삼국시대로서 대부분 공통된 머리형태를 했다.
① 고구려

미혼녀 수식	쌍상투머리	두발이 덜 자라 좌우 정변 가까이에 두 개의 상투(계두)
	채머리(민머리)	자연적 피발 상태(수계)
	묶은 중발머리	짧게 자란 두발을 뒤통수에 낮게 묶음
기혼녀 수식	푼기명머리	머리채를 세 다발로 하여 양 볼과 뒤쪽으로 늘어뜨림
	쪽진머리	땋은 두발을 뒤통수에서 낮게 쪽진(트는) 머리
	얹은머리 (트레머리)	후두부에서 양 갈래로 땋은 두발을 앞이마 쪽으로 감아 돌려 맺는 머리

② 백제
  • 미혼녀 : 땋은머리
  • 기혼녀 : 쪽진머리
③ 신라
  • 수식 : 쪽진머리, 얹은머리, 가체식(본발 이외의 가체를 사용)
  • 장신구 : 빗, 비녀(문양 – 각잠, 죽잠, 석유잠, 용잠, 봉잠, 국화잠/재료 – 옥잠, 산호잠)
  • 화장 : 남자 화장, 향수와 향료 제조, 백분과 연지, 눈썹 먹을 사용한 옅은 화장

(4) 통일신라

① 수식 : 북계머리(뒤통수 중간에 머리채를 묶어 오른쪽으로 비틀어 결발하는 편발), 고계반발머리(머리 위로 높게 올린 머리형태)
② 장신구 : 가위, 빗, 채(비녀를 이용한 장식), 화관

(5) 고려시대

① 수식
  • 미혼녀 수식 : 두발을 땋아서 늘어뜨리는 편발로서 남자는 노끈으로, 여자는 붉은 비단으로 묶음
  • 기혼녀 수식 : 쪽진머리(북계, 후계, 낭자머리), 얹은머리(체계)
  • 미혼남 : 편발(변발이라고도 함), 개체변발(머리털 주위를 모두 깎고 한가운데만 남겨 땋아 늘어뜨린)
② 화장 및 장신구
  • 분대 화장 : 기생 중심의 짙은 화장
  • 비분대 화장 : 여염집 부인들의 옅은 화장
  • 족두리, 불두잠, 면약, 두발 염색

(6) 조선시대

① 수식
  • 미혼남녀 : 귀밑머리, 새앙머리, 종종머리(바둑판머리)
  • 기혼녀 : 쪽진(낭자)머리, 얹은(트레)머리, 어여(또야)머리, 조짐머리, 첩지머리, 큰머리(거두미, 떠구지머리), 대수머리
② 장신구 : 비녀, 빗, 떨잠, 댕기, 첩지, 빗치개, 화관, 족두리

❷ 근대 미용

갑오개혁(1884년, 고종21년)부터 한일합방(1910년)까지 구미 각국의 제열강과 통상조약을 체결함으로써 근대 국가로서 일대 전환을 맞게 되었다.

① 1920년 : 김활란(단발머리), 이숙종(높은머리)
② 1933년 : 오엽주(화신 백화점 내 최초 미용실 개원)
③ 1948년 이후 : 김상진(현대미용학원)
④ 1950년 이후 : 권정희(정화고등기술학교), 오엽주(예림고등기술학교)

Section 02 외국의 미용

❶ 중국의 고대미용

(1) 수식

높이 치켜 올리거나(고계) 내리는(추계) 머리형태를 하였다.

(2) 화장

① 분 사용(B.C 2200년, 하나라)
② 연지 화장(B.C 1150년, 은나라)
③ 백분, 연지, 눈썹 화장(B.C 246~210년, 진시황제)
④ 액황, 홍장(수하미인도)
⑤ 눈썹 모양인 십미도(713~755년, 당현종)

❷ 구미의 미용

(1) 이집트

① 수식 : 가발 사용, 펌, 염모 등이 성행, 중간 가르마에 웨이브 스타일과 땋은머리
② 화장 및 장신구 : 거울, 면도날, 매니큐어 도구, 연필, 크림용기

(2) 그리스

전문적 결발사 출현, 멀로의 비너스상(두발을 뒤통수에서 묶거나 틀어 올림), 키프로스풍의 머리형태(링레트와 나선형 컬을 몇 겹으로 쌓아 겹친 스타일)가 유행, 커트 기술이 발달, 가발, 헤어 피스 등 제작

(3) 로마

가체나 가발, 염·탈색 등을 사용한 머리형태

(4) 중세

에넹(네트를 이용하여 두발이 보이지 않도록 감싸고 원뿔 모자를 씀)

(5) 르네상스

짧고 단정한 헤어스타일로서 챙이 없는 토크모자와 장식용 쇠사슬인 벨페로니에를 사용

(6) 바로크

퐁탕쥬 스타일(가발을 씌워 포마드로 굳혀서 높이 빗어 올린 쪽에 보석과 진주로 장식한 핀을 꽂는 머리형태), 최초 남자 결발사 샴페인의 브레이드 스타일

(7) 로코코

퐁파두르 스타일(납작하고 작은 머리형태)

(8) 나폴레옹 제정시대

헬멧스타일, 단발머리스타일, 무슈 끄로샤뜨(프랑스 미용사)의 아폴로 노트 머리형태, 마셀 웨이브(마셀 그라또우)

(9) 근대

① 찰스 네슬러 : 1905년, 스파이럴식 전열 펌
② 조셉 메이어 : 1925년, 크로키놀식 전열 펌

③ 스피크먼 : 1936년, 콜드 웨이브 펌
④ 기하학적 커트 : 1960년, 비달사순
⑤ 다양한 컬러가 유행 : 1990년대 이후

Chapter 03 미용 장비

Section 01 미용 도구

❶ 빗

열과 화학제에 대한 내구성으로서 내열성이 좋아야 하는 빗은 재질과 시술목적에 따라 형태가 다양하다.

(1) 빗의 각부 명칭과 특징

① 빗살 끝 : 너무 뾰족하거나 무디지 않아야 한다.
② 빗살 : 전체가 균일하게 정렬되어야 한다.
③ 빗살 뿌리 : 모발을 가지런히 정돈해야 한다.
④ 빗 몸(빗 허리) : 안정성이 있어야 한다.
⑤ 빗 등 : 두께는 균일하면서 약간 강한 재질이어야 한다.
⑥ 빗 머리 : 가장자리는 끝이 둥근 것이 좋다.

❷ 브러시

라운드(롤) 브러시와 라운드 숄더 브러시로 구분된다.
① 덴맨(쿠션) 브러시 : 스탠다드 브러시로서 모발에 텐션과 모근에 볼륨을 강하게 주는 데 사용한다.
② 스켈톤(벤트) 브러시 : 볼륨감을 원할 때 사용되며, 모근에 볼륨 또는 방향성을 갖게 한다.
③ 소독 처리 후 건조 시 빗 등이 아래로, 빗살이 위로 향하면 빗살이 뒤틀릴 수 있다.

❸ 가위

(1) 재질에 따라

① 착강 가위 : 협신부와 날 부분이 서로 다른 재질로 되어 있어 커트 시 부분적인 수정 또는 조정이 쉽다.
② 전강 가위 : 전체가 특수강으로 되어 있다.

(2) 사용목적에 따라

① 커팅 가위 : 블런트 가위라고도 하며, 모발의 길이를 감소시킨다.
② 틴닝 가위 : 질감처리 가위라고도 하며, 모발의 양을 감소시킨다.

(3) 가위 선택 방법

① 협신부 : 가위 몸체에서 날 끝으로 갈수록 내곡선상이어야 한다.
② 날의 두께 : 날은 얇고 잠금나사 부분이 강한 것이어야 한다.
③ 날의 견고성 : 양날의 견고함이 동일해야 한다.
④ 잠금나사(선회축) : 느슨하지 않아야 한다.

❹ 레이저

모다발을 쥐고 당기는 힘과 레이저를 미는 힘의 조화에 의해 잘림이 조절된다.

(1) 종류

① 일상용 면도날 : 시간적으로 능률적이고 세밀한 작업이 용이하나 지나치게 자를 우려가 있어 초보자에게는 부적당하다.

② 안전 면도날 : 날에 닿는 모발이 제한되어 있어 안전율은 높고, 두발이 조금씩 잘리므로 초보자에 적당하다.

(2) 구조

① 날 등과 날 끝은 비틀림 없이 평행해야 한다.

② 어깨는 날선의 균등한 마멸을 위해 일정 두께여야 한다.

③ 선회축은 적당하게 견고해야 한다.

④ 날의 몸체는 힘의 배분이 적절할 수 있도록 한다.

⑤ 날선은 내곡선상, 외곡선상, 직선상 등이 있다.

❺ 컬리 아이론

1875년 프랑스 마셀 그라또우가 마셀과 컬로 구성된 히트 아이론을 최초로 창안해 내었다. 이는 땋은 머리(결발)의 유행을 가져다 주었다.

(1) 역할

모발 구조를 일시적으로 변형시키는 아이론은 120~140℃의 열을 모발에 가함으로써 볼륨, 텐션, 컬, 웨이브 등을 형성시킨다.

(2) 아이론의 구조

아이론의 열을 이용하여 웨이브를 형성하는 컬리 아이론은 마셀과 컬로 구성된다.

① 마셀 : 홈이 파진 그루브, 전열선으로 연결된 프롱, 지렛대 역할을 하는 선회축인 이음쇠에 연결된 손잡이, 전선 등으로 이루어져 있다.

② 컬 : 마셀에 감긴 컬을 고정시키거나 말음을 곱게 펴는 역할을 한다.

(3) 선정 방법

① 열 전도율이 좋을 것

② 접합 지점(선회축)이 잘 조여 있을 것

③ 모발의 표면을 손상시키지 않는 재질일 것

④ 프롱과 핸들의 길이가 대체로 균등하여 조작이 쉬운 것

❻ 클리퍼

바리캉이라고도 하며 '잘라 마무리' 되는 의미와 함께 '퀵 살롱 서비스'를 위한 도구이다.

(1) 역할

모다발에 대한 긴장력이 작아 자르기가 자연스러워 독특한 질감을 형성한다.

(2) 자르기 방법

고정된 밑날과 움직이는 윗날에 의해 모발 길이를 일정하게 절단한다.

❼ 헤어 핀 및 클립

열에 강하고 제품이 침투되지 않는 쇠붙이나 스테인리스 스틸, 알루미늄 등의 재질로서 세트 시 컬을 고정시키거나 웨이브를 갖추는 미용기술에 사용한다.

(1) 헤어 핀

닫힌 핀, 열린 핀, 스틱 핀

(2) 클립

일명 핀컬 핀이라 하며, 커트 시 고정시키기 위해 사용되는 핀컬 핀보다 길이가 긴 핀셋을 덕빌 클램프라고 한다.

❽ 롤러 컬

세트 롤(벨크로 롤)이라 하며, 원통형으로서 직경과 폭이 다양하다.

(1) 역할

컬이 매끄럽고 와인딩이 간편하며, 통풍성이 있어 건조가 쉽다. 스템의 흐름을 의지대로 구사하여 컬의 연속성을 갖고, 다양한 와인딩 방법과 마무리 콤 아웃에 의해 포인트를 준다.

(2) 종류 및 사용법

① 직경의 크기와 길이에 따라 대(6.4cm), 중(4.5cm), 소(3.8cm)로 구분된다.

② 모발 길이가 롤러 직경의 3배 이상 되는 것이 롤러의 장점을 최대로 살릴 수 있다.

Section 02 미용 기구

❶ 블로 드라이어

'퀵 살롱 서비스'라 불리는 블로 드라이 스타일링은 한 번의 작업(오리지널, 리세트)으로 이루어진다.

(1) 역할

블로 드라이어 스타일링은 젖은 모발을 건조시키고 모양을 내는(Styling) 기술로서 고정(Setting), 건조(Drying), 빗질(Combing) 시 소요되는 시간을 단축시킨다.

(2) 드라이어의 구조 및 작용

① 블로 드라이어는 노즐(드라이어 입구인 팬과 모터가 내장된 출구)과 그립(드라이어의 손잡이로서 바람 조절 변환 스위치가 부착)으로 구성되어 있다. 필요에 따라 변환 스위치를 열풍, 온풍, 냉풍으로 조절할 수 있다.

② 드라이어 내의 팬 회전에 의해 생긴 바람이 니크롬선에 의해 데워지고 데워진 바람이 다시 팬의 회전력에 의해 출구로 보내진다.

(3) 드라이어 선정

가볍고 안정성이 있으며, 모터 소리가 크지 않아야 한다. 전기 사용량이 적으며 고성능으로서 시술이 편리하도록 작동이 간편해야 한다.

❷ 히팅 캡

(1) 기능

발열작용을 이용한 캡형으로 화학제가 전체적으로 고루 퍼지게 하여 침투효과를 높인다.

(2) 주의사항

히팅 캡의 안쪽에는 불침투성 비닐, 고무제의 라이닝이 부착되어 있어 라이닝이 파손되면 캡이 과열되거나 전기가 새어나와 감전 사고를 일으킨다.

❸ 헤어 스티머

(1) 기능

스팀을 발생시키는 기구로서 사용 시 용액의 침투가 촉진되며 피부와 조직을 이완시킨다.

(2) 역할

손상모에 도포된 제품의 작용을 촉진시켜 시간을 단축시키고 컬 또는 웨이브 형성 시 균일성을 갖게 한다.

Section 03   미용 기기

❶ 고주파 전류

짧은 파장의 교류 전류로서 미안용 시술에 주로 사용되는 테슬라 전류이다.

(1) 역할

빠른 진동으로 근육에 자극을 주어 혈액순환을 촉진하고, 신진대사를 활성화시키며 직접 적용 시 살균작용을 한다.

(2) 사용 방법

① 직접법 : 전극병에 진공관을 끼우면 진공관 내에 방전(보라색 빛으로 다량의 오존 발생)을 일으켜 직접 피부에 작용한다.
② 간접법 : 금속 극을 쥐도록 해서 사용한다.

❷ 갈바닉 전류

저주파 전류로서 양극에서 음극으로 흐르고 각각의 작용이 다르다.

(1) 역할

산 또는 염이 포함된 용액 속을 통과할 때 일어나는 화학변화작용이 피부의 건강을 유지시킨다.

(2) 사용법

양극이나 음극 중 한극은 고객이 쥐고, 다른 한극은 미용사가 쥐어 두 사람이 하나의 전기회로를 이룸으로써 작용한다.
① 양극 : 모공을 닫고 피부를 수축시키게 하며 아스트리젠트 로션을 피부에 침투시키는 작용을 한다.
② 음극 : 혈액순환을 왕성하게 하고 피부의 영양 상태를 좋게 할 수 있도록 자극한다.

❸ 패러딕 전류

(1) 구조

갈바닉 전류와 같이 종합 미안기의 일부로서 설비되어 있으며, 손님에게 쥐게 하는 전극과 미용사가 팔에 붙이는 완륜 전극으로 구성된다.

(2) 역할

단속적인 전류를 이용하여 인체에 자극작용을 일으킨다.

❹ 적외선등

(1) 역할

파장은 780nm 이상의 열선으로서 물체에 닿으면 반사 또는 흡수된다. 흡수된 에너지는 직접 열로 변화되어 물체의 온도를 상승시켜 혈액순환과 피부에 도포된 팩의 건조를 촉진시킨다.

(2) 사용법

평균 80cm 정도 떨어져 사용해야 한다. 처음 사용 시 두피 가까이 쬐다가 점차 멀리 둔다.

❺ 자외선등

(1) 역할

파장 220~320nm의 살균작용이 강한 화학선(도르노선)으로, 피부의 노폐물 배설을 촉진하고 비타민 D를 생성한다.

(2) 주의사항

자외선 조사 시 눈을 보호하기 위해 미용사는 자외선 보호안경을 쓰고 고객에게는 아이패드를 사용해야 한다.

❻ 바이브레이터

근육과 피부에 진동을 줌으로써 혈액순환을 좋게 하여 신진대사를 높이고 지각 신경을 자극시켜 쾌감을 준다.

Chapter 04   헤어 샴푸 및 컨디셔너

Section 01   헤어 샴푸

❶ 헤어 브러싱

브러싱은 미용술에 있어서 샴푸 시술 전 최초 단계에 해당되는 기술이다.

(1) 정의

고객을 편안하고 안정되게 하는 준비 과정일 뿐 아니라 샴푸 시술 또는 스케일링 전의 첫 단계로서 두발과 두피 상태를 파악할 수 있다.

(2) 목적

두발의 더러움(비듬, 분비물, 이물질)을 제거하고, 자극과 쾌감을 주어 혈액순환과 분비선의 기능을 활발하게 함으로써 미용 효과를 높인다.

❷ 헤어 샴푸

샴푸는 고객에게 휴식과 상쾌함을 제공하며, 다양한 헤어스타일을 연출시키기 위한 준비단계로서 첫인상을 줄 수 있는 과정이다.

(1) 목적

'세정'을 의미하는 샴푸는 샴푸제와 매니플레이션을 통하여 두발 내 오염물인 때와 이물질을 제거하는 동시에 적당한 자극을 주어 혈액순환과 두발의 성장을 촉진시킨다.

(2) 샴푸제

샴푸제는 비누나 세정제 등과 함께 경계면을 활성화시키는 계면활성제이다. 이는 물에 녹았을 때 이온화(해리)되는 상태에 따라 음이온성, 양이온성, 양쪽이온성, 비이온성 등의 종류로 나뉜다.
① 계면활성제의 성질 : 미셀, 에멀전, 서스펜션, 가용화, 용해성, 기포성 등의 성질을 통해 계면에 흡착하여 계면 에너지를 감소시킨다.
② 계면활성제의 작용 : 습윤, 침투, 유화, 분산, 재부착 방지, 가용화, 기포 등의 합성작용에 의해 오염물질을 제거한다.
③ 종류 : 클렌징 샴푸(허브, 프로테인, 오일 샴푸), 컨디셔닝 샴푸(광택, 유연, 건조 방지, 논 스트리핑인 산성 샴푸), 특수 샴푸(항비듬, 약용, 악취 제거, 컬러, 블리치, 컬러 고정용 샴푸), 드라이 샴푸(리퀴드 드라이, 파우더 드라이, 화이트 에그 샴푸), 아기용 샴푸 등
④ 샴푸 시에는 자극을 주지 않는 38℃ 정도의 연수에서 짧은 시간(3~5분 정도) 내에 세척한다.

컨디셔닝제는 주성분의 농도 짙기에 따라 린스, 컨디셔너, 트리트먼트로 구분된다.

❶ 린스제

린스는 '헹군다'라는 의미로서 린스제 사용 시 모발에 매끄러움을 부여하며 모발 표면 상태를 정돈할 목적으로 사용되는 화장품이다.

(1) 효과

양이온 계면활성제가 모발 표면에 일렬로 흡착됨으로써 아주 엷은 유성의 피막이 형성되며, 난용성인 비누가스의 금속염과 염모용 금속분인 불순물을 제거한다.

(2) 종류

① 샴푸 후 린스 : 오일 린스, 크림 린스
② 화학제 처리 후 린스 : 산 린스(pH balance), 산성 린스(식초, 레몬, 구연산)
③ 특수 린스 : 자외선 차단, 대전방지, 약용, 컬러 린스

(3) 성분

피지막 생성제, 유지제, 보습제, 점증제(유화 분산제), 양이온 중합체, 자외선 차단제, 허브 추출물, 향, 색소 등

❷ 컨디셔너제

(1) 구성

모발 손질방법에 대한 처치제로서 수분, 비타민, 단백질 등이 화합물로 구성된다.

(2) 효과

모발 고유의 건강 상태로 보완, 회복, 유지시킴으로써 손상된 모발의 외관을 윤기나게 하며, 코팅막을 형성시켜 촉감, 풍부감, 매끄러움을 향상시킨다.

❸ 트리트먼트제

리컨디셔너제라고도 하며, 두피의 생리기능을 정상화시키고 혈행을 촉진시킨다. 또한 탈모를 방지하는 역할과 함께 손상된 모표피 내 단백질 성분을 흡착시킴으로써 손상을 처치 또는 치유한다.

Chapter
05 헤어 커트

---

❶ 커트의 기본 형태

커트의 기본 형태는 솔리드, 그래듀에이션, 레이어드 3가지 유형으로 구분된다.

(1) 솔리드 형태

① 종류
• 평행 보브형 : N.P~E.S.C.P 연결 시 직선의 형태선

• 앞올림형 : N.P~E.S.C.P 연결 시 3~4cm 짧은 사선의 형태선
• 앞내림형 : N.P~E.S.C.P 연결 시 3~4cm 길어지는 사선의 형태선
② 특징
• 시술각도(0°)는 자연스럽게 떨어지는 상태에서 직선으로 자른다.
• 잘린 부분이 명확하며 손상이 적고 두발 길이의 끝에 힘이 있는 무게감을 갖는 형태선을 연출한다.

(2) 그래듀에이션 형태

두상의 구조가 편구형 같은 삼각형 모양으로서 두상으로부터 외부로 갈수록 활동적인 질감을, 내부로 갈수록 비활동적인 질감을 나타내는 혼합디자인 라인이다.

① 종류
• 로우 : 1~30° 시술각에 의해 낮은 무게감의 형태선
• 미디움 : 31~60° 시술각에 의해 중간 무게감의 형태선
• 하이 : 61~89° 시술각에 의해 높은 무게감의 형태선

(3) 레이어드 형태

두상의 외곽선에서 일정한 길이를 유지하는 구조로서 무게감 없이 가볍고 두발 끝이 보이는, 활동적이고 거친 질감을 나타내는 이동디자인 라인이다.

① 종류
• 유니폼 레이어드 : 90° 시술각, 두상 각각의 레벨과 존에 대해 온 베이스로 자른다.
• 인크리스 레이어드 : 90~180° 시술각, 직각분배 또는 두정융기를 중심으로 스퀘어형으로 자른다.

❷ 자르는 기법

(1) 가위 기법

① 블런트 커트 기법 : 싱글링, 트리밍, 그라데이션, 레이어, 클리핑 기법 등으로 분류
② 질감처리 기법 : 슬라이드, 슬리더링, 슬라이싱(나칭, 포인트), 스트로크 기법 등으로 분류

(2) 틴닝 가위 기법

모량을 감소시키는 기법으로서 커트스타일 완성 후 또는 형태선을 만들기 전에 질감처리를 위해 사용한다.

❸ 레이저 기법

① 에칭 : 베벨 업이라고도 하며, 모다발 겉 표면에 레이저를 이용하여 겉말음으로 자른다.
② 아킹 : 베벨 언더라고도 하며, 모다발 안쪽으로 레이저를 이용하여 안말음으로 자른다.
③ 레이저 로테이션 : 레이저와 빗을 사용한 로테이션 기법으로 질감 또는 무게감을 줄이면서 두발 길이와 모량을 감소시킨다.
④ 테이퍼링 기법
• 엔드 테이퍼 : 모다발 끝 1/3 지점에서 겉말음 테이퍼링
• 노멀 테이퍼 : 모다발 끝 1/2 지점에서 겉말음 테이퍼링
• 딥 테이퍼 : 모다발 끝 2/3 지점에서 겉말음 테이퍼링

❶ 블로킹

자르기 작업이 용이하도록 4~5등분으로 두상을 영역화하는 것을 말한다. 블로킹을 소구획화 함을 섹션이라 하며, 커트의 기본 단위를 섹션으로 하며 1~1.5cm로 설정되어 있다.

① 섹션 : 베이스 섹션(두피 관점), 서브 섹션(두발 관점)
② 베이스 섹션 종류 : 온 더 베이스, 사이드 베이스, 프리 베이스, 오프 더 베이스 등

❷ 두상 위치

머리형태의 결과에 가장 직접적인 영향을 주는 요소가 두상의 위치이다. 이는 똑바로, 앞숙임, 옆기울임으로서 고정된 위치에 의해 빗질에 따른 자르기 시 커트 형태선이 외곽라인을 형성시킨다.

❸ 파팅과 라인 드로잉

(1) 파팅

모발 관점에서 파트를 나누었을 경우 나눈 선을 경계로 상하좌우로 구분된다. 파팅의 종류로는 정중선, 측두선, 측수평선, 발제선(얼굴선, 목선, 목옆선) 등이 있다.

(2) 라인 드로잉

두피 관점에서 그어진 선으로서 수평(호리젠탈), 수직(버티칼), 대각선(다이애거널) 등이다. 라인의 종류로는 컨케이브, 컨벡스, 전대각, 후대각 등이 있다.

❹ 빗질

분배라고도 하며 모발을 빗질하는 방향 또는 각도를 포함한다. 자연방향(0°), 직각방향(90°), 변이방향(1~89°), 방향빗질(측두융기, 두정융기, 후두융기) 등이 있다.

❺ 시술각

두상으로부터 모발이 빗질되는 시술각은 자연 시술각(0°), 낮은 시술각(1~30°), 중간 시술각(31~60°), 높은 시술각(61~89°), 직각 시술각(90°) 등이 있다.

❻ 손가락과 도구 위치

섹션과 빗질에 의한 '자르기' 전의 손가락 위치에 대해 평행 또는 비평행 등의 손가락 위치를 말한다.

❼ 디자인 라인

빗질에 의한 두상이 갖는 각도로서 비가시적인 면과 중력에 의한 자연 각도로서의 가시적인 면을 갖는다. 종류로는 천체축, 고정디자인 라인, 이동(진행)디자인 라인, 혼합디자인 라인 등이 있다.

Chapter 06 헤어 퍼머넌트 웨이브

Section 01 퍼머넌트 웨이브 기초 이론

❶ 헤어 웨이브의 역사

기원전 3000년경 고대 이집트 나일강 유역의 알칼리 토양을 모발에 도포 후 이를 나무 봉에 감아 햇빛에 말려 웨이브를 만든 것이 퍼머넌트 웨이브(웨이브 펌)의 기원이 되었다.

(1) 머신 펌

스파이럴식(1905년, 영국 찰스 네슬러), 크로키놀식(1925년, 독일 조

셉 메이어)

(2) 머신리스 펌

1932년 사르토리는 특수 금속의 히팅 클립과 특수 용제의 화학작용에 의해 발열되는 것을 이용하여 웨이브 펌을 형성하였다.

(3) 콜드 펌

① 1936년 영국의 J.B.스피크먼이 상온에서 웨이브 펌을 형성하였다.
② 1940년 경 티오글리콜산염(2HS · CH₂ · COOH + Salt)을 주성분으로 하는 제품 형태로 현재까지 주로 사용한다.

❷ 펌 용제

(1) 1제(환원제, 프로세싱 솔루션)

티오글리콜산염 또는 시스테인을 주성분으로 하며 알칼리 농도, pH, 온도 등이 포함된다.
① 주성분(티오글리콜산 또는 시스테인) : 2개의 수소(H)가 모발 내 시스틴결합(S-S)에 침투되어 환원작용(SH · HS)에 관여한다.
② 알칼리제(암모니아 또는 아민계)는 주성분에 첨가되는 화학제로서 모표피를 팽윤시키는(부풀리는) 작용을 한다.

(2) 2제(산화제, 옥시다이징 솔루션)

과산화수소 또는 브롬산류를 주성분으로 하며 산화제와 첨가제로 대별된다. 2제의 주성분인 과산화수소는 1제에 의해 환원 · 절단된 시스틴결합(SH · HS)을 산화시킴으로써 재결합(S-S)시키는 역할을 한다.

Section 02 퍼머넌트 웨이브 시술

❶ 시술을 위한 기초 이론

(1) 직경과 베이스 섹션

① 직경 : 펌의 기본 단위인 직경은 파팅된 넓이(가로×세로)이다. 모다발이 갖는 모발 양의 범위로서 베이스 크기이다. 이는 로드의 폭을 기본으로 하여 설정된다. 즉, 베이스 크기는 1직경, 1.5직경, 2직경 등의 단위를 결정시킨다.
② 베이스의 종류 : 두상의 모양에 따라 다양한 베이스로서 직사각형, 삼각형, 부등변 사각형, 장타원형, 원형 베이스 등이 있다.
③ 베이스의 위치 : 온, 오프, 하프 오프 베이스 등 안착된 로드의 위치를 말한다.

(2) 모양 다듬기(셰이핑)

셰이핑이란 '빗질하여 모양을 만든다'는 의미이다. 종류로는 업, 다운, 포워드, 리버스, 스트레이트, 라이트 고잉, 레프트 고잉 셰이핑 등이 있으며, 웨이브 형성을 위한 기초 기술이다.

(3) 스템 각도

논, 하프, 롱 스템 등 모류의 흐름을 갖는다.

(4) 말거나 감싸기 방법

와인딩(크로키놀식), 감싸기(스파이럴식), 누르기, 찝기, 압착하기(컴프레이션) 등에 의해 모발을 변형시킨다.

❷ 시술 절차

펌의 3요소 중 실제 기술로서 표현되는 부분이다.

(1) 준비하기(전처리 과정)

모발 및 두피 처치하기 → 프리 샴푸하기 → 타월 건조시키기 → 프리커트하기 → 용제 선정하기 → 모양 다듬기

(2) 시술하기(기본 본처리 과정)

용제 도포하기 → 블로킹 및 직경하기 → 로드 와인딩하기 → 터번 사용하기 → 1제 도포 및 스틱 꽂기 → 비닐 캡 씌우기 → 열처리하기 → 프로세싱 10~15분 처리 → 테스트 컬 → pH balance 도포하기 → 2제 도포하기(10~20분 정도, 2회 분할처리) → 로드 제거 → 헹구기

(3) 펌 마무리하기

타월 건조하기 → 리세트하기 → 고객 마무리 관리하기

Section 03 퍼머넌트 웨이브의 원리 및 모발 손상 처치

❶ 펌의 원리

(1) 펌 용제와 로드 선정

웨이브 효과의 강약은 로드의 직경이나 베이스 크기에 의해 대·소가 결정된다.

(2) 와인딩과 물리적 현상

로드에 모발을 와인딩 하였을 때 모발 구조는 타원형으로 물리적 변형이 형성된다.

(3) 펌 용제와 화학적 현상

① 제1제는 티오글리콜산염으로서, 주성분인 티오글리콜산은 환원제로서 산성물질이지만 염이 첨가되면 알칼리 성분이 된다.
② 알칼리는 모표피 층을 팽윤시킴으로써 환원제가 모피질 층으로 침투해 들어가기 위해 필요하다.
③ 2제는 과산화수소로서 물과 산소를 생성한다. 생성된 발생기 산소는 1제에 의해 환원되고 로드에 의해 변형된 모발을 영구히 재결합시키는 고정(정착)제의 성질을 갖고 있다.

(4) 모발 구조의 화학적 변화

모피질 내의 시스틴결합(S-S)은 환원제의 수소(H)에 의해 환원(SH·HS)되면 2개의 시스테인(SH)으로 절단된다.

❷ 펌에 의한 모발 손상의 원인

(1) 과도한 펌 시술 과정

① 모질과 용제의 조합 비율로서 오버 프로세싱 된 경우
② 2제의 진행시간이 불충분한 경우

(2) 모질과 로드 선정이 잘못되었을 경우

(3) 펌 된 모발 관리 과정

① 알칼리 성분이 강한 샴푸제를 사용한 경우
② 빗질과 건조 등의 정발과정이 지나친 경우

❸ 펌 된 모발처치 방법

① 샴푸 후 머리형태를 만든 상태에서 건조시킨다.
② 건조된 모발은 자주 빗질하지 않는다.
③ 트리트먼트를 자주하여 웨이브를 탄력 있게 유지시킨다.

Chapter 07 헤어스타일 연출

Section 01 헤어디자인 및 세팅 시술

❶ 헤어디자인의 3요소

(1) 형태

점(1차원), 선(2차원, 2D-shape), 면(3차원, 3D-shape, Form)으로 진행된다.
① 머리모양(Head shape, 2D) : 생태적(타고난) 머리형
② 머리형태(Hair-do, 3D-shape, Form) : 머리모양에 디자인적 요소와 원리를 가미하여 조형화시킨 결과물, 즉 이상적인 머리형태를 말한다.
③ 헤어디자인 모형 : 구형, 편구형, 장구형으로 연출된다.

(2) 질감(Texture)

모발의 겉 표정인 질감은 보이는(시각) 것과 동시에 촉각이 갖는 감촉으로써 인식의 문제이다.

(3) 컬러(Color)

모발색이 갖는 컬러는 깊이, 색조, 강도를 포함함으로써 감성적인 반응의 문제이다.

❷ 헤어디자인의 원리

아름답다고 느끼는 것에는 어떠한 원리가 있으며 반복, 교대, 리듬, 대조, 조화, 균형, 비례 등의 디자인적 원리가 머리형태를 드러내는 중요한 척도가 된다.

❸ 세팅 시술

헤어스타일의 대상, 즉 소재는 머리(Head)이다. 머리는 두상(뇌두개), 얼굴(안두개), 목(경추)으로 구성된다.
① 두상(머리모양) : 두상의 구조는 공간체로서 두정융기, 측두융기, 후두융기를 통해 깊이감을 가진 머리모양을 갖춘다.
② 얼굴형 : 장원형(계란형), 원형, 정방형, 삼각형, 장방형, 육각형, 역삼각형 등으로서 7가지 유형을 기본으로 한다.
③ 옆얼굴(측면) : 직선 옆얼굴, 오목한 옆얼굴(돌출된 턱), 볼록한 옆얼굴(돌출된 코, 이마와 턱은 함몰), 들어간 이마(튀어나온 턱), 코끝이 위로 치켜진 코, 두드러진 코, 삐뚤어진 코, 넓고 평평한 코, 눈과 눈 사이가 먼 눈, 눈과 눈 사이가 좁은 눈, 짧고 통통한 목, 길고 가는 목 등으로 살펴볼 수 있다.

Section 02 헤어 세팅의 기초 이론

❶ 오리지널 세트

세트(Set)는 '고정하다'라는 사전적 의미로서 몰딩(또는 패턴)에 따른 기초적 시술 작업을 포함하는 오리지널 세트를 일컫는다.

(1) 헤어 파팅

센터, 센터 백, 사이드, 노, 라운드 사이드, 올, 카우릭, 업 다이애거널, 다운 다이애거널, 이어 투 이어, 렉탱귤러, 트라이앵글, 스퀘어 파트 등 인위적인 가르마이다.

(2) 헤어 셰이핑

업, 다운, 포워드, 리버스, 스트레이트, 라이트 고잉, 레프트 고잉 셰이핑 등 모다발의 흐름(모류)을 갖추기 위해 모양을 만드는 작업이다.

(3) 헤어 컬링

컬은 모발에 볼륨과 컬, 웨이브, 뱅 등을 만들기 위한 기초 작업이다.
① 컬의 구성 요소 : 베이스, 스케일, 포밍, 리본닝, 컬리스, 엔코잉, 핀닝 등
② 컬의 각부 명칭 : 루프, 베이스 섹션, 피봇 포인트, 스템, 앤드 오브 컬 등
③ 컬의 각도 상태

스탠드 업 컬	• 포워드 스탠드 업 컬 : 루프가 두피에 대하여 귓바퀴 방향의 안말음 형(90~135°)으로 컬리스됨 • 리버스 스탠드 업 컬 : 루프가 귓바퀴 반대 방향으로 90° 겉말음으로 컬리스 됨
리프트 컬	루프가 두피에 45°로 컬리스되며, 스탠드 업 컬과 플래트 컬을 연결하는 지점에서 컬리스 됨
플래트 컬	• 스컬프처 컬 : 스케일된 모다발 끝을 중심으로 리본닝 후 모근을 향해 컬리스됨 • 핀컬(크로키놀 컬) : 모근을 중심으로 리본닝 후 모간 끝을 향해 나선형으로 컬리스 됨

④ 컬리스 기법
• 바렐 컬 : 원통형 핀컬로서 후두부 내 가운데 부위에 볼륨을 주고자 할 때 사용한다.
• 스파이럴 컬 : 나선형 핀컬로서 모근 쪽에서 모간 끝 쪽으로 수직 컬리스되며 탄력도와 루프 직경은 동일하다.
⑤ 컬리스 방향 : 두상 양쪽 면의 귀 방향에 따라 포밍과 컬리스 방향이 달라진다.
• 클락 와이즈 와인드 컬 : C컬로서 시계 방향인 오른쪽으로 컬리스되는 안말음 형
• 카운터 클락 와이즈 와인드 컬 : CC컬로서 시계 반대 방향인 왼쪽으로 컬리스되며 겉말음 형
⑥ 핀컬 웨이브의 연속성
• 익스텐디드 컬(또는 웨이브) : 연장선의 핑거 웨이브로서 C컬과 CC컬을 연결
• 스킵 컬(또는 웨이브) : 중간 뜨기 컬로서 핀컬과 웨이브가 한 단씩 교차 연결
• 리지 컬 웨이브 : 리지에 연이어 만든 핀컬
⑦ 컬의 고정 : 컬의 각도와 컬리스 방법에 따라 핀의 고정 위치 또는 방법이 달라진다.

(4) 헤어 롤링

① 롤러 컬의 와인딩 방향 : 포워드 롤러 컬과 리버스 롤러 컬로서 컬리스
② 롤러 컬의 컬리스 각도 : 논 스템, 하프 스템, 롱 스템 롤러 컬 등

(5) 헤어 웨이빙

① 웨이브의 각부 명칭 : 시작점, 끝점, S 웨이브, C 웨이브, 골, 정상, 리지, 열린 끝, 닫힌 끝 등
② 리지 방향에 의한 웨이브 위치
• 웨이브 형상 : 수직 · 사선 · 수평 웨이브 등
• 웨이브 위치(리지 방향) : 내로우 · 와이드 · 섀도 · 프리즈 웨이브 등

❷ 리세트

오리지널 세트를 마무리하기 위한 최종 단계인 빗질과 브러싱으로서

콤 아웃과 백 코밍, 브러싱 아웃 등이 있다.
① 뱅 : 플러프, 롤, 프린지, 웨이브, 프렌치 뱅 등
② 플러프 : 라운드 플러프 뱅, 덕 테일 플러프, 페이지 보이 플러프 등

Section 03   헤어 세팅 작업

❶ 컬리 아이론

1875년 프랑스의 마셀 그라또우가 마셀과 컬로 구성된 히팅 아이론을 최초로 창안해 냈다.

❷ 블로 드라이

블로란 '바람이 불다'라는 뜻으로, 블로 드라이어에 의한 열과 바람을 이용하여 젖은 모발에 헤어스타일을 만드는 '퀵 살롱 서비스'이다.

Chapter 08   두피 및 모발 관리

Section 01   두피 · 모발 관리의 이해

❶ 두피 진단

두피의 진단은 문진, 시진, 촉진, 검진 등의 방법으로 이루어져야 한다.

(1) 두피의 유형

유형을 판별하기 위해서는 클렌징 후 토너 사용 전에 측정한다.
① 정상두피 : 두피 표면은 옅은 청백색을 띠며, 투명하고 각질이 없는 상태로서 적절한 피지막이 형성되어 각화주기가 정상적이다.
② 건성두피 : 유 · 수분 공급이 원활하지 않아 두피 톤이 불투명하고 탁해 보이며, 두피가 건조하여 윤기가 없고 각질이 하얗게 쌓여 불규칙하게 갈라져 있다. 가려움증 또는 건조화 현상이 나타난다.
③ 지성두피 : 두피 톤은 노화각질과 피지 산화물이 누적되어 황색이며, 심하면 비듬과 각질이 피지와 엉겨 모공 막힘 현상이 나타난다.

(2) 문제성 두피의 유형

① 민감성 두피 : 약한 자극에도 민감하여 염증으로 발전되며, 두피 표면에 각종 세균이 기생하거나 부분적으로 모세혈관 확장에 따라 열을 동반한다.
② 비듬성 두피 : 건성, 지성, 혼합성 비듬으로 분류된다.
• 건성 비듬성 두피 : 피지 부족으로 모공 주변에 각질이 쌓여 백색 톤을 띠며, 부분적 염증이나 가려움증을 동반한다.
• 지성 비듬성 두피 : 모공 주변은 두터운 각질과 산화 피지가 눅눅한 상태로, 황색 톤을 띠며 부분적으로 피부 염증이 있고, 예민하여 가려움을 동반한다.
• 혼합성 비듬성 두피 : 매우 예민한 붉은 톤을 띤 염증 홍반현상을 동반하며, 표피층이 얇게 구성되어 있고, 전체적으로 피지의 분포가 다르게 나타난다.

(3) 지루성 두피

외관상 민감성과 지성 두피의 혼합형이다.

(4) 두부백선

곰팡이 균(사상균)의 침입으로 가려움, 진물, 염증현상과 50원 동전 크기의 원형 버짐이 경계를 나타낸다.

(5) 두부건선

두피세포의 과각화 과정에 따른 세포분열 촉진이 은백색의 인설과 염증, 통증을 동반한다.

❷ 두피 관리

(1) 두피 관리 목적

두피에 발생하는 다양한 문제점을 올바르게 파악함으로써 효과적으로 관리하기 위함이다.

(2) 두피 관리 프로그램

① 일반적 매뉴얼
　상담 → 진단 → 관리 프로그램 선택 → 두피 매니플레이션 → 스케일링 → 샴푸 → 영양 공급 → 마무리
② 유형별 관리 프로그램 선택
　상담 → 두피 진단(시진, 촉진, 문진, 검진) → 브러싱 및 매니플레이션 → 1차 헤어 스티머 → 스케일링제 도포(필링제) → 자연 방치 → 2차 헤어 스티머 → 세정제 → 타월 드라이/두피 건조 → 영양 공급(앰플) → 적외선 및 광선 요법(갈바닉) → 두피 이완 및 매니플레이션 → 마무리

❸ 두피 관리기기

진단기기, 세정기기, 이완기기, 침투기기 등을 이용하면 제품을 효과적으로 흡수시킬 수 있다.

Section 02　두피 관리

❶ 스캘프 매니플레이션의 기초

두부 마사지의 목적은 피로감 해소와 혈액순환 촉진, 탄성섬유의 퇴화를 방지하여 건강한 상태를 유지하는 것이다.

❷ 스캘프 매니플레이션의 방법

① 두피 매니플레이션 준비하기
② 기본동작 : 경찰법, 강찰법, 유연법, 진동법, 고타법(태핑, 슬래핑, 커핑, 해킹, 비팅) 등
③ 스케일링 : 헤어 브러싱, 두피 유형별 스케일링제 도포, 스케일링 시술, 홈 케어

Section 03　모발 관리

❶ 모발의 진단

모발의 진단에는 감각에 의한 진단과 기구에 의한 진단이 있다.

❷ 탈모

탈모에는 생리적으로 발생하는 자연탈모(Shedding)와 병적으로 발생하는 이상탈모(Alopecia)가 있다.

(1) 원형 탈모증

자가면역질환의 일종으로, 동전 크기의 원형을 이루면서 탈모되며 손·발톱에 곰보 모양의 병변이 나타나는 경우도 있다.

① 다발성 원형 탈모 : 난치성의 일종으로 원형 탈모증이 2군데 이상 생기는 것
② 확산성(미만성) 원형 탈모 : 두개피 전체 두발이 균등하게 많이 탈모
③ 범발성 원형 탈모 : 신체 전신에 걸쳐 탈모가 되는 탈모증

(2) 성장기 탈모

① 남성형 탈모 : 국소성 탈모증으로 남성에게 주로 나타나는 탈모 형태
② 여성 미만(확산)성 탈모 : 두개피 전반부에 불규칙적으로 나타나는 탈모 형태

(3) 휴지기 탈모

① 결발성 휴지기 탈모 : 포니테일 형태로 묶는 경우 압박에 의해 견인되어 일어나는 탈모증
② 산후 휴지기 탈모 : 출산을 원인으로 탈모되는 경우로서 성장기가 빠르게 휴지기로 전환
③ 열병 후 휴지기 탈모 : 이질, 장티푸스 등 급성 열병 시에 모발 케라틴이 파괴되어 발병 후 2~3일 내에 급성으로 탈모

Chapter

09　헤어 컬러링

Section 01　색채 이론

❶ 색채 이론

색(Color)은 빛의 현상으로서 빛에 의해 형태, 질감, 색상을 볼 수 있다. 색이 지각되기 위해서는 빛(태양)이 반드시 필요하다.

(1) 색과 색체

① 빛의 색(광원색)
　• 가시광선(380~780nm) : 빨, 주, 노, 초, 파, 남, 보라색까지 스펙트럼에 나타나는 광선
　• 자외선(220~380nm) : 보라색 바깥쪽에 위치하는 짧은 파장의 광선
　• 적외선(780nm 이상) : 빨간색 바깥쪽에 위치하는 긴 파장의 광선
② 색채의 분류 : 무채색, 유채색, 색의 3속성(색상, 명도, 채도)

(2) 모발에서의 색 법칙

모발 내 자연색소(빨, 노, 파)의 농축 정도에 따라 흑색 → 갈색 → 적색 → 황색의 순서로 나누어지며, 백모인 경우 색소는 거의 없다.
　• 원색 : 1차색(빨강, 노랑, 파랑)
　• 2차색 : 등화색(원색 + 원색)
　• 3차색 : 1차색 + 2차색
　• 4차색 : 2차색 + 2차색(한색과 난색의 범주로 분별)

(3) 보색(중화색, 갈색)

색상환에서 원색의 정반대 편에 놓인 2차색을 혼합하면 색이 중화되어 갈색이 된다.
① 빨 + 녹 → 갈색
② 파 + 주 → 갈색
③ 노 + 파 → 갈색

Section 02 탈색 이론 및 방법

❶ 탈색 이론

탈색은 자연모발 색상을 좀 더 밝게(명도) 하거나 염색 전 준비 과정으로서 원하는 색상의 바탕 색소를 만들고자 함에 있다. 탈색제의 사용 방법은 1제(탈색제)와 2제(과산화수소)를 비율에 맞게 혼합하여 모발에 도포하는 것이다.

❷ 탈색제의 성분

(1) 제1제

pH 9.5~10인 알칼리제로서 암모니아 성분이 포함된 파란색 분말이 방수팩에 포장되어 있다.
- ① 알칼리제의 특성
  - 알칼리제(암모니아)는 보력제 또는 촉진제(가속제), 활성제로서 과산화수소가 분해될 수 있도록 pH를 조절한다.
  - 알칼리제는 모발을 팽윤시켜 모표피를 열어줌으로써 용제의 침투를 도와준다.
  - 알칼리제는 탈색 등급을 더욱 크게 할 수는 없으나 좀 더 빠른 시간 안에 결과색상을 볼 수 있게 한다.

(2) 제2제(H_2O_2)

pH 2.8~4.5의 산성 범위에서 자유산소, 즉 활성산소($H_2O_2 \rightarrow H_2O + O\uparrow$)를 제공한다.
- ① 과산화수소의 특성
  - 화장품학에서 산화제, 발생 기제, 촉매제라고 한다.
  - 알칼리제와 혼합된 과산화수소는 pH를 증가시켜 모발에서의 탈색을 관장한다.
  - 과산화수소는 빛 또는 열, 오염균 물질 등에 약하며, 금속 성분 또는 유기체(세균) 등에 의해 쉽게 분해되거나 휘발된다.
- ② 과산화수소의 단위 : 일반적으로 사용되는 H_2O_2의 농도를 중량(%) 또는 볼륨(Volume)으로 표기한다.
  - 퍼센트의 세기 : 용액 100% 내에 포함되어 있는 H_2O_2의 양을 의미한다. 3%, 6%, 9%, 12%가 있다.
  - 볼륨의 세기 : 1볼륨은 1분자의 H_2O_2가 방출하는 산소의 양을 나타낸다. 10vol, 20vol, 30vol, 40vol이 있다.
- ③ 과산화수소의 사용 범주
  - 밝게 하기(Lightening) : 6% H_2O_2는 2단계까지 밝게, 12% H_2O_2는 4단계까지 밝게 한다.
  - 탈색(Bleach) : 모발에 따라 4~7단계까지 밝게 한다.
  - 탈염(Cleansing) : '색소 지우기'로서 클렌징, 딥 클렌징으로 나눌 수 있다. 인공색조를 지우거나 어두운 색상을 밝게 하고 싶을 때, 금속염으로 염착된 염모제를 없앨 때 등에 사용된다.

Section 03 염색 이론 및 방법

❶ 자연모의 색 결정 및 종류

(1) 멜라닌의 유형

유멜라닌(Eumelanin) 또는 페오멜라닌(Pheomelanin) 과립의 비율 및 양(농도)의 분포에 따라 자연모의 색이 결정된다.
- ① 유멜라닌
  - 적색과 갈색의 범주로서 어두운 모발색을 결정한다.
  - 크기가 크고 화학적으로 쉽게 파괴될 수 있는 입자형 색소로서 길쭉한 타원형이다.
- ② 페오멜라닌
  - 붉은색과 노란색의 범주로서 밝은 모발색을 결정하며 시스테인 함량이 많은 모발에 많이 존재한다.
  - 비교적 크기가 작고 화학적으로 안정된 구조를 하고 있는 분사형 색소로서 계란(난)형 또는 구형이다.

❷ 염모제의 기간별 분류

모발 내에 침투한 염료가 얼마의 기간 동안 유지되느냐 또는 모발 구조 내로 어느 정도 침투되는가에 따라 분류된다.

(1) 일시적 염모제

모표피 표면에 염료가 착색되며 한 번의 샴푸로 제거된다.
- ① 컬러(워터) 린스
- ② 컬러 크림
- ③ 컬러 파우더
- ④ 컬러 크레용
- ⑤ 컬러 스프레이
- ⑥ 아이 펜슬(마스카라) 등

(2) 반영구적 염모제

모표피와 모피질 내의 일부까지 침투되어 염(이온)결합에 의해 흡착됨으로써 염색모가 된다.
- ① 종류 : 산화제를 사용하지 않는 비산화염모제로서 직접 염모제, 산성 염모제, 헤어 코팅제, 헤어 매니큐어, 왁싱이라고도 하며, 컬러 린스, 컬러 샴푸(프로그래시브 샴푸) 등이 있다.
- ② 특성
  - 색소제(1제) 하나로만 구성되며, 염료가 자체적으로 모발 내로 침투한다.
  - 베개나 옷에 묻지 않으며, 샴푸 횟수와 관련되나 4~6주 후면 색소가 점차적으로 퇴색된다.
  - 두피 가려움증이나 알레르기를 일으키지 않는다.
  - 샴푸 후 타월건조시킨 젖은 모발에 염료를 도포한다.

(3) 영구적 염모제

산화 염모제, 알칼리 염모제라고도 하며, 한 번의 염색 과정에서 탈색과 동시에 색을 착색 또는 발색시킨다. 인공색으로 결합된 분자들은 모피질 내부에 영구적으로 결합한다.
- ① 식물성
- ② 금속성(광물성)
- ③ 혼합성
- ④ 유기합성 염료

❸ 염모제의 화학적 분류

(1) 영구 염모제

- ① 염모제 조성 : 색소제뿐 아니라 산화제를 사용하므로 유기합성 염모제 또는 산화 염모제라고도 한다. 이는 알칼리 성분이 함유된 1제와 2제가 혼합함으로써 고분자 화합물 구조로서 염색이 된다.
  - 제1제(색소제 + 알칼리제) : 색소제는 전구체와 커플러로 구성되고, 알칼리제는 색소 형성에 필요한 pH를 조절하며, 모표피를 팽윤시켜 케라틴 사슬을 연화시킨다.
  - 제2제(H_2O_2) : 1제의 색소제를 피질층에 가두고 1제의 산화를 도와 발색이 되도록 한다.
- ② 염색 조건
  - 사용 직전에 혼합하여 시술하며, 남은 염료를 재사용해서는 안 된다.
  - 패치 테스트(알레르기 반응검사)와 스트랜드 테스트(모발 색상 테스트)를 반드시 해야 한다.

③ 패치 테스트
  • 염색 시술 시 매번 실시한다.
  • 염모제 사용 48시간 전에 피부 첩포 실험인 알레르기 반응검사를 한다.
  • 패치 테스트에 사용될 염모제는 염색 시 사용되는 제품과 동일해야 한다.
  • 시험 부위는 한쪽 귀 뒤의 발제선이 있는 곳이나 팔의 안쪽에 도포한다.
  • 반응은 노출 후 12~14시간 정도 지났을 때 시작되며, 48시간 동안 방치한다.
  • 패치 테스트 후 양성 반응 시 염색할 수 없다.
④ 스트랜드 테스트 : 색의 진행과 결과를 관찰하기 위해 두정부의 모발을 절단하여 시험 시료로 사용하며, 도포 35~45분 후 젖은 타월로 닦고 모간과 모간 끝의 염착된 색상을 비교한다.

Chapter 10 뷰티 코디네이션

Section 01 토탈 뷰티 코디네이션

❶ 헤어디자인에 따른 미학

(1) 미용사의 조건
① 헤어스타일을 표현하는 기술이 뛰어나야 한다.
② 디자인의 기초지식을 갖추어야 한다.
③ 다양한 헤어스타일을 창조해야 한다.
④ 빠른 시간 내에 고객의 개성을 파악할 수 있는 능력을 가져야 한다.
⑤ 고객의 욕구를 충족시킬 수 있는 기술이 있어야 한다.

Section 02 가발

❶ 위그
두상의 95~100%를 감싸는 형태의 전체 가발을 의미한다.

(1) 위그의 유형
인모, 인조모, 동물의 모, 조모, 합성모 등의 5가지 유형으로 나눌 수 있다.
① 인모 가발
  • 사람의 모발을 사용함으로써 자연스러운 느낌을 갖는다.
  • 가발로 짜여진 모발은 시간이 지날수록 거칠고 윤기가 없어진다.
② 인조 가발 : 인모의 성질과 비슷하게 만들어진 아크릴 섬유는 화학 섬유를 주원료로 하고 있다.
③ 조모
  • 주재료로 나일론, 아크릴 섬유 등의 화학 합성(혼성)물이 사용된다.
  • 시각적으로 인모보다는 자연스러움이 덜하며 약품처리가 불가능하여 헤어스타일을 변화시키기가 힘들다.

④ 동물의 털 : 앙고라, 산양, 야크의 털 등이 사용되며, 길이나 모질의 분류에 따라 가발 또는 부분 가발로 활용된다.
⑤ 합성모 : 인모, 인조모, 동물의 털 등 세 종류의 털을 합성하여 만드는 것으로 특별한 경우에 한하여 신중히 제작된다.

(2) 파운데이션
인조 두피로서 두상에 맞으면서도 조이는 듯한 느낌이 없어야 하며, 재료는 면 또는 혼합인조(인조+면)로서 신축성이 강화된 파운데이션이어야 한다.
① 네팅은 파운데이션 네트 위에 실제 피부처럼 미세한 그물 형태로서, 모류에 따라 심는 손뜨기와 모발이 심긴 가늘고 긴 조각을 네트에 박거나 실제 네트에 기계가 직접 모발을 박는 기계뜨기가 있다.

(3) 가발 제작 및 완성
① 가발 치수 재기
  가능한 두발을 두피에 매끈하게 붙도록 빗질하고 핀닝한 다음 줄자를 이용하여 두상 둘레 → 두상 길이(정중선) → 이마의 폭 → 귀에서 귀까지의 거리 → 우측 관자놀이에서 좌측 관자놀이까지의 거리 → 목선 순으로 치수를 측정한다.
② 가발 주문하기
  • 고객의 모발 샘플을 첨부한다.
  • 모발의 질감 상태를 제시한다.
  • 원하는 모발 길이를 제시한다.
  • 가르마의 유형 및 모류와 헤어스타일을 제시한다.
③ 가발 샴푸 및 컨디셔닝 : 위그걸이에 고정시킨 다음에 샴푸 또는 컨디셔닝을 시술한다. 가발 세정은 대체적으로 모발을 지나치게 건조하게 하므로 샴푸 후에는 컨디셔닝 처리를 항상 해야 한다.
  • 샴푸 : 인모의 경우 대개 2~4주마다 가발 클렌저를 사용하여 세정하고, 인조모의 경우 먼지나 더러움이 덜 타기 때문에 3개월에 한 번 정도 세정한다.
  • 컨디셔닝 : 컨디셔너는 모발에만 도포한 후 가발모가 빠지지 않도록 후두부의 모발 끝에서 모근 쪽으로 조금씩 부드럽게 빗질한다. 빗질 후 수분을 타월로 감싸 눌러 제거함으로써 냄새나 곰팡이로부터 보호하고 미지근한 바람으로 모발결인 모류 방향으로 원하는 헤어스타일을 만들면서 건조시킨다.

❷ 헤어 피스

(1) 헤어 피스의 종류
① 폴(Fall) : 짧은 길이의 헤어스타일을 일시적으로 중간 또는 긴 두발의 머리형태로 변화시키고 싶을 때 사용한다.
② 스위치(Switch) : 20cm 이상의 모발을 1~3가닥으로 땋거나 스타일링하기 쉽도록 되어 있다. 즉, 땋거나 늘어뜨리는 부분 가발이다.
③ 위글렛(Wiglet) : 두상의 어느 한 부위(탑 부분)에 높이와 볼륨을 주기 위하여 컬이 있는 상태 그대로를 사용한다.
④ 캐스케이드(Cascade) : 폭포수처럼 풍성하고 긴 머리스타일을 원할 때 사용한다.
⑤ 치그논(Chignon) : 한 가닥으로 길게 땋은 머리스타일이다.
⑥ 브레이드(Braids) : 모발을 여러 가닥으로 땋은 머리스타일이다.

Chapter 01 피부와 피부부속기관

Section 01 피부 구조 및 기능

❶ 피부의 정의

① 피부 pH(4.5~5.5)는 약산성으로 피부를 보호하며, 일시적으로 pH 파괴 시 약 2시간 정도 후 재생된다.

② 피부 두께는 표피 0.03~1mm, 진피 2~3mm 정도로서 두께가 가장 얇은 눈꺼풀, 고막은 0.5mm, 가장 두꺼운 손·발바닥은 6mm 정도이다. 두꺼운 피부(5개 층, 0.8~1.4mm)와 얇은 피부(투명층 제외, 0.1~0.2mm)로 구분된다.

③ 피부는 표피, 진피, 피하지방 등 3개의 층으로 구성된다.

④ 피부의 부속기관은 각질부속기관(모발, 손·발톱)과 분비부속기관(한선, 피지선)으로 구성된다.

❷ 피부의 구조

(1) 표피

혈관과 신경이 분포되어 있지 않은 중층편평상피로 구성, 진피 유두 속에 있는 모세혈관의 확산작용에 의해 영양과 산소 공급이 이루어진다.

① 표피부속기관 : 각질형성세포(각질세포 생성), 색소형성세포(유 또는 페오멜라닌색소 생산), 랑게르한스세포(항원 탐지 또는 전달 세포로서 면역 작용에 관여), 머켈세포(인지 또는 촉각세포로 피부 감각을 인지)로 구성되어 있다.

② 표피 세포층 : 각질층(라멜라층 구조, N.M.F), 투명층(투명 상피세포, 엘라이딘), 과립층(베리어층), 유극층(말피기층, 가시돌기 형태), 기저층(표피세포의 줄기세포, 모세포 생성)으로 구성되어 있다.

③ 표피의 각화 현상 : 기저층 → 유극층 → 과립층(14일) → 각질세포(14일)에서 피탈까지 28일(4주)을 주기로, 새로운 상피세포가 생성된다.

④ 피부색 : 카로틴(비타민 A), 헤모글로빈(Hb, 적혈구), 멜라닌색소의 혼재에 의해 결정된다.

(2) 진피

피부 두께의 90% 이상 차지하며, 표피보다 20~40배 두께를 가진다.

① 진피 세포층 : 유두층(표피 기저층과 인접, 영양 공급 및 체온 조절, 피부결을 만듦), 망상층(피부 탄력성, 피부 반사작용에 관여)

② 진피 내 결합조직 : 교원섬유(아교섬유, 백색섬유, 콜라겐, 강한 견인력, 수분보유원), 탄력섬유(엘라스틴, 황색섬유, 그물막 또는 다발 형태), 세망조직(반액체의 무형물질)

③ 진피 부속기관 : 모낭, 피지선, 한선, 모유두, 입모근, 혈관, 신경, 림프관 등이 부속

(3) 피하지방

① 영양소의 저장소이며, 체온 방출을 예방하고 뼈와 근육을 보호한다.

② 남성보다 여성의 지방조직이 두껍고 눈꺼풀, 음경, 경골에는 존재하지 않으며 손등, 발등에는 거의 없다.

❸ 피부의 기능

보호, 흡수, 호흡, 분비·배설, 체온 조절, 감각수용, 비타민 D 합성, 영양분 저장, 광선 차단, 도구의 기능 등

Section 02 피부부속기관의 구조 및 기능

❶ 각질부속기관(모발)

(1) 모구부(모발의 생태)

모유두와 모기질 상피세포(모낭)를 포함하는 기관으로 혈관이 풍부하며 모세포 분열을 조절한다.

① 모낭 : 손·발바닥을 제외한 전신에 분포한다.

- 상피근초 : 내모근초(각질층), 헉슬리층(과립층), 헨레층(유극층), 외모근초(기저층)로 구성되며, 표피 세포층과 연결되어 있다.

- 진피근초 : 유리막으로서 내돌림층, 외세로층으로 짜임을 갖추고 모주기(Hair cycle) 시 모낭의 각도(25~50°)를 유지시켜주는 역할을 한다.

② 모유두 : 유전적으로 모낭의 내재된 시간을 갖고 일평생 10~15번의 주기를 갖는다. 모유두는 모낭의 크기에 따른 모발 굵기와 표피층의 두께를 관장한다.

③ 모모세포(각질형성세포) : 모발섬유의 근간이 되는 딸(모)세포를 유사분열시킨다.

④ 입모근(기모근)

- 교감신경(자율신경)에 의해 모발 수축과 소름, 면포를 생성한다.

- 모세포의 줄기세포가 존재하며 제2영역 축·중합 현상이 야기되는 경계 지점이다.

⑤ 모낭의 구분 : 모낭은 모발 생리를 담당하는 영역으로서 모구부 내에서 모구하부(제1의 영역, 세포분열·증식), 협부(제2의 영역, 성숙모), 모누두상부(제3의 영역, 모공이라 함, 영구모) 등으로 구분된다.

(2) 모간부(모발의 형태)

① 모표피는 5~15층으로 겹쳐진 비늘층으로, 문리를 형성하며 상표피와 세포간 물질로 구성된다.

② 모피질은 강도(세기), 탄성, 유연성, 성장 방향, 굵기, 질, 모발색 등을 나타내는 섬유다발로서 결정영역과 비결정영역으로 구성된다.

- 결정영역(주쇄결합) : 모피질 내에서 폴리펩타이드를 기단위로 거대섬유를 구성한다. 폴리펩타이드 → α-헬릭스 → 프로토필라멘트(원섬유) → 마이크로필라멘트(미세섬유) → 매크로필라멘트(거대섬유) 등

- 비결정영역(측쇄결합) : 모피질 내의 측쇄결합으로 수소결합(H⋯OH), 펩타이드결합(CO-NH), 시스틴결합(S-S), 염결합(COO⁻NH₃⁺), 소수성결합 등

(3) 모발의 주기

- 모발은 최대 2~8년 동안 성장 기간을 갖는다.

- 성장기(두발 전체의 80~85%) → 퇴화기(두발 전체의 1%) → 휴지기(두발 전체의 4~14%) → 탈모기 등의 주기를 갖는다.

❷ 분비부속기관

외분비선인 한선과 피지선은 피부의 산성 피지막을 형성한다.

(1) 한선

소한선(에크린선)과 대한선(아포크린선)으로 구분된다.

① 소한선은 독립 분비선으로, 모공과 분리되어 신체 전신에 분포한다. 체온 조절작용을 하며 매운 음식 섭취 또는 운동, 긴장, 온도 등에 민감하다.

② 대한선은 사춘기 이후 성호르몬의 영향을 받아 모낭에 부착된 땀분비선이 발달한 것으로, 체외로 분비되면 공기가 산화되어 유색을 띠며 냄새를 낸다.

(2) 피지선

① 모피지선 단위를 형성하는 피지선은 코 주위, 이마, 가슴, 두피 등에 주로 분포하며, 독립 피지선은 입술, 유두, 귀두, 손·발바닥에 존재한다.

② 하루 피지 분비량은 1~2g으로, 세정 시 1시간 후 20%, 2시간 후 40%, 3시간 후 50% 정도의 피지가 분비된다.

③ 피지는 살균, 소독, 보습, 중화, 윤기, 비타민 D 형성과 함께 유독물질 배출작용을 한다.

④ 신경계통의 통제는 받지 않으나 자율신경계와 성호르몬의 영향을 받는다.

Chapter 02 피부유형 분석

Section 01 피부유형 분석

❶ 피부유형의 성장 및 특징

(1) 정상피부

피부 조직 상태 또는 생리기능(유·수분, 피지 분비, 정상 각화) 등이 정상적이며, 피부결이 섬세하여 주름이 없고 탄력이 있다.

(2) 건성피부

① 모공이 좁고 피부결이 얇으며, 탄력 저하와 주름 발생이 쉬워 노화현상이 촉진된다.

② 유·수분 분비기능 저하, 당김 현상, 작은 각질과 가려움을 동반한다.

(3) 지성피부

① 각질층이 두꺼우며 모공이 넓어 뾰루지 발생에 의한 백색, 흑색 면포뿐 아니라 심상성 좌창인 여드름에 생기기 쉽다.

② 피지 과다 분비에 의해 피부가 불투명하고 피부 혈액순환이 잘 되지 않아 색소침착이 된다.

(4) 민감성 피부

① 피부조직이 섬세하고 얇아 외부환경에 민감하여, 잘 달아오르고 가벼운 자극이나 화장품에 의해서도 피부 병변을 일으킨다.

② 모공이 작고 모세혈관이 피부 표면에 드러나며, 표피 각화과정이 정상피부보다 빠르다.

(5) 복합성 피부

① 거의 모든 사람의 피부 유형으로서, 지성과 건성이 피부 부위에 따라 다르게 나타난다.

② T존 부위는 번질거리거나 그 외 주변 피부는 건성화가 생기는 복합적인 피부 유형이다.

(6) 여드름 피부

피지 분비가 과다한 약간 두껍고 거친 피부이며, 메이크업 시 오래가지 못하고 칙칙하게 보인다.

Chapter 03 피부와 영양

Section 01 3대 영양소, 비타민, 무기질

❶ 영양소

먹는(섭생) 식품의 구성 물질인 영양소는 체내에서 다양한 경로를 거쳐 생명을 유지시키며, 건강은 물론 성장을 촉진시켜주는 역할을 한다.

(1) 열량 영양소

단백질, 탄수화물, 지방 등 3대 영양소를 말하며 에너지 공급원이다.

① 단백질 : 모발, 피부, 근육 등 신체 조직을 형성하는 단백질은 생명체 단위인 세포를 만드는 에너지(4kcal/1g)를 공급한다.

② 탄수화물 : 신체 중요 에너지 공급원(4kcal/1g)으로서 혈당을 유지한다. 탄수화물 과잉 섭취 시 글리코겐 형태로 간에 저장된다.

③ 지방 : 에너지 공급원(9kcal/1g)으로서 신체 장기를 보호하며 피부의 건강 유지 및 재생을 돕고 체온 조절에 관여한다.

(2) 조절 영양소

비타민, 무기질, 물 등은 신체 조절 영양소로서 생리기능과 대사 조절을 한다.

① 비타민 : 비타민 D를 제외하고는 체내 합성이 되지 않고 소량으로도 생명 유지에 주요 성분이 된다. 또한, 체내 생리작용을 조절하는 지용성과 수용성 비타민으로 분류된다.

구분		특징	결핍 시
지용성 비타민	비타민 A	상피보호 비타민	야맹증
	비타민 D	항구루병 비타민	구루병
	비타민 E	항산화 비타민	불임증
	비타민 F	피부저항력 증강	손·발톱이 약해짐
	비타민 K	응혈성 비타민, 모세혈관벽 강화	–
수용성 비타민	비타민 B₁	항신경성 비타민	각기병
	비타민 B₂	성장 촉진 비타민	구각염
	비타민 B₅ (판토텐산)	감염, 스트레스에 저항	–
	비타민 B₆ (피리독신)	–	피부염, 습진

	비타민 B$_9$ (엽산)	아미노산 대사촉진 비타민, 세포 증식과 재생	–
수용성 비타민	비타민 C	항산화 비타민	괴혈병
	비타민 H (비오틴)	–	창백한 피부
	비타민 P	모세혈관 강화	–

② 무기질(미네랄) : 효소와 호르몬의 구성 성분으로서 체액의 산, 알 칼리의 평형조절에 관여하며 신경자극을 전달하고 신체의 골격 및 치아 등을 형성한다.

Section 02 체형과 영양

❶ 체형과 건강

건강한 삶은 적정 체중을 유지함으로써 영위할 수 있다. 표준 체중을 계산하는 방법으로서 비만의 여부를 알 수 있다.

❷ 비만 및 체형의 종류

체질량 지수는 과체중 및 비만을 평가함에 있어 세계적으로 통용된다.

Chapter 04 피부 장애와 질환

Section 01 원발진과 속발진

❶ 원발진

1차적 피부 장애로서 직접적인 피부 질환의 초기 병변으로서 반점, 소 수포, 대수포, 홍반, 구진, 결절, 낭종, 팽진, 농도, 종양, 면도, 비립종, 포진(헤르페스) 등이 있다.

❷ 속발진

원발진으로 인한 2차적 피부 장애로서 비듬, 가피, 미란, 찰상, 반흔, 위 축, 색소침착, 궤양, 태선화 등이 있다.

Section 02 피부 질환

❶ 질환의 징후와 증상

외상이나 질병 등이 원인이 되어 피부 조직에 구조적 변화를 야기하는 피부 질환은 징후(객관적 지표, 즉 점의 크기, 피부 색깔의 변화 등), 증상(주관적 관점), 증후군(증상과 징후가 동시에 나타남) 등으로 구 분된다.

❷ 피부 색소침착

① 저색소침착 : 백색증과 백반증 등
② 과색소침착 : 기미, 주근깨, 흑색점(흑자), 노인성 반점, 청색증(자색 증), 몽고반, 오타모반 악성 흑색종 등

❸ 피부 장애

구분	질환 종류
알레르기	•세균성, 접촉성, 약물성, 유전성, 잠재성
안검 주위의 질환	•비립종, 한관종
바이러스성 질환	•대상포진, 단순포진, 사마귀(우종)
기계적 손상에 의한 질환	•굳은살, 티눈
진균성	•조갑백선, 족부백선, 두부백선, 칸디다증

Chapter 05 피부와 광선

Section 01 자외선이 미치는 영향

자외선(200~400nm)은 화학선으로 살균력이 강하다. 특히 인종 간에서도 흑인종은 단위 면적당 멜라닌 양이 많기 때문에 자외선에 대한 민감도가 낮다.

❶ 피부와 자외선

소독 및 살균효과가 있으며 홍반 반응과 일광화상, 색소침착 및 광노 화를 발생시킨다.
① 장점
- 살균 및 소독작용을 한다.
- 비타민 D를 생성시킨다.
- 자율신경 활동에 영향을 준다.
- 호르몬 생성을 증가시켜 혈액순환을 촉진시킨다.
② 단점
- 과다 노출 시 콜라겐과 엘라스틴의 변성으로 피부의 탄력이 저 하된다.
- 멜라닌색소를 증가시켜 기미, 주근깨를 생성하고, 심하면 피부염 증 및 피부암을 유발한다.
③ 자외선의 종류
- 장파장(UV A) : 320~400nm, 자외선 총량의 90%를 차지한다.
- 중파장(UV B) : 290~320nm, 가정 유해한 광선으로 일광화상을 야기한다.
- 단파장(UV C) : 200~290nm, 피부암의 원인이 되는 자외선으로, 살균·소독작용을 하고 가장 에너지가 강한 자외선이다.

❷ 자외선 차단지수

① SPF : UV B 방어효과를 나타내는 지수로서 SPF 1은 10분 내에 홍 반이 나타남을 수치화한 것이다.
② 자외선 A(UV A, PA) 차단지수 : UV A 차단지수를 PFA로 표시(UV A$^+$, UV A^{++}, UV A^{+++} 또는 PA$^+$, PA^{++}, PA^{+++})하며, + 수가 많을 수록 차단효과가 우수하다.

Section 02 적외선이 미치는 영향

❶ 적외선

온열작용을 하여 열선 또는 건강선(도르노선)이라 한다. 적외선의 적색 빛(770~2,200nm)은 세포를 자극시켜 활성화시킴으로써 화장품의 흡수를 돕는다.

Chapter 06 피부 면역

Section 01 면역의 종류와 작용

❶ 면역의 종류와 작용

(1) 자연면역(인체의 첫 번째 방어기관)

① 비특이적 1차 방어장치로서 외부 침입자인 질병과 병원균 등을 구분치 않고 맞서 싸운다.
② 혈액 내 백혈구(1차), 림프절(2차)을 거치면서 90% 이상의 외부 침입 물질 또는 미생물을 피부나 미세한 털, 점막 등에서 방어한다.

(2) 획득면역(두 번째 방어기관)

비특이적 저항을 나타내는 2차 방어장치인 표피 내 랑게르한스세포는 탐식계열세포로서 항원의 특성을 인식하는 기억장치를 통해 면역계에 중요정보를 전달한다.

(3) 림프구(세 번째 방어기관)

특이적 저항 또는 특이성 면역인 림프구로 구성된 면역계로서 골수에서 생산되는 백혈구 내 면역세포인 B-세포와 T-세포로 구분된다.
① B-세포 : 전체 림프구의 20~30%로서 표면에서 특정 항원 코드를 인식할 수 있는 수용체이다.
② T-세포 : 세포성 면역으로 탐식세포처럼 인체 세포면역의 일부로서 골수에서 만들어지나 흉선으로 들어가 기능이 부여된 상태로 혈류로 나와 독특한 기능을 한다.

❷ 피부의 면역기능

표피 각질층 내의 각질세포 피탈과 피부의 산성막은 피부 면역작용의 일환이다.

Chapter 07 피부 노화

Section 01 피부 노화의 원인

노화 피부는 피부의 건조, 주름, 늘어짐, 지루 각화증, 색소침착, 수분 저하, 스트레스, 랑게르한스세포와 진피세포 감소 등의 외적 변화를 갖는다.

Section 02 피부 노화현상

❶ 표피의 변화

표피 내 보습도와 표피의 상태를 통해 나타난다. 노화 피부는 각질층의 보습도가 과립층의 약 20% 수준이다.

❷ 진피의 변화

진피층의 교원·탄력섬유, 기질 등의 감소로 인하여 수분 부족, 태양광, 과도한 안면 운동 등이 노화현상을 심화시키는 요인이다.

Chapter 01 공중보건학 총론

Section 01 공중보건학의 개념

❶ 공중보건학의 정의(Winslow, 1920년)

조직적인 지역사회의 노력을 통해서 질병을 예방하고 수명을 연장시키며 신체적·정신적 효율을 증진시키는 기술이며 과학이다.

❷ 공중보건학의 목적

인간은 태어나면서부터 건강과 장수의 생득권을 위해 질병 예방, 수명연장, 신체적·정신적 건강 및 효율의 증진 등을 목적으로 실현한다.

❸ 공중보건학의 범위

지역사회를 단위로 하는 공중보건학은 예방하고 건강을 유지·증진시키는 3가지 분야(환경보건, 질병관리, 보건관리)로서 연구되고 있다.

❹ 3대 사업

공중보건의 3대 사업은 ① 보건교육, ② 보건행정(보건의료 서비스), ③ 보건관계법(보건의료 법규)이며 이 중 가장 중요한 사업은 보건교육이다.

❺ 수준 평가지표

① 영아사망률 : 지역사회의 보건수준을 표시
② 평균수명 : 생명표상의 출생 시 평균 여명
③ 비례사망지수 : 전체 사망자 수에 대한 50세 이상의 사망자 수의 구성 비율
④ 조사망률 : 인구 1,000명당 1년간의 발생 사망지수로 표시하는 비율
⑤ 사인별 사망률 : 인구 10만 명에 대한 수치로 산출
⑥ 질병이환율 : 1년 내에 발생하는 환자 수를 그에 대응하는 인구로 나눈 비율

> **TIP**
> • 보건교육(WHO, 1965년)은 건강에 관한 신념, 태도, 행동에 영향을 주는 개인집단과 지역사회에서의 모든 경험, 노력, 과정을 말한다.
> • 보건교육에는 감염병예방학, 환경위생학, 식품위생학, 모자보건학, 정신보건학, 산업보건학, 학교보건학, 보건통계학 등이 있다.
> • 보건행정은 지역사회를 단위로 건강을 유지, 증진시키며 정신적 안녕과 사회적 효율을 증진시키기 위한 행정활동을 말한다.
> • 공중보건의 대표적 수준평가지표는 영아사망률로서 한 국가의 건강 수준을 나타내는 가장 대표적인 지표로 사용된다.

Section 02 건강과 질병

❶ 건강의 정의 및 개념

(1) 정의[세계보건기구(WHO, 1948년)의 헌장 전문]

내적, 외적 요인에 의해 영향을 받는 건강이란 단순히 질병이 없거나 허약하지 않을 뿐 아니라 신체적·정신적·사회적으로 완전히 안녕한 상태를 말한다.

(2) 개념

개인이 갖는 생존능력의 건강, 삶의 질이 갖는 건강, 사회생활 적응능력의 건강, 신체적·정신적 개념의 건강, 신체적·정신적·사회적 안녕상태의 건강 등을 나타낸다.

(3) 건강지표

개인이나 인구집단의 건강 수준이나 특성을 설명할 수 있는 협의적 수량 개념으로서 세계보건기구의 국가, 사회 간 건강 수준 비교지표는 4가지로 볼 수 있다.

① 조사망률 : 인구 1,000명당 1년간 사망자 발생 수의 비율
② 평균수명 : 출생과 사망 간의 평균 수명
③ 영아사망률 : 생후 12개월 미만의 일정 연령군으로서 일반 사망률에 비해 통계적 유의성이 크다.
④ 비례사망자수 : 전체 사망자 수에 대한 50세 이상의 사망자 수의 구성 비율

❷ 질병의 정의

(1) 질병 발생 결정요인

질병은 ① 병원체 → ② 병원소(병원체의 생존, 증식, 저장되는 장소) → ③ 병원체의 탈출 → ④ 전파 → ⑤ 새로운 숙주에의 침입 → ⑥ 숙주감염의 과정으로 발생한다.

질병발생 요인	내용
병인-감염원 (Agent)	질병의 직접적인 병인적 인자는 병원체와 병원소 • 생물학적 인자 : 질병(감염병)의 병원체로서 세균, 바이러스, 리케차, 기생충, 곰팡이, 원충 등 • 물리적 인자 : 외상, 화상, 동상, 고산병, 잠함병, 암, 소음, 진동, 전기광선 등에 의한 질환 • 화학적 인자 : 신체적 질병의 원인과 관련된 직접 피부나 점막을 상하게 하는 강산, 강알칼리, 일산화탄소(CO) 등이 있으며, 유독가스는 뇌, 혈액, 폐에 자극을 주어 장애를 유발 • 정신적 인자 : 신경성 두통, 기능성, 고혈압 등과 관련
숙주-감수성 (Host)	• 질병에 대한 감수성으로서 병원체를 받아들이는 숙주(인간)을 말함
환경-감염경로	• 감염경로(병원소)로서 병원체 이탈의 경로는 호흡기, 소화기, 비뇨기 등의 기계적 이탈 등에 따름 • 전파, 숙주 잠입에 따른 직·간접적 전파 등은 공기, 물, 식품, 절지동물에 따른 모든 환경 요인이 경로가 됨

(2) 질병의 예방

예방차순	내용
1차 예방	• 질병 발생 전 단계로서 환경개선, 건강관리, 예방접종 등을 통해 질병 자체를 억제
2차 예방	• 1차 예방 실패 시 증상기에 대책을 강구하고 질병을 조기에 발견, 즉각적으로 치료
3차 예방	• 질병의 회복기 이후에 적용

Section 03 인구보건 및 보건지표

❶ 보건 통계

질병 및 사망과 같은 보건 관련 자료를 수집, 정리, 분석 및 추출하는 방법을 말한다.

지표	특징
종합건강지표	• 국가 간 또는 지역사회 간의 보건수준을 비교하는 데 사용되는 대표적 지표 • 비례사망지수, 평균수명, 영아사망률, 조사사망률 등
특수건강지표	• 영아사망률, 감염병사망률, 의료봉사자 수 및 병실 수 등을 지표로 함
모자보건지표	• 영아사망률은 한 국가나 지역사회의 보건 수준을 제시하는 대표적 지표

❷ 인구모형

명칭	특징	구성
피라미드형 (인구증가형)	출생률이 높고 사망률이 낮음	• 14세 이하 인구가 65세 이상의 인구의 2배 초과
종형 (인구정지형)	출생률, 사망률 모두 낮음	• 14세 이하 인구가 65세 이상의 인구의 2배 정도
항아리형 (인구감퇴형)	출생률이 사망률보다 낮음	• 14세 이하 인구가 65세 이상의 인구의 2배 이하
별형 (인구유입형–도시형)	도시지역의 인구 구성으로 생산층 인구 증가형	• 생산층 인구가 전체 인구의 1/2 이상
표주박형 (인구감소형–농촌형)	농촌 지역의 인구 구성으로 생산층 인구가 유출되는 감소형	• 생산층 인구가 전체 인구의 1/2 미만

Chapter
02 질병 관리

Section 01 역학

❶ 질병의 발생 요인

모든 질병이 생성되는 과정은 매우 다양하며 일반적으로서 유행 양식을 가진 연쇄적 현상에 의해 질병이 발생한다.

❷ 역학의 목적

질병 발생의 원인을 제거함으로써 예방에 기여함을 목적으로 한다.
① 건강 문제의 원인을 규명한다.
② 인구집단의 건강 상태를 기술한다.
③ 질병 문제가 발생하지 않도록 통제한다.
④ 입구집단에서의 질병 문제 발생을 예견한다.
⑤ 계절에 따른 질병 발생 시 환경위생과 예방접종 등으로 통제한다.

Section 02 감염병 관리

❶ 병원체 관련 질병

(1) 병인

① 병인(병원체) : 질병을 일으키는 병원체이다.

종류		질환 또는 감염
세균 (박테리아)	간균	• 콜레라, 이질(세균, 아메바성), 장티푸스, 파라티푸스, 파상풍, 웰슨병, 페스트, 결핵, 나병, 디프테리아 등의 질병을 일으킴
	구균	• 성홍열, 폐렴, 매독, 임질, 백일해, 연성하감, 수막구균성 수막염 등 둥근 모양의 세균
	나선균	• 매독균, 재귀열, 렙토스피라증 등 긴 나선형의 세균
바이러스 (여과성 병원체)		• 폴리오, 두창, 홍역, 트라코마, AIDS, 감염성 간염, 유행성 이하선염 등으로서 병원체 중 가장 적으며 살아있는 조직세포 내에서만 증식
리케차		• 세균과 바이러스의 중간형으로서 발진열, 발진티푸스, 로키산 홍반열, 쯔쯔가무시증(양충병) 등은 이, 벼룩 등에 의해 전파
스피로헤타		• 매독, 재귀열, 서교증, 와일씨병 등을 야기
원충성		• 아메바성 이질, 말라리아, 질트리코모나스 등 단세포 동물
후생동물		• 회충, 요충, 십이지장충 등 크기와 형태가 다양함
진균		• 곰팡이, 무좀(백선), 칸디다증(아포 형성균) 등 피부병을 야기

② 병인(병원소) : 병원체가 생활하고 증식하며, 계속해서 다른 숙주(감수성)에게 전파될 수 있는 상태로 저장되는 장소이다.
• 사람

병원소(감염원)	감염경로(환경)
현성 감염자	• 건강 보균자 : 디프테리아, 폴리오, 일본뇌염, 세균성이질, 콜레라, 성홍열 등의 질환자로서 임상증상이 있는 환자를 일컬음
불현성 감염자	• 잠복기 보균자 : 디프테리아, 홍역, 백일해 등의 질환자로서 임상 증상이 없으면서 균을 보유하고 있는 자로서 보건 관리가 가장 어려움
병후 보균자	• 이질, 장티푸스, 디프테리아 등의 질환자

• 동물 : 척추동물이 병원소의 역할로서 사람과 동물(인축) 공통 감염병

병원소(감염원)	질환
소	• 파상풍, 결핵, 탄저병, 살모넬라, 보툴리즘 등
개	• 광견병(공수병), 톡소플라스마증 등
돼지	• 살모넬라, 탄저병, 일본뇌염, 렙토스피라증 등
말	• 탄저병, 살모넬라, 유행성 뇌염 등
쥐	• 페스트, 살모넬라, 발진열, 렙토스피라증, 쯔쯔가무시병, 유행성출혈열 등
고양이	• 살모넬라, 톡소플라마스증 등
토끼	• 야토증

• 곤충(절지동물) : 흡혈, 피부, 외상을 통해서 감염된다.

병원소(감염원)	질환
파리	• 콜레라, 이질, 장티푸스, 결핵, 파라티푸스, 트리코마 등
모기	• 일본뇌염, 말라리아, 뎅기열, 황열 등
이	• 발진티푸스, 재귀열 등
벼룩	• 페스트, 발진열 등
빈대	• 재귀열
진드기	• 야토병, 발진열, 재귀열, 로키산 홍반열 등
바퀴벌레	• 콜레라, 이질, 장티푸스 등

• 토양(흙, 먼지, 토양) : 파상풍을 유발한다.

(2) 환경(감염경로)

① 병원소로부터 병원체 이탈

병원체 탈출	숙주(인체 질환)	전파
호흡기계	• 결핵, 나병, 두창(천연두), 디프테리아, 성홍열, 수막 구균성 수막염, 백일해, 홍역, 폐렴, 유행성이하선염 등	• 비말 또는 비말핵 흡입으로서 기침, 재채기, 담화 등을 통해 접촉
소화기계	• 콜레라, 폴리오, 파상열, 장티푸스, 세균성이질, 감염성 간염, 파라티푸스 등	• 경구침입, 주로 분변을 통해 접촉
피부 직접 접촉 (성기 점막 피부)	• 매독, 임질, 연성화감 등 성 전파 질환	• 소변이나 분비물을 통해 접촉
피부기계 (점막피부)	• 파상풍, 페스트, 웰슨병, 트라코마, 일본뇌염, 발진티푸스 등	• 흡혈 시 접촉되어 발열, 발진, 근육통 야기
기계적 탈출	• 발진열, 말라리아, 발진티푸스 등	• 흡혈성 곤충(이, 벼룩, 모기) 또는 주사기 접촉
개방병소	• 나병(한센병)	• 농양, 피부병 등의 병변 부위에서 직접 접촉

② 전파

전파 종류	전파경로	질환
비말(포말) 감염	• 콧물, 침(타액), 가래 등은 기침, 재채기를 통해 전파 • 포말은 눈, 호흡기 등을 통해 접촉	• 결핵, 디프테리아, 백일해, 성홍열, 인플루엔자 등
진애감염	• 먼지 또는 공기를 통해 전파	• 결핵, 두창, 발진티푸스, 디프테리아 등
수질감염	• 물, 식품을 통해 전파	• 이질, 콜레라, 장티푸스, 파라티푸스 등
토양감염	• 토양을 통해 접촉	• 파상풍균, 탄저균 등
경구감염	• 환자, 보균자의 분뇨를 통해 배출된 병원체가 식품에 오염되어 경구 침입	• 세균성이질, 아메바성이질 등
경피감염	• 토양이나 퇴비 접촉과 교상에서 전파	• 파상풍, 양충병, 광견병 등
개달감염	• 수건, 의류, 서적, 인쇄물 등의 개달물에 의해 감염	• 결핵, 두창, 비탈저, 트라코마, 디프테리아 등
식품에 의한 감염	• 식품의 부패에 의한 원인균에 오염된 식품 섭취 시	• 세균성이질, 장티푸스, 콜레라, 파라티푸스, 유행성 감염 등

(3) 숙주(면역성과 감수성)

병원체가 숙주인 인체 내에 침입하여 발생되는 것으로, 감염균에 대한 자기방어능력과 저지할 수 있는 환경에 의해 다르게 나타난다.

① 감수성 : 숙주 체내에 병원체가 침입하였을 때 감수성이 있으면 감염 또는 발병이 일어난다.

> ✂ **TIP**
>
> 감수성지수(접촉감염지수)
> • 급성 호흡기계 감염병으로서 감수성 보유자가 감염되어 발병하는 확률이다.
> • 두창(95%), 홍역(95%), 백일해(60~80%), 성홍열(40%), 폴리오(0.1% 이하), 디프테리아(10%) 등

② 면역성 : 숙주 체내에 침입하는 병원체에 대한 절대적인 방어(저항력)로서 선천면역과 후천면역으로 분류된다.

구분		종류	질환
능동 면역	자연 능동	질병 이환 후 영구면역 형성이 되는 질환	• 두창, 홍역, 수두, 콜레라, 백일해, 성홍열, 페스트, 장티푸스, 발진티푸스, 유행성이하선염 등
		불현성 감염 후 영구면역 형성이 되는 질환	• 일본뇌염, 소아마비 등 질병 이환 후 약한 면역 형성 • 폐렴, 디프테리아, 인플루엔자, 세균성이질, 수막구균성수막염 등 감염면역만 형성 • 매독, 임질, 말라리아 등
	인공 능동	생균백신	• 두창, 탄저, 결핵, 홍역, 황열, 광견병, 폴리오 등
		사균백신	• 백일해, 콜레라, 폴리오, 일본뇌염, 장티푸스, 파라티푸스 등
		순화독소	• 파상풍, 디프테리아 등
수동 면역	자연수동		• 모체로부터 태반이나 수유를 통해서 항체를 받는 면역
	인공수동		• 회복기 혈청, 면역 혈청, 감마글로불린(γ-globulin) 등을 주사하여 항체를 받는 면역

❷ 질병 관리 방법

병원소를 제거함으로써 질병의 전파를 예방하기 위해 사람과 동물이 병원소가 되는 인수 공통 감염병의 감염원이 되는 환축을 제거한다.

관리 종류	특징
병원소 관리 (환자 격리)	• 병원체를 운반하는 사람(환자)을 격리하거나 동물을 제거하는 것 - 격리에 요구되는 필요한 기간을 결정 • 감염병 환자는 완치 시까지 격리 • 병원체 감염 의심자는 병원체를 배출하지 않을 때까지 격리
외래 감염병 관리	• 외래 감염병의 국내 침입 방지 수단으로서 질병 유행 지역의 감염 의심자가 있는 경우 강제 격리 • 격리 시 전파를 예방할 수 있는 감염병 : 결핵, 나병, 페스트, 콜레라, 장티푸스, 디프테리아, 세균성이질 등 • 검역 감염병 및 감시 기간 : 콜레라 120시간, 페스트 144시간, 황열 144시간 등
전파 과정 단절	• 환경위생 관리를 철저히 하여 근본적으로 병원소를 제거
감염병 집중관리	• 법정 감염병을 지정하여 지역 단위로 관리
숙주의 면역 증강	• 예방접종을 통한 인공능동면역을 사용하며 영양, 운동, 휴식 등 관리를 증강
환자의 관리	• 조기진단과 조기치료를 우선으로 2차 전파되는 것을 예방, 관리

❸ 법정 감염병과 검역질병

(1) 법정 · 지정 감염병

보건복지부장관이 지정하는 감염병으로서 유행 여부의 조사를 위하여 감시 활동의 대책이 요구된다. 법정 감염병 발생 시 신고는 보건복지부장관 또는 관할 보건소장에게 신고한다.

① 법정 감염병

군(종)	질병	신고 주기	비고
제1군 (6종)	콜레라, 장티푸스, 파라티푸스, 세균성이질, 장출혈성대장균감염증, A형간염	즉시	• 마시는 물 또는 식품을 매개로 발생하고 집단 발생의 우려가 커서 발생 또는 유행 즉시 방역 대책을 수립하여야 함
제2군 (12종)	디프테리아, 백일해, 파상풍, 홍역, 풍진, 폴리오, 수두, B형간염, 폐렴구균, 일본뇌염, 유행성이하선염, b형헤모필루스인플루엔자	즉시	• 예방접종을 통하여 예방 및 관리가 가능하여 국가예방접종사업의 대상이 됨
제3군 (19종)	결핵, 탄저, 공수병, 매독, 성홍열, 말라리아, 인플루엔자, 발진열, 한센병, 수막구균성수막염, 레지오넬라증, 비브리오패혈증, 발진티푸스, 쯔쯔가무시증, 렙토스피라증, 후천성면역결핍증, 신증후군출혈열, 브루셀라증, 발진열	즉시	• 간헐적으로 유행할 가능성이 있어 계속 그 발생을 감시하고 방역대책의 수립이 필요
제4군 (19종)	황열, 뎅기열, 페스트, 두창, 야토병, 큐열, 라임병, 유비저, 바이러스성출혈열, 보툴리눔독소증, 중증급성호흡기증후군(SARS), 동물인플루엔자인체감염증, 신종인플루엔자, 웨스트나일열, 신종감염병증후군, 진드기매개뇌염, 치쿤구니야열, 중증열성혈소판감소증후군(SFTS), 중동호흡기증후군(MERS)	즉시	• 국내에서 새롭게 발생하였거나 발생할 우려가 있는 감염병 또는 국내 유입이 우려되는 해외 유행 감염병
제5군 (6종)	회충증, 편충증, 요충증, 간흡충증, 폐흡충증, 장흡충증	7일 이내 신고	• 기생충에 감염되어 발생

② 지정 감염병 : 제1군~5군까지의 법정 감염병 외에 유행 여부를 조사하기 위해 감시활동이 필요하다. 이는 보건복지부장관이 지정하는 감염병으로서 발견 7일 이내에 신고해야 한다.

❹ 침입경로에 따른 질병

(1) 급성 감염성 질환(발병률이 높고 유병률이 낮음)

감염병	질환
소화기계 (7종, 수인성 감염병)	• 장티푸스, 콜레라, 세균성이질, 폴리오(소아마비), 파라티푸스, 유행성간염, 장출혈성대장균감염증 등
호흡기계 (7종)	• 디프테리아, 백일해, 홍역, 인플루엔자, 풍진, 수두, 성홍열 등
절족동물 매개 (7종)	• 페스트(흑사병), 발진티푸스, 말라리아, 유행성 일본뇌염, 유행성출혈열, 발진열, 쯔쯔가무시병(양충병) 등

동물 매개 (4종)	• 공수병(광견병), 탄저병(인수 공통 감염병), 브루셀라, 렙토스피라증 등
만성 감염병	• 결핵, 한센병(나병), 성병(임질, 매독), B형간염, 후천성면역결핍증(AIDS) 등

(2) 비감염성 질환

고혈압, 뇌졸증, 당뇨병, 암, 심장 질환 등

Section 03 기생충 질환 관리

❶ 기생충 질환

(1) 기생충의 분류

① 생물 형태에 따른 분류

기생충류		구분
원충류		• 근족충류, 편모충류, 섬모충류, 포자충류 등
윤충류	선충류	• 요충, 구충, 회충, 편충, 동양모양선충, 말레이사상충(열대성 풍토병)
	흡충류	• 간흡충, 폐흡충, 요코가와흡충 등
	조충류	• 무구조충(민촌충), 유구조충(갈고리촌충), 광절열두조충(긴촌충) 등

② 전파 방식에 따른 분류

병원소	구분
토양	• 회충, 편충, 구충, 동양모양선충 등
물, 채소	• 회충, 편충, 분선충, 이질아메바, 십이지장충, 동양모양선충 등
어패류	• 간흡충, 폐흡충, 요코가와흡충 등
수육	• 유구조충, 무구조충 등
모기	• 사상충, 말라리아 등
접촉	• 요충, 질트리코모나스 등

(2) 위생해충(일상생활에 불편함과 혐오감을 주는 동물)

① 구충구서의 원칙
  • 발생원 및 서식처 제거
  • 발생 초기에 실시
  • 생태 습성에 따른 제거
  • 광범위한 구제

② 구제 방법
  • 물리적 방법 : 발생원 및 서식처 제거, 트랙 이용
  • 화학적 방법 : 살충제, 불임제, 기피제, 발육억제제 등
  • 생물학적 방법 : 천적 이용
  • 통합적 방법 : 2가지 이상의 방법을 동시에 사용한 구제

③ 해충과 질병

매개 해충	질병
쥐	• 페스트, 서교열, 발진열, 살모넬라증, 유행성출혈열, 쯔쯔가무시병, 렙토스피라증 등
모기	• 일본뇌염(작은빨간집모기), 말라리아(중국얼룩날개모기), 사상충(토고숲모기) 등
바퀴벌레	• 결핵, 콜레라, 장티푸스, 세균성이질 등
파리	• 결핵, 콜레라, 장티푸스, 파라티푸스, 세균성이질 등

Chapter 03 가족 및 노인보건

Section 01 가족보건

모자보건과 성인보건으로 구성되는 가족보건은 모성보건과 영·유아 보건으로 분류되며 성인병과 그 외 질환에 대해 설명된다.

① 모자보건

한 국가나 지역사회의 보건 수준을 제시하는 지표로서 모성사망률, 영아사망률, 성비, 시설 분만율 등으로 나눈다.

② 영·유아보건

태아 및 신생아, 영·유아기의 보건관리를 영·유아 보건관리라 한다. 특히 영아사망률은 지역사회의 보건 수준을 표시하는 대표적 지표이다.

Section 02 노인보건

노인보건에서는 고령화 사회에서 예측되는 노인질병 구조단계인 생리적, 신체적, 기질적 변화에 대해 모색된다.

Chapter 04 환경보건

Section 01 환경보건의 개념

① WHO의 정의

인간의 신체 발육과 건강 및 생존에 유해한 영향을 미치거나 미칠 가능성이 있는 모든 환경 요소를 관리하는 것을 말한다.

② 우리나라 환경보건법의 정의

인간의 일상생활과 밀접한 관계가 있는 생활환경 또는 자연환경을 말한다.

Section 02 환경위생의 분류

① 대기오염

(1) 공기의 구성

① 공기는 대기의 하부층으로 구성된 기체로서 해발 10km 내의 공간에서 측정한다.

② 공기는 희석, 산화, 교환, 세정작용을 통해 공기의 자정작용을 한다.

③ 공기는 질소(78%), 산소(21%), 아르곤(0.93%), 이산화탄소(0.03%), 기타(0.04%)로 구성된다.

화학성분	특징	비고
질소(N_2)	• 산소를 부드럽게 하는 작용 • 고기압 환경 또는 감압 시 감압병(잠함병) 증상	〈부족 시〉 전신동통, 신경마비, 보행곤란
산소(O_2)	• 성인 산소소비량 0.52kL/1day • 농도 또는 분압보다 높은 산소를 장시간 호흡 시 폐부종, 출혈, 이통, 흉통 등의 산소중독 증상	〈부족 시〉 • 10% 이하 : 호흡곤란 • 7% 이하 : 질식사
이산화탄소(CO_2)	• 실내공기의 오염이나 환기유무를 결정하는 척도 • 한 사람이 1시간에 20L 배출(20L/1hour) • 최대 허용량(서한량) 700~1,000ppm (0.07~0.1%)/8hour • 무색, 무취, 무독성으로서 중독은 거의 없음	〈이산화탄소 농도에 따른 증상〉 • 3% 이상 : 불쾌감 • 6% 이상 : 호흡횟수 증가 • 8% 이상 : 호흡곤란 • 10% 이상 : 의식상실 또는 사망
일산화탄소(CO)	• 호흡에 의해 흡입 시 친화성에 의해 혈액 내 헤모글로빈과 결합(Hb-CO) • 산소와 비교했을 때 250~300배 친화성이 강함 • 최대 허용량 100ppm(0.01%)/8hour • 무색, 무취, 무자극성 기체로서 독성이 큼 • 공기보다 가벼워(비중 0.976) 불완전 연소(불에 타기 시작과 꺼질 무렵) 시 다량 발생 • 공기 중에 10% 미만으로 존재해야 함	〈산소결핍 시〉 일산화탄소 중독 현상 – 헤모글로빈의 산소 결합 능력을 빼앗아 혈중 산소농도를 저하시킴 〈일산화탄소와 헤모글로빈 결합 농도에 따른 증상〉 • 30~40% : 심한 두통, 구토 현상 • 50~60% : 혼수, 경련, 가사 상태 • 80% 이상 : 즉사
아황산가스(SO_3)	• 대기오염의 지표로서 산성비의 원인, 도시공해 요인(자동차 배기가스 공장 매연) • 최대허용량(서한량)은 연간 기준으로 0.05ppm • 무색으로 공기보다 무거우며, 자극적인 취기가 강함	• 피부, 점막, 기관지 등을 자극함
오존(O_3)	• 지상 25~30km(성층권)에 있는 오존층은 자외선의 대부분을 흡수 • 일상생활에서 사용되는 프레온 가스(냉장고, 에어컨, 스프레이 등)가 오존층을 파괴함	• 오존($O_3 \rightarrow O_2 + O↑$)은 살균작용을 함

(2) 기후의 3대 요소

기온, 기습, 기류, 기압, 풍향, 풍속, 강우, 복사량, 일조량 등은 기후를 구성하는 요소이다.

기후의 3대 요소	특징	비고
기온	• 지상 1.5m 높이의 백엽상 내에서 수은 온도계로 측정	• 쾌적온도 18±2℃
기습(습도)	• 대기 중에 포함된 수분량으로서 인체에 적당하게 작용	• 쾌적습도 40~70%
기류(바람)	• 항상 존재하나 체감적으로 느끼지 못하는 불감기류는 0.5m/sec • 실외의 기압과 실내의 기온 차이에서 형성될 때 기류가 발생	쾌적기류 • 실내 : 0.2~0.3m/sec • 실외 : 1m/sec

(3) 체온 조절

① 정상체온(36.1~37.2℃)보다 10℃ 이하에서는 난방, 26℃ 이상에서는 냉방이 요구된다.

② 평상시 체온은 36.5℃로서 머리와 다리의 온도 차이는 2~3℃ 이상이어야 한다.

③ 계절상 여름은 21~22℃, 겨울은 18~21℃ 정도가 최적온도이다.

④ 냉방에 요구되는 실내·외의 온도차는 5~7℃로서, 10℃ 이상의 차이를 가질 때 건강상 해롭다.

⑤ 의복 착용 시 쾌감을 느낄 수 있는 온도는 17~18℃, 습도는 60~65%이다.

(4) 불쾌지수

기후상태로 불쾌감을 느낄 수 있는 수치

① 70DI 이상 : 다소 불쾌

② 75DI 이상 : 50%의 사람이 불쾌

③ 80DI 이상 : 거의 모든 사람이 불쾌

④ 85DI 이상 : 매우 불쾌

(5) 대기오염 물질

기온, 풍력, 주민의 관심도가 낮을수록, 연료소모가 많을수록, 인구의 증가와 집중현상이 클수록, 산업장의 집결과 시설이 확충될수록 대기오염도는 커진다.

물질 종류		특징	비고
입자상	분진	•대기 중에 떠다니는 미세 분진 액상 또는 고체상 알갱이가 분산	•강한 분진 : 10㎛ 이상 •부유 분진 : 10㎛ 이하
	매연	•석탄을 원료로 또는 연료 난방용으로서 연소 시 미세하게 발생	•1㎛ 이하의 입자
	황사	•새로운 대기오염물질로서 가장 위험한 발암물질	•호흡기 질환을 유발하는 오염물질
가스상	황산화물	•아황산가스(H_2SO_3)가 주 오염물질로서 자동차, 난방시설, 정유공장, 화력발전소 등이 배출원임	
	질소 산화물	•연료의 연소 과정에서 발생되는 주 오염물질은 일산화질소(NO), 이산화질소(NO_2) 등임	

(6) 대기오염의 유형

유형	특징
온난화 현상	•지구 전체의 온도가 과도하게 상승
오존층 파괴	•오존층을 파괴시키는 프레온 가스로서 냉매, 발포제, 분사제, 세정제 등 염소와 불소를 포함한 염화불화탄소를 주성분으로 함 •지상의 자외선 증가는 대류권의 오존량을 증가시켜 스모그를 발생
산성비	•공장에서 배출하는 매연, 분진 등의 원인물질 배출에 따른 강한 산성을 띤 산성비가 내림
기온역전 (역전층)	•상부기온이 하부기온보다 높아지면서 공기의 수직 확산이 일어나지 않으므로 대기는 안정화되고 대기오염도는 심해짐

❷ 수질오염

(1) 음용수의 수질검사

전 항목의 수질기준은 매월 1회 이상 검사해야 한다.

음용기준	특징	비고
맛, 냄새, 탁도, 색도	•무미, 무색투명, 무취, 색도(5도), 탁도(2도) 이하	매일 1회 이상 검사
수소이온농도, 잔류염소	•pH 5.5~8.5, 불소 2.0mg/L, 염소이온 260 mg/L, 수은 0.001mg/L	
대장균	•100㎖에서 미 검출, 수질오염지표로서 미생물이나 분변에 오염된 것을 추측할 수 있음	매주 1회 이상 검사
일반 세균	•1cc 중 100CFU 이하 검출	
과망간산칼륨	•검출방법은 수중 유기물을 간접적으로 추정	
암모니아성 질소	•검출방법은 유기물질에 오염된 상태가 오래 되지 않음을 추정	

(2) 물과 관련된 질병

① 수인성 감염병 : 콜레라, 장티푸스, 세균성이질, 파라티푸스, 유행성감염 등

② 기생충 감염 : 회충, 구충, 간디스토마, 폐디스토마, 주혈 흡충증, 광절열두조충 등

③ 불소(F) : 과잉 시 반상치, 저함량 시 충치 원인이 됨

> **TIP**
> 물의 단위(경도)
> 물속에 녹아있는 Ca^{2+}, Mg^{2+}의 총량을 탄산칼슘($CaCO_3$)의 양으로 환산하여 경도 1에는 물 1㎖에 탄산칼슘이 1g 함유되어 있다.
> •경수(센물) : 경도 10 이상의 물로서 Ca, Mg이 많이 포함되어 있다.
> •연수(약한물) : 경도 10 이하의 물로서 수돗물이 대표적이다. 세발, 세탁, 음용 등이 가능하다.

(3) 물의 소독

소독 종류	특징
염소	•상수도 소독제로서 액화염소 또는 이산화염소 사용 •강한 취기와 독성이 있음 •잔류 효과(0.2~0.4ppm)가 크고 조작이 간편함 •적은 비용으로 살균효과(바이러스 사멸 못 시킴)가 우수하여 상수 소독제로 가장 많이 이용됨
오존	•강한 표백작용(세균, 바이러스 사멸 안 됨)을 함 •무미, 무취, 무색의 기체로 산화력이 강함 •잔류효과가 약하며 복잡한 오존 발생 장치가 요구되어 비용이 많이 듦
자비소독 (습윤멸균법)	•100℃ 끓는 물에 10~30분 이상 가열 •열 저항성 아포, B형간염 바이러스, 원충의 포낭형 등은 사멸시키지 못함
자외선	•자외선(2650~3000Å)은 수심 120mm까지 살균효과가 매우 강하나 투과력이 약함

(4) 물의 정수법

정수방법	특징
물의 자정작용	•희석, 침전, 일광 내 자외선에 의한 살균, 산화, 생물의 식균 작용 등
인공정수방법	•침전 → 여과[완속(침전), 급속(약물 침전)] → 소독의 순서로 정수함

(5) 수질오염지표 : 하천생활규제의 항목

수질환경 기준	특징
생물학적 산소 요구량 (BOD)	•물의 오염도를 생물학적으로 측정하는 방법 •물속의 유기물을 무기물로 산화시킬 때 필요로 하는 산소요구량 •BOD가 높을수록 오염이 되었음을 나타냄 •BOD의 산소요구량은 5ppm 이상임
화학적 산소 요구량 (COD)	•BOD와 같은 의미로서 화학적 방법으로 물을 정화하는 데 소비되는 산소요구량을 말함
용존 산소량(DO)	•물에 녹아 있는 산소, 즉 용존산소를 말함 •용존산소가 높은 것은 물속에 녹아 있는 산소농도가 높음을 의미함 •DO는 높을수록 좋음 •BOD가 높을 때 DO가 낮아짐 •온도가 낮아질수록 DO는 증가됨 •물에서 생물이 생존하기 위한 DO는 5ppm 이상임
부유물질(SS)	•오염물 또는 쓰레기들이 떠 있지 않아야 함
수소이온농도(pH)	•pH 7 이하는 산성, pH 7 이상은 알칼리성을 띰

❸ 인위적 환경

(1) 주택

남향 또는 동남향으로서 언덕의 중간에 위치하며, 지하수가 있는 경우 1.5~3m 위에 배수가 잘 되는 곳에 짓고, 매립지의 경우 10년 이상 경과 후 건축해야 한다. 주택의 자연채광 조건은 남향으로서 하루 4시간 이상의 일조량이 요구된다.

(2) 자연채광

태양광선에 의하여 실내 밝기를 유지하는 것으로 직사광선과 천공광 (창을 통하여 실내에 이용되는 자연조명)으로 나눈다.
① 창의 면적 : 방바닥 면적의 1/5~1/7이 적당하며, 벽 높이의 1/3 이상이어야 한다.
② 창의 방향 : 조명 빛의 균등을 요구하며, 동북향 또는 북향이어야 한다.
③ 환기 면적 : 방바닥 면적의 1/20 이상이어야 한다.
④ 개각 및 입사각 : 개각은 4~5°, 입사각은 28° 이상이어야 한다.
⑤ 주광률 : 조도의 균등함을 요구하며, 눈의 피로를 없애주는 주광률은 1% 이상이어야 한다.

(3) 인공채광(조명)

작업에 충분하며 균등한 조도를 지닌 주광색이 좋으며, 광원은 간접조명으로 좌상방에서 비치는 것이 좋다.
① 조명의 종류

종류	특징
직접조명	•설비가 간단하여 경제적이고 조명효율도 경제적 •강한 음영과 현휘(그림자)를 일으키며, 조명의 균일성이 떨어짐
간접조명	•균일한 조도에 의해 시력이 보호되는 가장 좋은 조명 •단점은 조명 효율이 낮은 반면 유지비가 많이 듦
반간접조명	•절충식(직접광 1/2, 간접광 1/2)으로서 빛이 부드럽고 광선을 분산
전체조명	•실내 전체가 밝은 광원으로서 일반 가정에 주로 밝게 사용
부분조명	•특정 부분에 집중적으로 조명되어 정밀 작업에 용이

② 좋은 조명의 조건
• 조도가 균일하며 작업 능률 향상에 기여해야 한다.
• 정상시력 유지를 위해 그림자가 없어야 한다.
• 사고예방에 따른 위험요소로서 취급이 간편하고, 저렴하며, 폭발·발화의 위험이 없으며, 유해가스 발생이 없어야 한다.

(4) 상·하수도

① 상수도

수원의 종류	특징
천수	•비 또는 눈 등은 가장 순수한 연수이나 대기가 오염된 지역에는 매연, 분진, 세균량이 많음
지표수	•하수 또는 호숫물로서 오염된 물이 많음
지하수	•수심이 깊은 물일수록 탁도가 낮고 경도가 높음
복류수	•하천의 아래 또는 주변에서 얻는 방법으로 소도시의 수원으로 이용
해수	•음용수로 사용할 시 화학처리를 하여 정화시킨 후 사용
정수	•인공적으로 정수장에서 물을 정화시키는 '침사 → 침전 → 여과 → 소독 → 급수의 과정을 거친 물
송수와 배수	•송수는 정수장에서 배수지까지, 배수는 배수지에서 각 가정, 학교, 산업장까지 물을 끌어가는 과정

② 하수도
생활에 의해 생기는 가정하수, 산업폐수, 지하수, 천수(빗물) 등 천수를 제외한 나머지 물을 오수, 즉 하수라 한다.
③ 하수처리 과정

처리 단계		내용
예비 처리 (1차 처리)	제진망 (스크린)설치	•하수 유입구에서부터 부유물질이나 고형물을 걸러냄
	침사조	•토사같이 비중이 큰 물질을 천천히 유속시켜 침전시킴
	침전지	•제진망, 침사조에서 제거되지 않은 부유물을 제거하기 위해 부유물을 침전시킴
본처리 (2차 처리)	혐기성	•무산소 상태에서 유기물을 분해시키기 위해 부패조처리법, 임호탱크 등을 이용
	호기성	•산소를 공급하여 호기성 세균을 증식시키기 위해 살수여상법, 활성오니법, 접촉여상법, 산화지법 등을 이용
오니처리(3차 처리)		•최종 하수처리 후 남은 찌꺼기를 처리하기 위해 투기법(육상·해상), 소각법, 소화법, 퇴비화, 사상건조법 등을 이용

(5) 쓰레기 처리

우리나라 쓰레기 처리의 90% 이상이 매립에 의존하며, 쓰레기 처리방법에는 투기, 소각, 매립 등이 있다.

Chapter 05 산업보건

Section 01 산업보건(WHO, 1950년)

❶ 산업보건의 정의(WHO, ILO)

모든 산업장의 근로자들이 정신적, 육체적, 사회적으로 안녕한 상태를 유지·증진할 수 있도록 작업조건으로부터 근로자를 보호(산업피로 및 유해조건 배제)하여 생산성 및 품질을 향상시키기 위함이다.

❷ 산업보건사업

① 방향 : 직능별 다양성과 특징 등을 인식하고 보건사업을 전개한다.
② 근로자의 자주적 참여를 유도한다.
③ 작업조건으로 인한 건강장애 문제들을 예방사업위주로 추진한다.

❸ 근로기준과 작업동작

① 근로자의 작업시간과 작업동작은 건강과 생산성에 영향을 주는 요소로서 작업자세가 갖는 안정성, 안전성, 경제성, 능률성 등이 고려된다.
② 우리나라 근로기준법(제 50조)에 근로시간은 휴식시간을 제외하고 8시간/1day, 40시간/1week 등이 넘지 않도록 규정하고 있다.
③ 15세 미만자와 임신 중이거나 산후 1년이 지나지 않은 여성은 근로자로 채용할 수 없다.

Section 02 건강장애(직업병)

구분	종류	원인 및 증상
이상 고온 기온	열 경련	•고온 상태에서 육체적 노동 시 체내 수분 및 염분 손실에 따른 두통, 구토, 이명, 현기증, 근육 경련, 맥박 상승 등의 증상이 나타난다.
	열사병 (일사병)	•체온 이상 상승에 따른 체온 조절 저하에 의한 중추신경(뇌) 장애로서 두통, 이명, 구토, 혈압 상승, 동공 확대 등의 증상이 나타난다.
	열 쇠약	•고온 환경에서 비타민 B_1 결핍에 의한 만성적 체열 소모에 따른 빈혈 및 불면, 식욕 부진, 전신 권태, 위장 장애 등의 증상이 나타난다.
이상 저온 기온	참호 (수)족	•저온 상태에 장시간 노출되거나 물속에 있을 시 부종, 수도, 작열통, 피부괴사 등의 증상이 나타난다.
	동상	•신체 세포조직 동결에 의한 증상으로 발적, 종창(1도), 수포 형성, 삼출성 염증(2도), 조직 괴사(3도) 등의 증상이 나타난다.
이상 기압	잠함 (감압)병	•급격하게 기압이 내려감에 따라 혈액과 조직 내의 질소가 기포를 형성하여 순환장애 또는 조직 손상을 유발하며, 잠수부, 비행사 등의 직업군에서 발생한다. 내이장애, 척추마비 반신 불수, 피부 소양감, 사지 관절통 등의 증상이 나타난다.
소음	소음성 난청	•영구적으로 청력 손실(4000Hz) 회복과 치료 불가능, 혈압, 발한, 호흡 및 맥박 증가, 전신 근육 긴장 등의 증상이 나타난다.
분진	진폐증	•석면, 유리규산 등의 $7\mu m$ 이하(평균 0.5~5μm) 분진 흡입 시 폐포에 축적되어 섬유증식증을 유발한다.
	규폐증	•모래, 석영, 부싯돌 등의 미세분진을 지속적으로 흡입 시 폐 질환을 유발한다.
분진	석면 폐증	•석면(2~5μm)을 지속적으로 흡입 시 만성 폐 질환을 유발한다.

Chapter 06 식품위생과 영양

Section 01 식품위생의 개념

❶ 식품위생의 정의

(1) WHO(1995)

식품의 생육, 생산 또는 제조에서부터 최종적으로 사람이 섭취할 때까지에 이르는 모든 단계로서 식품의 안전성, 건강성 및 건전성을 확보하기 위한 수단을 말한다.

(2) 우리나라 식품 위생법

식품, 첨가물, 기구 또는 용기, 포장을 대상으로 하는 음식물에 관한 위생으로 정의한다.

❷ 식중독

(1) 세균성 식중독

잠복기가 짧으며 2차감염이 없다. 면역이 획득되지 않는 특징과 원인 식품의 섭취로 발병되나 다량의 독소 또는 세균이 있어야 발병된다.

① 감염형 식중독

원인균	특징	예방법
살모넬라균	•보균자, 소, 말, 닭, 쥐, 돼지 등이 감염원이며 균에 감염된 식품 섭취 시 •고열, 설사, 구토 등을 동반	•방충, 방서 시설 •도축장 위생 관리 •어패류 생식 금지 •위생관리 행정 철저 •저온 저장 식품 취급 주의 •환자가 취급한 식품 제한
장염 비브리오균	•7~8월 여름철에 많이 발생 – 어패류(60~70%), 생선류 •복통, 설사, 구토, 두통, 고열, 권태감, 수양성 혈변 등 동반	
병원성 대장균	•보균자를 감염원으로, 분변에 오염된 식품 섭취 시 •급성 위장염, 두통, 구토, 발열, 설사, 복통 등의 증상	

② 독소형 식중독

원인균	특징	예방법
보툴리누스균	•식품의 혐기성 상태에서 발생되는 신경독소(뉴로톡신)가 원인균에 오염된 통조림, 소시지 등을 매개로 섭취 시 •신경계 증상(호흡곤란, 복통, 구토, 언어장애 등)으로서 치명률이 높음	•화농소 있는 사람의 식품 취급 제한 •통조림, 소시지 등 위생적 가공 처리 및 보관 •식품의 오염 방지, 저온처리 및 냉장, 가열 조리 후 즉시 섭취하거나 급냉 요구
부패산물형	•히스타민 중독형(단백질 부패산물)으로서 꽁치, 정어리, 고등어 등 부패된 식품 섭취 시 히스타민 중독증 동반	
웰치균	•감염형과 독소형의 중간으로서 사람의 분변, 육류, 어류, 가공식품 등 •단백질 식품 섭취 시 설사, 복통, 탈수 현상 등 동반	

(2) 화학물질 식중독

분류	종류	특징	증상
유독 금속류	납	• 납이 유출된 식기, 농약의 오용 등	• 빈혈, 구토, 복통, 설사 증상이 30분 이상 지속
	구리	• 구리가 유출된 식기, 냄비, 주전자 등	• 몸의 기능 마비 또는 신경장애 등
	수은	• 수은에 노출된 어류 섭취 시 미나마타병의 원인물질	• 구토, 복통, 설사, 경련, 신경장애 등
	비소	• 농약 첨가물의 인체 유입	• 마비증상 또는 사망
	카드뮴	• 카드뮴에 노출된 식기, 용기 사용 시 이타이이타이병의 원인물질	• 구토, 경련, 설사 등을 동반
유기 화합물		• 메틸 알코올, 식품 첨가물(합성조미료, 표백제), 용기·포장 용출물(합성수지제 식기), 채소, 과일, 육류에 살포된 유기 살충제(유기 염소제, 유기 제제) 등에 노출	• 식중독, 만성 장애, 심한 복통, 두통, 설사, 실명 등 야기

(3) 자연독 식중독

① 식물성 자연독

종류	특징	증상
감자(솔라닌)	• 감자의 싹과 녹색 부분	• 식후 수 시간 이내에 발병 • 구토, 복통, 설사, 발열, 언어장애, 환각작용 야기
독버섯(무스카린)	• 독성이 있는 버섯 섭취	• 2시간 후에 발병 • 위장형 중독, 콜레라형 중독, 신경 장애형 중독 등
맥류(맥각균)	• 보리, 밀의 맥각균에 기생하는 곰팡이를 통해	• 위궤양 증상과 신경계 증상을 유발
독미나리 (시큐톡신)	• 미나리 뿌리 부분에 있는 독성 섭취 시	• 구토, 현기증, 경련을 일으킴 • 심하면 의식불명, 신경중추마비, 심장박동 증가, 호흡곤란 야기
청매(아미그달린)	• 설익은 매실 섭취 시	• 소화불량, 식중독 마비 증상
독맥(테믈린)	• 밀, 보리, 이삭 등 독소 식품 섭취 시	• 교감신경 차단작용
면실유(고시풀)	• 면화, 목화 씨의 유독 성분	• 중독을 야기

② 동물성 자연독

종류	특징	증상
조개류 (삭시톡신, 베네루핀)	• 섭조개, 대합조개, 검은 조개 등 • 모시조개, 굴, 바지락 등 섭취 시	• 섭취 후 30분~3시간 후 발병 • 신체마비, 호흡곤란 등이 야기 • 출혈반점, 혈변, 혼수상태
복어 (테르로도톡신)	• 복어 내장 또는 복어 피 섭취 시(2~48시간 후)	• 구토, 근육마비, 호흡곤란, 의식불명 등

❸ 식품 위생과 기생충

(1) 원생동물(원충류)

종류	특징
이질 아메바	• 영양형과 포낭형으로 구분되며 토양, 하수도 오염을 관리하고 환자와 보충자를 격리 치료해야 함 • 물, 음식물을 끓여서 음용해야 하며, 급성 이질 시 점혈변을 배설함
말라리라 원충 (학질)	• 열발작(3일 열형 말라리아) 또는 48시간 정도의 열을 수반한 오한 발생 • 모기(중간숙주)에서 유성 생식 후 인체 내로 유입되어 무성 생식함

(2) 후생동물

① 선충류

종류	특징
회충증	• 경구감염 시 소장에서 유충으로 부화하며, 1년의 수명을 가짐 • 감염 시 무증상이나 감염 후 권태, 복통, 빈혈, 식욕감퇴 등 감염 2개월~2개월 반 후 성충이 됨
요충증	• 도시 소아의 항문 주위에 산란 • 침구, 침실 등에 충란으로 오염됨 • 집단감염과 자가감염(수지)을 일으킴 • 2차 세균감염으로 항문 소양증 • 의류는 열처리 세탁, 침구는 일광소독, 가족의 집단 구충제 복용
편충증	• 인체 감염 시 소장에서 부화된 후 맹장, 충수돌기, 결장으로 내려와 정착 • 인체 감염 시 무증상이나 충체 감염(다량) 시 복통, 구토, 복부팽창, 미열, 두통 등 발생
구충증 (십이지장충)	• 경구와 경피를 통해 감염되며, 인체 감염 시 소장 상부에 기생 • 경피감염 시 채독으로서 피부 염증과 소양감 • 소화장애, 출혈성 또는 중독성 빈혈을 야기
동양모양 선충증	• 경구감염에 의해 인체에 침입 시 소장에서 기생 • 소화장애 또는 빈혈을 야기
선모충	• 돼지고기로부터 감염되며, 세계적으로 분포하나 우리나라에는 보고된 바 없음

② 흡충류

종류	특징
간흡충증 (간디스토마증)	• 담수에서 제1중간숙주(왜우렁이)와 제2중간숙주(잉어, 참붕어)를 거쳐 사람에게 감염 • 간의 담관에 기생하여 간 및 비장 비대, 복수, 황달, 빈혈, 소화기 장애 등
폐흡충증 (폐디스토마증)	• 폐에서 기생하며, 산란된 충란은 객담과 함께 기관지와 기도를 통해 외부로 배출 • 담수에서 충란은 제1중간숙주(다슬기)와 제2중간숙주(게, 가재)를 거쳐 사람에게 감염 • 풍토병으로, 주로 폐에 기생하고 기침과 혈담의 징후가 있으며 객담을 위생적으로 처리하고 가재 등의 생식 금함
요꼬가와 흡충증	• 담수에서 충란은 제1중간숙주(다슬기)에 침입하여 제2중간숙주(은어, 숭어)를 거쳐 사람이 섭취 시 소장에서 기생 • 감염 시 내장 조직이 때때로 파괴되어 장염, 복부 불안 등과 함께 출혈성 설사, 복통 등

③ 조충류

종류	특징
무구조충 (민촌충)	• 소장 점막에 무구낭미충이 성충으로 발육하며, 소화기계 증상으로서 분변 관리를 하고, 소고기를 익혀 먹어야 함
유구조충 (갈고리촌충)	• 소장에서 유구낭미충이 성충으로 발육하며, 돼지고기를 익혀서 먹어야 함 • 소화기계 증상으로 소화불량, 식욕부진, 두통, 변비, 설사 등 야기
광절열두조충 (긴촌충)	• 충란이 수중에서 제1중간숙주(물벼룩)와 제2중간숙주(연어, 송어, 농어)를 거쳐 사람에게 감염 • 인체 감염 시 무증상으로서 인체 소장 상부에서 기생, 민물고기(송어, 연어) 생식을 금함 • 식욕감퇴, 복통, 설사, 신경증세, 빈혈(악성빈혈), 영양불량 등을 야기

Chapter 07 보건행정

Section 01 보건행정의 정의 및 체계

❶ 보건행정

(1) 목적

공중보건의 목적을 달성하기 위해 질병의 예방, 건강증진, 건강수명의 연장 등에 공중보건의 원리 및 공적, 사적 조직을 포함한 일련의 보건행정 활동이다.

(2) 범위(WHO)

보건자료(보건관련 모든 기록의 보존), 대중에 대한 보건교육, 환경위생, 감염병 관리, 모자보건 등 의료, 보건간호 등의 범위로 규정된다.

❷ 보건행정 조직

(1) 보건사업 진행과정

지역보건의료 계획수립(시장, 군수, 구청장) → 의회 의결 → 시·도지사에게 제출 → 보건복지부장관에게 제출

(2) 중앙보건행정 조직

① 보건복지부에서의 업무부서는 위생국에서 이·미용 업무를 관장한다.
② 위생국은 위생제도과, 공중위생과, 위생감시과, 식품과 등

(3) 지방보건행정 조직

지방조직은 지역 특성에 따른 설치 기준과 인구 규모에 따라 보건소, 보건지소, 보건진료소 등으로 구분된다.

Chapter 01 소독의 정의 및 분류

Section 01 소독 관련 용어 정의

❶ 소독의 정의

① 협의 : 병원 미생물의 생활력을 파괴하여 감염력을 없애는 것이다.
② 광의 : 병원 또는 비병원성 미생물을 죽이거나 그의 감염력이나 증식력을 없애는 조작으로서 살균과 방부, 멸균을 포함한다.

❷ 용어 정리

① 소독 : 병원성 미생물을 파괴시켜 감염의 위험성을 제거하는 약한 살균작용
② 방부 : 미생물의 발육과 생활 작용을 억제 또는 정지시킴으로써 부패나 발효시키는 조작
③ 살균 : 생활력을 가지고 있는 미생물을 이학적, 화학적 소독법에 의해 급속하게 죽이는 것
④ 멸균 : 병원 또는 비병원성 미생물 모두를 사멸 또는 그 포자까지도 사멸 또는 제거

❸ 소독의 원리

소독 인자는 온도, 빛, 물, 농도, 시간 등에 있으며, 미생물의 농도가 낮으면 짧은 시간 내에 효과적으로 소독할 수 있다.

① 소독작용을 위해 필요한 시간은 소독제 농도가 증가할수록 짧아진다.
② 수용액에서 소독제의 활성은 물의 양에 따라 다르다.
③ 소금, 금속, 산 또는 알칼리 같은 무기 성분들을 소독제와 결합하면 소독활성을 방해할 수 있다.
④ 살균제는 실온에서 효과가 있기 때문에 온도 자체만으로는 중요 요소가 아니다.
⑤ 물건은 세척 후 소독한다.

Section 02 소독 기전

❶ 소독제의 살균 기전

① 균 단백 응고와 변성작용
② 효소계 침투작용
③ 계면활성제 작용
④ 중금속염의 형성작용
⑤ 산화작용
⑥ 가수분해 작용
⑦ 탈수작용

Section 03 소독법의 분류

❶ 물리적 소독법

(1) 가열 소독법

소독법		소독 방법
건열 멸균법	화염멸균법	• 화염 불꽃에 20초 이상 접촉
	건열멸균법	• 건열 멸균기에서 160~170℃에서 1~2시간 처리
	소각법	• 불에 태워 멸균시키는 방법
습윤 멸균법	자비소독법	• 100℃ 끓는 물에 15~20분 처리
	고압증기 멸균법	• 고온, 고압하에 멸균기를 사용, 포자 형성균까지 멸균
	유통증기 멸균법	• 100℃ 증기로 30분간 3회 실시(1일 1회씩)
	저온살균법	• 우유(63℃에서 30분간 처리)

(2) 무가열 소독법

소독법	소독 방법
자외선멸균법	• 2,400~2,800Å의 자외선 살균기의 파장을 이용하여 균을 사멸
일광소독법	• 태양열에서 나오는 2,600~2,800Å의 자외선 파장이 약간의 살균작용을 함
초음파	• 8,800c/s의 음파를 이용한 교반작용으로 미생물을 살균
세균여과법	• 세균여과기를 이용하여 걸러서 미생물을 제거

❷ 화학적 소독법

(1) 석탄산(페놀, 3~5% 수용액)

① 유기물 소독에도 살균력이 있다. 고온일수록 살균효과가 크며, 염산이나 소금을 첨가하면 살균력이 강해진다.
② 세균 포자와 바이러스에 작용력이 없으며, 취기와 독성이 강해 피부 점막에 자극성과 마비성이 있고 금속을 부식시킨다는 단점이 있다.
③ 작용 기전 : 세포 용해, 균체 단백응고, 균체의 효소계 침투 등의 작용을 한다.
④ 석탄산 계수 : 성상이 안정되고 순수한 석탄산을 표준으로 하여 다른 소독제의 살균력을 비교하기 위해 사용한다.

$$석탄산 계수 = \frac{소독약의 희석배수}{석탄산의 희석배수}$$

(2) 크레졸(3% 수용액)

① 석탄산에 비해 3배의 소독력을 가지며, 물에 잘 녹지 않아 비누와 혼합한 크레졸 비누액으로 만들어 사용한다.
② 바이러스에는 소독효과가 적으나 세균 소독에 효과가 있다.

(3) 승홍(0.1~0.5% 수용액)

① 살균력이 강하고 맹독성이 있으며, 온도가 높을수록 살균효과가 강하다.
② 무색으로서 푸트신액으로 염색하여 사용한다.

(4) 생석회

① 생석회 분말(2) + 물(8) = 혼합액을 만들 때 발생기 산소에 의해 소독작용을 한다.

② 값이 싸고 탈취력이 있어 분변, 하수, 오수, 토사물 등의 소독에 사용한다.

(5) 과산화수소

상처 소독에 2.5~3.5% 수용액을 사용하며, 실내 공간 살균, 식품의 살균과 보존, 구내염, 인두염, 상처, 입 안의 소독 등에 이용된다.

(6) 알코올

에탄올(70~80% 수용액)은 피부 소독 또는 기구 소독(20분 이상 담가 두었다 사용-)에 사용한다.

(7) 머큐로크롬

2% 수용액으로 점막 및 피부 상처에 사용한다.

(8) 역성 비누(양성 비누, 양이온 계면활성제)

0.01~0.1% 수용액으로 무미, 무해하며 사용 시 침투력, 살균력이 강하다.

(9) 약용 비누(음이온 계면활성제)

손, 피부 소독에 사용되는 약용 비누는 비누 원료에 각종 살균제를 첨가시켜 제조함으로써 동시에 세정, 살균작용이 이루어진다.

(10) 포르말린(0.02~0.1% 수용액)

① 메틸알코올을 산화시켜 얻은 가스로서 훈증소독에 사용한다.

② 20℃ 이하에서는 살균력이 떨어지므로 빛을 차단할 수 있는 용기에 넣어 상온(15~25℃)에 보관한다.

③ 피부 소독에 부적합하며 의류, 도자기, 목제품, 고무 제품, 셀룰로이드 등에 사용한다.

(11) 염소(Cl)

상수도 소독에 사용하나 취기(냄새)가 있다. 소독 시 액체염소 주입 10분 후에 잔류농도가 0.2~1.0ppm이 되어야 한다.

(12) 표백분(차아염소산나트륨)

① 0.5% 농도로서 살균작용을 하며 세균, 진균, 아포균, B형간염 바이러스, 원충 등에 효과가 있다.

② 손, 피부 소독에 0.2~0.5% 수용액을 사용하나 자극성이 강하여 금속을 부식시킨다.

Chapter 02　미생물 총론

Section 01　미생물의 정의

미생물이란 0.1mm 이하의 미세한 생명체로서 육안으로 관찰할 수 없어 광학현미경, 전자현미경으로 확대 관찰하는 미세하고 단순한 생물군이다.

---

❶ 미생물

(1) 미생물의 구조

① 원핵세포 : 세균, 남조류 및 고세균 등 단순한 구조로서 막으로 둘러싸인 소기관이 없다. 모든 세균은 원핵생물이다.

② 진핵세포 : 세포 내에 핵, 엽록체, 미토콘드리아 등의 소기관이 있으며 유사분열을 한다. 동물, 식물, 원생동물, 조류 및 진균류 등이 있다.

(2) 미생물의 크기

곰팡이 〉효모 〉세균 〉리케차 〉바이러스

❷ 미생물의 병원성

병원성은 병원체가 질병원을 유발 또는 감염증을 나타낼 수 있는 능력이다. 이는 독력(발병력), 감염성, 침습성, 증식성 및 독소 생산성 등을 의미한다.

Chapter 03　병원성 미생물

Section 01　병원성 미생물의 분류 및 특성

❶ 세균

(1) 균의 형태

① 구조 : 단구균, 쌍구균, 사련구균, 연쇄구균, 팔련구균, 포도상구균 등으로 분류된다.

② 간균 : 작은 간균(0.5㎛), 긴 간균(1.5×8㎛)

③ 나선균 : 나선의 크기와 나선 수에 따라 나누어진다.

(2) 세균에 의한 증상

콜레라, 장티푸스, 결핵, 나병, 탄저, 페스트, 백일해, 보툴리즘 등을 야기한다.

(3) 세균의 현미경적 관찰

① 편모 : 세포의 운동기관으로 균체 표면이 털로 이루어져 있다.

② 섬모 : 단백질로 구성된 섬모는 항원성을 가지고 있으며, 미세한 털로 되어있다.

③ 축사 : 나선균은 나선형으로 세포를 감싸서 축사에 의해 운동을 한다.

④ 아포 : 균체 세포질에 아포를 형성하며 외부환경 조건에 강한 저항성을 갖고 있다.

(4) 세균의 구조와 기능

① 세포벽 : 세균의 표면을 단단하게 덮고 있는 구조로서 구형, 간상형, 나선형 등 형태를 유지한다.

② 세포질 막 : 세포질을 감싸고 균체 내외의 물질 투과를 조절하는 삼투압 장벽의 역할을 한다.

③ 세포질 : 단백 합성에 관여한다.

④ 핵 : DNA 섬유의 집합으로서 핵막이 없는 핵이 존재한다.

(5) 세균의 영양

① 발육최적온도 : 28~38℃에서 대부분 발육 · 증식된다.

세균류	발육온도	최적온도	적응 세균
저온 세균류	0~25℃	15~20℃	저온저장식품류의 세균
중온 세균류	15~55℃	30~37℃	대부분의 모든 세균
고온 세균류	40~47℃	50~80℃	온천수의 세균

② 수소이온농도(pH) : 미생물의 적정 pH는 5.0~8.5로서 발육이나 증식에 영향을 준다.

pH	적응균
약산성(pH 5.0~6.0)	• 유산간균, 진균(효모, 곰팡이), 결핵균
중성(pH 7.0~7.6)	• 병원성 세균
약알칼리성(pH 7.6~8.2)	• 콜레라균, 장염 비브리오균

③ 산소 : 세균의 증식은 유리산소의 유무에 따라 영향을 받는다.

균 종류	특성
편성호기성균	• 산소를 좋아하는 바실루스균, 결핵균 등
통성혐기성균	• 산소와 관계없이 발육함
편성혐기성균	• 산소가 없어야 발육하는 혐기성균
미호기성균	• 5% 전후 미량산소에 의해 발육

④ 이산화탄소 : 임균, 수막염균, 디프테리아균, 인플루엔자균 등 혐기성균의 대부분이 10%의 이산화탄소 존재에서 발육한다.
⑤ 습도 : 세균 발육에 적당한 습도가 필요하다.
⑥ 삼투압 : 세균의 세포질은 일정한 삼투압을 갖고 있다.
⑦ 수분 : 보통 40% 이상 수분이 발육에 적당하며, 건조한 상태에서 휴지기를 갖는다.

❷ 바이러스
① 살아있는 세포 속에서만 증식, 생존하는 여과기를 통과하는 여과성 병원체이다.
② 소아마비, 홍역, 유행성이하선염, 광견병, AIDS, 간염, 황열, 천연두 등을 야기한다.

❸ 진균
진핵세포로서 핵막이 있으며, 광합성이나 운동성이 없는 동물성 기생충으로 효모나 곰팡이류를 일컫는다.

❹ 원충
진핵세포로서 핵막이 있으며 근족충류(아메바성이질), 편모충류(트리코모나스, 아프리카 수면병), 섬모충류(바란타지움), 포자충류(말라리아 원충) 등이 있다.

❺ 리케차
세균과 바이러스의 중간 미생물로서 살아있는 세포 내에서 기생한다. 절지동물(이, 벼룩, 진드기 등)을 매개로 전파하는 발진성, 열성 질환으로 발진티푸스, 발진열 등의 증상을 야기한다.

Chapter

04 소독방법

Section 01 소독도구 및 기기

❶ 소독도구
① 알코올 램프 : 불꽃에 20초 가열한다.
② 세균 여과기 : 열에 불안정한 혈청, 음료수, 액체 식품 및 약제 등을 세균 여과기에 걸러낸다.
③ 자외선 살균기(저전압 수은 램프) : 살균력이 강한(260~280nm) 전자파를 방사시켜 표면을 살균한다.
④ 가스 멸균 : 가스 또는 훈증법으로 미생물을 화학적으로 살균한다. E.O, 포름알데하이드, 오존 등이 사용된다.
⑤ 여과멸균기(세균여과기)

❷ 소독기기
① 전기 건열멸균기 : 건열 140℃에서 4시간, 160~180℃에서 1~2시간 소독대상물을 넣어 소독 시 미생물이 멸균된다.
② 간헐(유통)증기멸균기 : 아놀드 멸균기, Koch 솥을 사용하여 하루 1회, 3일간 3회 간격으로 100℃ 유통증기 속에 30~60분간 가열 후 20℃ 실온 방치한다.
③ 고압증기멸균기 : 고압 증기솥(Autoclaving sterilizer)을 사용하여 고온 고압의 수증기를 미생물과 아포 등에 접촉시키는 방법이다.

Section 02 소독 시 유의사항

❶ 소독 시 요구사항
소독 시 소독대상물에 따른 유기체의 특성과 유기체 수, 소독대상 기구의 유형이나 소독기의 사용 의도, 시간, 온도, 농도, 습도 등을 준수해야 한다.

❷ 소독 시 주의사항
① 소독대상물의 특성에 따라 소독제와 소독방법 등을 선택한다.
② 소독제는 사용 시 필요한 양을 즉석에서 만들어 사용한다.
③ 멸균, 살균, 방부 등 소독의 목적과 방법, 시간, 농도, 온도 등에 따라 사용한다.
④ 소독제는 밀폐하여 냉암소에 보관한다.
⑤ 라벨이 가려지거나 지워지지 않도록 한다.

Section 03 대상별 살균력 평가

미생물의 생 · 사의 판정으로서 살균 후 생존 미생물의 유무 및 그 수에 따라 측정하는 방법이다.

❶ 일반적인 균수 측정 방법
① 현미경에 의한 총균수 측정법
② 생균수 측정법

③ 비색계 또는 비탁계에 의한 균수 측정법
④ 균체 성분 정량법

Chapter 05 분야별 위생·소독

Section 01 실내 환경 위생·소독

의복, 모직물, 침구류	• 일광소독, 증기 또는 자비소독, 석탄산, 크레졸, 포르 말린 수용액에 2시간 정도 담가 소독
토사물, 배설물(대소변)	• 소각법, 자비소독법, 석탄산수, 크레졸수, 생석회 등으로 소독
유리, 도자기, 목제품	• 석탄산수, 크레졸수, 승홍수, 포르말린수 등에 담그거나 분사하며, 내열성이 강한 제품은 증기 또는 자비소독
가죽, 고무, 철기, 종이류	• 석탄산수, 크레졸수, 포르말린수 등에 소독
환자의 손 또는 손	• 석탄산수, 승홍수, 역성비누, 약용비누 등에 소독
실내 또는 병실 내	• 석탄산수, 크레졸수, 포르말린수 등을 분사하거나 닦아냄
화장실 분변	• 생석회를 분사 소독
쓰레기통, 하수구	• 석탄산수, 크레졸수, 승홍수, 포르말린수 등을 분사 소독

Section 02 도구 및 기기 위생·소독

❶ 공중위생관리법으로 규정된 소독방법

소독 종류	특징
자외선소독	• 1㎠당 85℃ 이상의 자외선을 20분 이상 쬐어준다.
자비소독	• 100℃ 이상의 물속에 10분 이상 끓여준다.
유통증기소독	• 100℃ 이상의 습한 열에 20분 이상 쬐어준다.
건열멸균소독	• 100℃ 이상의 건조한 열에 20분 이상 쬐어준다.
석탄산(3%), 크레졸(3%)	• 10분 이상 담가둔다.

❷ 소독제의 구비조건

① 인체에 무해, 무독하며 환경오염을 발생시키지 않아야 한다.
② 용해성과 안정성이 있고, 부식성과 표백성이 없어야 한다.
③ 소독 범위가 넓고 냄새가 없어야 하며, 탈취력과 살균력이 강해야 한다.
④ 경제적이고 사용이 간편하며, 높은 석탄산 계수를 가져야 한다.

Chapter 01 공중위생법규

Section 01 목적 및 정의

❶ 공중위생관리법의 목적(제1조)

공중이 이용하는 영업의 위생관리 등에 관한 사항을 규정함으로써 위생 수준을 향상시켜 국민의 건강증진에 기여함이 이 법의 목적이다.

❷ 용어의 정의(제2조)

용어	정의
공중위생영업	•다수인을 대상으로 위생관리 서비스를 제공하는 미용업, 이용업, 숙박업, 세탁업, 목욕장업, 건물위생관리업을 말한다.
이용업	•손님의 머리카락, 수염을 깎거나 다듬는 등의 방법으로 손님의 용모를 단정하게 하는 영업을 말한다.
미용업	•손님의 얼굴, 머리, 피부 등을 손질하여 손님의 외모를 아름답게 꾸미는 영업을 말한다.
건물위생 관리업	•공중이 이용하는 건축물·시설물 등의 청결 유지와 실내공기정화를 위한 청소 등을 대행하는 영업을 말한다.

❸ 미용업의 시설 및 설비기준

업종	시설·설비기준
미용업 (일반)	① 미용기구는 소독을 한 기구와 소독을 하지 아니한 기구를 구분하여 보관할 수 있는 용기를 비치하여야 한다. ② 소독기, 자외선 살균기 등 미용기구를 소독하는 장비를 갖추어야 한다. ③ 작업장소, 응접장소, 상담실, 등을 분리하기 위해 칸막이를 설치할 수 있으나 설치된 칸막이에 출입문이 있는 경우, 출입문의 3분의 1 이상을 투명하게 하여야 한다. 다만, 탈의실의 경우에는 출입문을 투명하게 하여서는 아니 된다.

Section 02 영업의 신고 및 폐업

❶ 영업의 신고

(1) 공중위생영업을 하기 위해 신고를 하려는 자는 시설 및 설비(보건복지부령)를 갖춘 후 시장, 군수, 구청장에게 신고한다.

영업신고 시 첨부서류	•영업시설 및 설비개요서 •교육필증(미리 교육을 받은 경우)

(2) 공중위생영업자는 보건복지부령이 정하는 중요사항을 변경하고자 하는 때에도 시장, 군수, 구청장에게 신고한다.

변경신고를 해야 할 경우	•영업소의 소재지 변경 •영업소의 명칭 또는 상호 변경 •신고한 영업장 면적의 3분의 1 이상 증감 시 •대표자의 성명 또는 생년월일 •업종 간 변경
변경신고 시 제출서류	•영업신고증 •변경사항을 증명하는 서류

> **TIP**
> 면허증의 재교부 신청사유
> •면허증을 잃어버린 때
> •면허증의 기재사항에 변경이 있을 때
> •면허증이 헐어 못쓰게 된 때

❷ 폐업신고 및 영업의 승계

구분	내용
폐업신고	•공중위생영업자는 영업을 폐업한 날로부터 20일 이내에 시장, 군수, 구청장에게 신고하여야 한다.
영업의 승계	•미용업의 경우에는 면허를 소지한 자에 한하여 영업자의 지위를 승계할 수 있다. •공중위생영업자의 지위를 승계하는 자는 1월 이내에 보건복지부령이 정하는 바에 따라 시장, 군수, 구청장에게 신고하여야 한다.

Section 03 영업자 준수사항

❶ 위생관리 의무

미용업을 하는 자는 다음 사항을 지켜야 한다.

구분	내용
의무사항	•의료기구나 의약품을 사용하지 않는 순수한 화장 또는 피부미용을 할 것 •미용기구는 소독을 한 기구와 소독을 하지 않는 기구로 분리하여 보관하고, 면도기는 1회용 면도날만을 손님 1인에 한하여 사용할 것 •미용사 면허증을 영업소 안에 게시할 것
위생관리 기준	•점 빼기, 귓불 뚫기, 쌍꺼풀 수술, 문신, 박피술, 그 밖에 이와 유사한 의료 행위를 해서는 안 된다. •피부미용을 위하여 약사법 규정에 의한 의약품 또는 의료용구를 사용하여서는 안 된다. •미용기구 중 소독을 한 기구와 하지 아니한 기구는 각각 다른 용기에 넣어 보관하여야 한다. •1회용 면도날은 손님 1인에 한하여 사용하여야 한다. •영업소 내에 미용업 신고증, 개설자의 면허증 원본을 게시하여야 한다. •업소 내부에 최종지불요금표를 게시 또는 부착하여야 한다. •영업장 안의 조명도는 75Lux 이상이 되도록 유지하여야 한다.

② 공중이용시설의 위생관리

① 실내 공기는 보건복지부령이 정하는 위생관리기준에 적합하도록 유지한다.

② 영업소·화장실 기타 공중이용시설 안에서 시설이용자의 건강을 해할 우려가 있는 오염물질이 발생하지 않도록 한다.

Section 04 미용사의 면허

❶ 미용사의 면허

미용사가 되고자 하는 자는 보건복지부령이 정하는 바에 의하여 시장, 군수, 구청장이 발부하는 면허를 받아야 한다.

자격 기준	• 전문대학 또는 이와 같은 수준 이상의 학력이 있다고 교육부장관이 인정하는 학교에서 미용에 관한 학과를 졸업한 자 • 「학점 인정 등에 관한 법률」에 따라 대학 또는 전문대학을 졸업한 자와 같은 수준 이상의 학력이 있는 것으로 인정되어 미용에 관한 학위를 취득한 자 • 고등학교 또는 이와 같은 수준의 학력이 있다고 교육부장관이 인정하는 학교에서 미용에 관한 학과를 졸업한 자 • 교육부장관이 인정하는 고등 기술학교에서 1년 이상 미용에 관한 소정의 과정을 이수한 자 • 국가기술자격법에 의한 미용사 자격을 취득한 자

❷ 면허 결격 사유

① 피성년후견인

② 「정신건강증진 및 정신질환자 복지서비스 지원에 관한 법률」에 따른 정신질환자(다만, 전문의가 미용사로서 적합하다고 인정하는 사람은 예외)

③ 공중의 위생에 영향을 미칠 수 있는 감염병 환자로서 보건복지부령이 정한 자

④ 마약 기타 대통령령으로 정하는 약물 중독자

⑤ 면허가 취소된 후 1년이 경과되지 아니한 자

❸ 면허의 취소

시장, 군수, 구청장은 미용사 면허를 취소하거나 6월 이내의 기간을 정하여 면허를 정지할 수 있다.

① 면허증을 다른 사람에게 대여한 때

② 「국가기술자격법」에 따라 자격이 취소된 때

③ 「국가기술자격법」에 따라 자격정지 처분을 받은 때(「국가기술자격법」에 따른 자격정지 처분 기간에 한정한다)

④ 이중으로 면허를 취득한 때(나중에 발급받은 면허를 말한다)

⑤ 면허정지 처분을 받고도 그 정지 기간 중에 업무를 한 때

⑥ 「성매매 알선 등 행위의 처벌에 관한 법률」이나 「풍속 영업의 규제에 관한 법률」을 위반하여 관계 행정기관의 장으로부터 그 사실을 통보받은 때

Section 05 업무

❶ 미용사의 업무 범위 등

① 미용사의 면허를 받은 자가 아니면 미용업을 개설하거나 그 업무에 종사할 수 없다. 다만, 미용사의 감독을 받아서 미용 업무의 보조를 행하는 경우에는 종사할 수 있다.

② 미용의 업무는 영업소 외의 장소에서는 행할 수 없다. 다만, 보건복지부령이 정하는 특별한 사유가 있는 경우에는 행할 수 있다.

보건복지부령에 의한 특별한 사유	• 질병, 기타의 사유로 인하여 영업소에 나올 수 없는 자에 대하여 미용을 하는 경우 • 혼례, 기타 의식에 참여하는 자에 대하여 그 의식 직전에 미용을 하는 경우 • 사회복지시설에서 봉사활동으로 미용을 하는 경우 • 방송 등의 촬영에 참여하는 사람에 대하여 그 촬영 직전에 이용 또는 미용을 하는 경우 • 위의 사정 외에 특별한 사정이 있다고 시장, 군수, 구청장이 인정하는 경우

③ 미용업의 업무 범위

미용사(일반) 자격·면허취득 시기	업무범위
2007년 12월 31일 이전	• 파마, 머리카락 자르기, 머리카락 모양내기, 머리피부 손질, 머리카락 염색, 머리 감기, 의료기기나 의약품을 사용하지 아니하는 눈썹 손질, 의료기기나 의약품을 사용하지 아니하는 피부상태 분석, 피부 관리, 제모, 손톱과 발톱의 손질 및 화장, 얼굴 등 신체의 화장, 분장 등
2008년 1월 1일부터 2015년 4월 16일	• 파마, 머리카락 자르기, 머리카락 모양내기, 머리피부 손질, 머리카락 염색, 머리 감기, 의료기구나 의약품을 사용하지 아니하는 눈썹 손질, 얼굴의 손질 및 화장, 손톱과 발톱의 손질 및 화장 등
2015년 4월 17일부터 2016년 5월 31일	• 파마, 머리카락 자르기, 머리카락 모양내기, 머리피부 손질, 머리카락 염색, 머리 감기, 의료기기나 의약품을 사용하지 아니하는 눈썹 손질, 얼굴의 손질 및 화장
2016년 6월 1일 이후	• 파마, 머리카락 자르기, 머리카락 모양내기, 머리피부 손질, 머리카락 염색, 머리 감기, 의료기기나 의약품을 사용하지 아니하는 눈썹 손질

Section 06 행정지도 감독

❶ 보고 및 출입·검사

① 특별시장, 광역시장, 도지사(이하 시·도지사라 함) 또는 시장, 군수, 구청장이 공중위생관리상 필요하다고 인정하는 때에는 영업자 및 소유자(공중이용시설) 등에 대하여 필요한 보고를 하게 하거나 소속공무원으로 하여금 영업소, 사무소 등에 출입하여 영업자의 위생관리의무 이행 등에 대하여 검사하게 하거나 필요에 따라 공중위생영업 장부나 서류를 열람하게 할 수 있다.

② ①의 경우에 관계 공무원은 그 권한을 표시하는 증표를 지녀야 하며, 관계인에게 이를 내보여야 한다.

❷ 영업의 제한

시·도지사는 공익상 또는 선량한 풍속을 유지하기 위하여 필요하다고 인정하는 때에 영업자 및 종사원에 대하여 영업시간 및 영업 행위에 관한 필요한 제한을 할 수 있다.

❸ 영업소의 폐쇄

① 시장, 군수, 구청장은 공중위생영업자가 다음의 어느 하나에 해당하면 6월 이내의 기간을 정하여 영업의 정지 또는 일부 시설의 사용중지를 명하거나 영업소 폐쇄 등을 명할 수 있다.

• 영업신고를 하지 아니하거나 시설과 설비기준을 위반한 경우

• 변경신고를 하지 아니한 경우

• 지위승계신고를 하지 아니한 경우

- 공중위생영업자의 위생관리의무 등을 지키지 아니한 경우
- 영업소 외의 장소에서 이용 또는 미용 업무를 한 경우
- 보고를 하지 아니하거나 거짓으로 보고한 경우 또는 관계 공무원의 출입, 검사 또는 공중위생영업 장부 또는 서류의 열람을 거부·방해하거나 기피한 경우
- 개선명령을 이행하지 아니한 경우
- 「성매매 알선 등 행위의 처벌에 관한 법률」, 「풍속 영업의 규제에 관한 법률」, 「청소년 보호법」 또는 「의료법」을 위반하여 관계 행정기관의 장으로부터 그 사실을 통보받은 경우
② 시장, 군수, 구청장은 영업정지 처분을 받고도 그 영업정지 기간에 영업을 한 경우에는 영업소 폐쇄를 명할 수 있다.
③ 시장, 군수, 구청장은 다음의 어느 하나에 해당하는 경우에는 영업소 폐쇄를 명할 수 있다.
- 공중위생영업자가 정당한 사유 없이 6개월 이상 계속 휴업하는 경우
- 공중위생영업자가 부가가치세법에 따라 관할 세무서장에게 폐업 신고를 하거나 관할 세무서장이 사업자 등록을 말소한 경우
④ 영업의 정지, 일부 시설의 사용중지와 영업소 폐쇄명령 등의 세부 기준은 그 위반행위의 유형과 위반 정도 등을 고려하여 보건복지부령으로 정한다.
⑤ 시장, 군수, 구청장은 공중위생영업자가 영업소 폐쇄명령을 받고도 계속하여 영업을 하는 때에는 관계공무원으로 하여금 해당 영업소를 폐쇄하기 위하여 다음의 조치를 하게 할 수 있다. 신고를 하지 아니하고 공중위생영업을 하는 경우에도 또한 같다.
- 해당 영업소의 간판 기타 영업표지물의 제거
- 해당 영업소가 위법한 영업소임을 알리는 게시물 등의 부착
- 영업을 위하여 필수불가결한 기구 또는 시설물을 사용할 수 없게 하는 봉인
⑥ 시장, 군수, 구청장은 봉인을 한 후 봉인을 계속할 필요가 없다고 인정되는 때와 영업자 등이나 그 대리인이 해당 영업소를 폐쇄할 것을 약속하는 때 및 정당한 사유를 들어 봉인의 해제를 요청하는 때에는 그 봉인을 해제할 수 있다. 게시물 등의 제거를 요청하는 경우에도 또한 같다.

❹ 과징금 처분
① 공중위생영업소의 폐쇄 등의 규정에 갈음하여 1억 원 이하의 과징금을 부과할 수 있다.
- 영업정지가 이용자에게 심한 불편을 줄 때
- 그 밖에 공익을 해할 우려가 있는 경우
② 과징금을 부과하는 위반행위의 종별, 정도 등에 따른 과징금의 금액 등에 관하여 필요한 사항은 대통령령으로 정한다.
③ 시장, 군수, 구청장은 과징금을 납부하여야 할 자가 납부기한까지 이를 납부하지 아니한 경우에는 대통령령으로 정하는 바에 따라 과징금 부과 처분을 취소하고, 영업정지 처분을 하거나 「지방행정제재·부과금의 징수 등에 관한 법률」에 따라 이를 징수한다.
④ 시장, 군수, 구청장이 부과·징수한 과징금은 해당 시, 군, 구에 귀속된다.

❺ 같은 종류의 영업금지
① 「성매매 알선 등 행위의 처벌에 관한 법률」, 「풍속 영업의 규제에 관한 법률」 또는 「청소년 보호법」(이하 「성매매 알선 등 행위의 처벌에 관한 법률 등」이라 한다)을 위반하여 폐쇄명령을 받은 자(법인인 경우에는 그 대표자를 포함)는 그 폐쇄명령을 받은 후 2년이 경과하지 아니한 때에는 같은 종류의 영업을 할 수 없다.

② 「성매매 알선 등 행위의 처벌에 관한 법률 등」 외의 법률을 위반하여 폐쇄명령을 받은 자는 그 폐쇄명령을 받은 후 1년이 경과하지 아니한 때에는 같은 종류의 영업을 할 수 없다.
③ 「성매매 알선 등 행위의 처벌에 관한 법률 등」의 위반으로 폐쇄명령이 있은 후 1년이 경과하지 아니한 때에는 누구든지 그 폐쇄명령이 이루어진 영업 장소에서 같은 종류의 영업을 할 수 없다.
④ 「성매매 알선 등 행위의 처벌에 관한 법률 등」 외의 법률의 위반으로 폐쇄명령이 있은 후 6개월이 경과하지 아니한 때에는 누구든지 그 폐쇄명령이 이루어진 영업 장소에서 같은 종류의 영업을 할 수 없다.

❺ 청문
보건복지부장관 또는 시장, 군수, 구청장은 다음의 어느 하나에 해당하는 처분을 하려면 청문을 하여야 한다.
① 신고사항의 직권 말소
② 미용사의 면허취소 또는 면허정지
③ 영업정지 명령, 일부 시설의 사용중지 명령 또는 영업소 폐쇄명령

❻ 공중위생감시원
① 공중위생감시원의 자격 및 임명 : 특별시장, 광역시장, 도지사, 시장, 군수, 구청장은 다음에 해당하는 소속 공무원 중에서 공중위생감시원을 임명한다.
- 위생사 또는 환경기사 2급 이상의 자격증이 있는 사람
- 대학에서 화학, 화공학, 환경공학 또는 위생학 분야를 전공하고 졸업한 사람 또는 이와 같은 수준 이상의 자격이 있는 사람
- 외국에서 위생사 또는 환경기사의 면허를 받은 사람
- 1년 이상 공중위생 행정에 종사한 경력이 있는 사람
② 시·도지사 또는 시장·군수·구청장은 공중위생감시원의 인력확보가 곤란하다고 인정되는 때에는 공중위생 행정에 종사하는 사람 중 공중위생 감시에 관한 교육훈련을 2주 이상 받은 사람을 공중위생 행정에 종사하는 기간 동안 공중위생감시원으로 임명할 수 있다.
③ 공중위생감시원의 업무 범위
- 공중위생영업소의 시설 및 설비의 확인
- 공중위생영업 관련 시설 및 설비의 위생 상태 확인·검사, 공중위생영업자의 위생관리의무 및 영업자준수사항 이행 여부의 확인
- 위생지도 및 개선명령 이행 여부의 확인
- 공중위생영업소의 영업의 정지, 일부 시설의 사용중지 또는 영업소 폐쇄명령 이행 여부의 확인
- 위생교육 이행 여부의 확인

Section 07   업소 위생 등급

❶ 위생서비스 수준의 평가
시장, 군수, 구청장은 평가계획에 따라 관할 지역별 세부 평가 계획을 수립한 후 영업소의 위생서비스 수준을 평가하여야 하며, 평가는 2년마다 실시함을 원칙으로 한다.

> **✂ TIP**
>
> - 위생서비스 평가 계획권자 : 시·도지사
> - 위생서비스 평가 계획 통보를 받는 관청 : 시장, 군수, 구청장
>
> 위생관리 등급의 구분
> - 최우수업소 : 녹색등급
> - 우수업소 : 황색등급
> - 일반 관리 대상 업소 : 백색등급

Section 08 보수 교육

❶ 영업자 위생교육(제17조)

① 영업자는 매년 3시간의 위생교육을 받아야 한다.

② 위생교육의 내용은 「공중위생관리법」 및 관련 법규, 소양교육(친절 및 청결에 관한 사항을 포함한다), 기술교육, 그 밖에 공중위생에 관하여 필요한 내용으로 한다.

③ 동일한 공중위생영업자가 둘 이상의 미용업을 같은 장소에서 하는 경우에는 그 중 하나의 미용업에 대한 위생교육을 받으면 나머지 미용업에 대한 위생교육도 받은 것으로 본다.

④ 위생교육 대상자 중 보건복지부장관이 고시하는 섬·벽지지역에서 영업을 하고 있거나 하려는 자에 대하여는 제7항에 따른 교육교재를 배부하여 이를 익히고 활용하도록 함으로써 교육에 갈음할 수 있다.

⑤ 위생교육 대상자 중 「부가가치세법」에 따른 휴업신고를 한 자에 대해서는 휴업신고를 한 다음 해부터 영업을 재개하기 전까지 위생교육을 유예할 수 있다.

⑥ 영업신고 전에 위생교육을 받아야 하는 자 중 다음의 어느 하나에 해당 하는 자는 영업신고를 한 후 6개월 이내에 위생교육을 받을 수 있다.

- 천재지변, 본인의 질병, 사고, 업무상 국외 출장 등의 사유로 교육을 받을 수 없는 경우
- 교육을 실시하는 단체의 사정 등으로 미리 교육을 받기 불가능한 경우

⑦ 위생교육을 받은 자가 위생교육을 받은 날부터 2년 이내에 위생교육을 받은 업종과 같은 업종의 영업을 하려는 경우 해당 영업에 대한 위생교육을 받은 것으로 본다.

❷ 위생교육기관

① 위생교육 실시 단체는 교육교재를 편찬하여 교육대상자에게 제공하여야 한다.

② 위생교육 실시 단체의 장은 다음 사항을 실시하여야 한다.

- 위생교육을 수료한 자에게 수료증을 교부하여야 한다.
- 교육실시 결과를 교육 후 1개월 이내에 시장, 군수, 구청장에게 통보하여야 한다.
- 수료증 교부대장 등 교육에 관한 기록을 2년 이상 보관·관리하여야 한다.

③ 위생교육에 관하여 필요한 세부사항은 보건복지부장관이 정한다.

Section 09 벌칙

❶ 벌칙

구분	내용
1년 이하의 징역 또는 1천만 원 이하의 벌금	•영업의 신고 규정에 의한 신고를 하지 않은 자 •영업정지 명령 또는 일부 시설 사용중지 명령을 받고도 그 기간 중에 영업을 하거나 그 시설을 사용한 자 또는 영업소 폐쇄명령을 받고도 계속하여 영업을 한 자
6월 이하의 징역 또는 500만 원 이하의 벌금	•중요 사항 변경신고를 하지 않은 자 •영업자의 지위를 승계한 자로서 1월 이내에 신고하지 않은 자 •건전한 영업질서를 위하여 영업자가 준수하여야 할 사항을 준수하지 아니한 자
300만 원 이하의 벌금	•다른 사람에게 미용사의 면허증을 빌려주거나 빌린 사람 •미용사의 면허증을 빌려주거나 빌리는 것을 알선한 사람 •면허의 취소 또는 정지 중에 미용업을 한 사람 •면허를 받지 아니하고 미용업을 개설하거나 그 업무에 종사한 사람

❷ 과태료

구분	내용
300만 원 이하의 과태료	•개선명령에 따르지 아니한 자 •규정보고를 하지 아니한 자 •관계 공무원의 출입, 검사, 기타 조치를 거부, 방해 또는 기피한 자
200만 원 이하의 과태료	•영업소의 위생관리 의무를 지키지 아니한 자 •영업소 이외의 장소에서 미용 업무를 행한 자 •위생교육을 받지 아니한 자

❸ 과태료의 부과, 징수

과태료는 대통령령으로 정하는 바에 따라 보건복지부장관 또는 시장, 군수, 구청장이 부과·징수한다.

Section 10   행정처분기준

위반행위	근거 법조문	행정처분기준			
		1차 위반	2차 위반	3차 위반	4차 이상 위반
가. 영업신고를 하지 않거나 시설과 설비기준을 위반한 경우					
1) 영업신고를 하지 않은 경우	법 제11조 제1항 제1호	영업장 폐쇄명령			
2) 시설 및 설비기준을 위반한 경우		개선명령	영업정지 15일	영업정지 1월	영업장 폐쇄명령
나. 변경신고를 하지 않은 경우					
1) 신고를 하지 않고 영업소의 명칭 및 상호 또는 영업장 면적의 3분의 1 이상을 변경한 경우	법 제11조 제1항 제2호	경고 또는 개선명령	영업정지 15일	영업정지 1월	영업장 폐쇄명령
2) 신고를 하지 아니하고 영업소의 소재지를 변경한 경우		영업정지 1월	영업정지 2월	영업장 폐쇄명령	
다. 지위승계신고를 하지 않은 경우	법 제11조 제1항 제3호	경고	영업정지 10일	영업정지 1월	영업장 폐쇄명령
라. 공중위생영업자의 위생관리의무 등을 지키지 않은 경우					
1) 소독을 한 기구와 소독을 하지 않은 기구를 각각 다른 용기에 넣어 보관하지 않거나 1회용 면도날을 2인 이상의 손님에게 사용한 경우	법 제11조 제1항 제4호	경고	영업정지 5일	영업정지 10일	영업장 폐쇄명령
2) 피부미용을 위하여 약사법에 따른 의약품 또는 의료기기법에 따른 의료기기를 사용한 경우		영업정지 2월	영업정지 3월	영업장 폐쇄명령	
3) 점빼기·귓볼뚫기·쌍꺼풀수술·문신·박피술 그 밖에 이와 유사한 의료행위를 한 경우		영업정지 2월	영업정지 3월	영업장 폐쇄명령	
4) 미용업 신고증 및 면허증 원본을 게시하지 않거나 업소 내 조명도를 준수하지 않은 경우		경고 또는 개선명령	영업정지 5일	영업정지 10일	영업장 폐쇄명령
5) 미용서비스의 최종 지불가격 및 전체 미용 서비스의 총액에 관한 내역서를 이용자에게 미리 제공하지 않은 경우		경고	영업정지 5일	영업정지 10일	영업정지 1월
마. 카메라나 기계장치를 설치한 경우	법 제11조 제1항 제4호의 2	영업정지 1월	영업정지 2월	영업장 폐쇄명령	
바. 면허 정지 및 면허 취소 사유에 해당하는 경우					
1) 법 제6조 제2항 제1호부터 제4호까지의 결격사유에 해당하게 된 경우	법 제7조 제1항	면허취소			
2) 면허증을 다른 사람에게 대여한 경우		면허정지 3월	면허정지 6월	면허취소	
3) 국가기술자격법에 따라 자격이 취소된 경우		면허취소			
4) 국가기술자격법에 따라 자격정지 처분을 받은 경우(국가기술자격법에 따른 자격정지 처분 기간에 한정한다)		면허정지			
5) 이중으로 면허를 취득한 경우(나중에 발급받은 면허를 말한다)		면허취소			
6) 면허정지 처분을 받고도 그 정지 기간 중 업무를 한 경우		면허취소			
사. 영업소 외의 장소에서 미용 업무를 한 경우	법 제11조 제1항 제5호	영업정지 1월	영업정지 2월	영업장 폐쇄명령	
아. 법 제9조에 따른 보고를 하지 않거나 거짓으로 보고한 경우 또는 관계 공무원의 출입, 검사 또는 공중위생영업 장부 및 서류의 열람을 거부·방해하거나 기피한 경우	법 제11조 제1항 제6호	영업정지 10일	영업정지 20일	영업정지 1월	영업장 폐쇄명령
자. 개선명령을 이행하지 않은 경우	법 제11조 제1항 제7호	경고	영업정지 10일	영업정지 1월	영업장 폐쇄명령
차. 「성매매 알선 등 행위의 처벌에 관한 법률」, 「풍속 영업의 규제에 관한 법률」, 「청소년 보호법」 또는 「의료법」을 위반하여 관계 행정기관의 장으로부터 그 사실을 통보받은 경우					
1) 손님에게 성매매 알선 등 행위 또는 음란행위를 하게 하거나 이를 알선 또는 제공한 경우	법 제11조 제1항 제8호				
가) 영업소		영업정지 3월	영업장 폐쇄명령		
나) 미용사		면허정지 3월	면허취소		
2) 손님에게 도박 그 밖에 사행행위를 하게 한 경우		영업정지 1월	영업정지 2월	영업장 폐쇄명령	
3) 음란한 물건을 관람·열람하게 하거나 진열 또는 보관한 경우		경고	영업정지 15일	영업정지 1월	영업장 폐쇄명령
4) 무자격안마사로 하여금 안마사의 업무에 관한 행위를 하게 한 경우		영업정지 1월	영업정지 2월	영업장 폐쇄명령	
카. 영업정지 처분을 받고도 그 영업정지 기간에 영업을 한 경우	법 제11조 제2항	영업장 폐쇄명령			
타. 공중위생영업자가 정당한 사유 없이 6개월 이상 계속 휴업하는 경우	법 제11조 제3항 제1호	영업장 폐쇄명령			
파. 공중위생영업자가 부가가치세법 제8조에 따라 관할 세무서장에게 폐업신고를 하거나 관할 세무서장이 사업자 등록을 말소한 경우	법 제11조 제3항 제2호	영업장 폐쇄명령			

제1편 핵심이론정리

Chapter 01 화장품학 개론

Section 01 화장품의 정의

❶ 화장품의 사용목적 및 효과

① 사용목적 : 화장품이란 인체를 청결, 미화하여 매력을 더하고 용모를 밝게 변화시키거나 건강을 유지 또는 증진시키기 위한 것이다.

② 사용대상 : 인체 내 외피인 피부와 모발, 네일 등

③ 사용방법 : 인체에 도포(바르기), 도찰(문지르기), 산포(뿌리기) 등 이와 유사한 방법으로 사용한다.

④ 사용효과 : 일상적으로 오랜 기간에 걸쳐 반복 사용하므로 약리적인 효능·효과에 대한 인체작용이 경미해야 한다.

❷ 화장품의 4대 요건

① 안전성(피부) : 자극, 알레르기 특성 등이 없어야 한다.

② 안정성(제품) : 보관에 따른 파손, 변질, 변색, 성분에서의 이물질 혼입에 따른 미생물의 오염 등이 없어야 한다.

③ 사용성(사용감, 편리성, 기호성) : 피부의 친화성, 촉촉함, 부드러움, 제품의 크기, 중량, 기능, 휴대, 기호에 따른 디자인, 색, 향기 등이 적절해야 한다.

④ 유용성(효과) : 보습, 수렴, 혈액순환, 노화 억제, 자외선 차단, 미백, 세정, 색채 증감 등의 효과가 있어야 한다.

Section 02 화장품의 분류

❶ 화장품의 분류

안정성과 유효성에 따라 화장품, 의약외품, 의약품 등으로 구분한다.

구분		분류
화장품	기초화장품	•클렌징 제품, 화장수, 팩, 크림, 에센스 등
	색조화장품	•메이크업 베이스, 파운데이션, 파우더, 아이섀도, 아이라이너, 마스카라, 블러셔(볼터치), 립스틱, 네일 폴리시, 리무버 등
	기능성 화장품	•주름 개선제, 미백제, 자외선 차단제 등
	유기농 화장품	•식품의약품안전처장이 준하는 기준에 맞는 주성분
의약외품	식약처의 허가 및 인증에 의한 화장품	•어느 정도 약리학적 효능·효과가 있는 클렌징, 세정효과의 제품(치약, 청결제)과 소독제, 마스크(황사용, 보건용, 수술용), 염모제, 탈색제 등
의약품	의사처방 후 환자에게 사용하는 물품	•사람이나 동물의 구조와 기능이 약리학적 영향을 줄 목적으로 특정 부위에 단기간 또는 일정 기간 사용하는 연고, 항생제 등의 물품

❷ 화장품 취급 시 주의사항

구분	요구 및 주의사항
화장품 선택 시	•제조 연, 월, 일 확인, 피부 타입·상태 및 성질에 적합한 화장품 선택 •필요 물품으로 적정량 구입 •강한 향, 자극적인 성분 등을 피하며 첨포 테스트 후 선택
화장품 사용 시	•손을 청결히 한 후 제품을 사용하며, 덜어 쓸 경우 주걱을 이용 •화장품 사용 시 최소 필요량만 사용함 •덜어 사용 후 남은 제품을 용기에 다시 넣을 시 미생물에 의해 용기 내 제품이 변질됨
화장품 보관 시	•일정 온도(18~20℃)를 유지하는 냉암소에 보관함 •사용 후 뚜껑을 잘 덮어주며, 사용할 때마다 용기의 입구를 청결하게 관리 •유아들이 만지지 못하도록 보관

Chapter 02 화장품 제조

Section 01 화장품의 원료

❶ 수용성 원료

(1) 물

수용성 용매로서 화장품 원료 중 가장 큰 비율을 차지한다(증류수 또는 탈이온수 과정을 거친 물 등이 사용).

(2) 알코올류

① 에틸알코올은 유기용매로서 향료, 색소, 유기안료 등을 녹이는 용매이다.

② 살균, 소독작용과 함께 휘발성과 양친매성으로 청량감이 있다.

③ 글리세린은 3가 알코올의 대표적인 보습제로서 피부를 촉촉하게 해주며 용매, 유화제, 감미료 등에 사용한다.

❷ 유성 원료

고체(왁스)와 액체(오일)로 구성된다. 천연물에서 추출된 액상 천연 오일은 가수분해, 수소화(경화피마자유, 스쿠알렌) 등의 공정을 거쳐 만들어진다. 합성 오일은 에스테르화(합성 에스테유)의 공정을 거쳐 유도체로 이용한다.

(1) 식물성 오일

피부에 대한 자극은 없으나 피부 내로 흡수가 더디고 부패하기 쉽다는 단점이 있다.

종류	성분 및 작용
올리브유	•올레인산(65~85%)를 주성분으로 수분 증발 억제 및 촉감 향상에 효과적 •피부에 흡수가 용이하며 선탠 오일, 에몰리엔트 크림 등에 사용
아몬드유	•크림, 로션의 에몰리엔트제, 마사지 오일 등에 사용

맥아유	• 비타민 E를 함유한 밀 배아 추출물로서 항산화작용과 함께 혈액순환을 돕고 메이크업, 모발화장품 등에 폭넓게 사용
피마자유	• 색소와 잘 혼합되는 피마자는 알칼로이드의 하나인 리시닌(85~90%) 추출물로서 친수성과 점성이 높아서 립스틱, 네일 에나멜 등에 사용
아보카도유	• 비타민 A, B₂가 함유되어 있는 건성피부에 특히 효과적 • 올레인산(77%), 리놀레인산(11%)을 성분으로 침투성과 에몰리엔트의 효과에 의해 친화성과 퍼짐성이 좋아 에몰리엔트 크림, 샴푸, 린스 등에 사용
살구씨유	• 살구씨의 추출물인 아미그달린은 감촉이 좋아 에몰리엔트제로 사용
월견초유 (달맞이꽃)	• 종자씨에서 추출된 필수 지방산은 아토피성 피부염, 노화억제, 보습, 세포재생 등에 효과

(2) 동물성 오일

동물의 장기나 피하조직에서 추출, 정제함으로써 사용 시 피부친화성이 좋아 흡수가 빠르다.

종류	성분 및 작용
라놀린	• 양의 털에서 추출된 고급지방산인 에스터류, 콜레스테롤, 트리글리세라이드 등은 피부 보습력을 지닌 피부유연제로서 피부친화성, 부착성, 흡수성이 우수함 • 크림, 립스틱 등에 널리 첨가되었으나 여드름, 알레르기 유발 가능성이 있음
스쿠알란	• 상어의 간에서 추출, 피부흡습성과 유화성이 있음
밍크오일	• 밍크의 피하지방에서 추출, 부드러운 유연제로서 건조하고 거친 피부에 유분감을 주지 않으면서도 친화성이 좋음
난황오일	• 레시틴(계란 노른자)을 주성분으로 유화제로 사용

(3) 식물성 왁스

열대식물의 잎이나 열매에서 추출한다.

종류	성분 및 작용
카르나우바 왁스	• 카르나우바 야자 잎에서 추출하며, 광택이 우수하여 크림, 립스틱, 왁스 등에 사용
칸데릴라 왁스	• 칸데릴라 식물에서 추출하며, 립스틱에 첨가됨
호호바(조조바) 오일	• 호호바 나무에서 추출된 고급불포화지방산인 에스테르는 피부밀착감과 안정성이 우수하여, 에멀전 제품 및 립스틱에 첨가됨

(4) 동물성 왁스

벌집과 양모에서 추출한다.

종류	성분 및 작용
밀납	• 벌집에서 추출된 밀납은 피부 유연제로서 화장품에 가장 많이 사용됨 • 크림, 로션, 탈모 왁스, 아이섀도, 파운데이션 등에 첨가됨
라놀린	• 양모에서 추출되며 피부 유연성과 친화성이 좋음

❸ 합성 유성원료

(1) 광물성 오일(탄화수소류)

산패 또는 변질의 우려가 없는 석유에서 추출하여 유성감은 높으나 피부 호흡을 방해하므로 식물성 오일과 혼합하여 사용한다.

① 유동파라핀(미네랄 오일) : 피부 표면의 수분 증발을 억제시켜 클렌징, 마사지 제품 등에 사용된다.
② 실리콘 오일 : 안정성, 내수성, 발수성이 높아 끈적임이 없어 사용감이 가볍다.
③ 바셀린 : 피부 유막을 형성하여 수분 증발을 억제하며, 외부자극으로부터 피부 보호한다. 크림, 립스틱, 메이크업 제품 등에 사용한다.

(2) 고급 지방산

천연의 왁스, 에스터로 존재하는 것에서 추출한다.

① 라우릭산 ② 올레인산
③ 팔미트산 ④ 미리스트산
⑤ 스테아르산

(3) 고급 알코올

천연 유지 또는 석유화학 제품에서 추출한 알코올로서 유화 제품의 유화안정 보존제로 첨가된다.

① 세틸 알코올(세탄올) : 유분감을 감소시키거나 접착성을 낮춘다. 크림, 유액 등에 유화안정제로 첨가된다.
② 스테아릴 알코올 : 야자유에서 추출하며, 유화안정제, 점도조절제(점증제)로 사용된다.

❹ 보습제

피부를 촉촉하게 하는 물질로서 흡습능력과 수분보유능력, 피부친화성이 있다.

① 폴리올(글리세린, 폴리에틸렌글리콜, 프로필렌글리콜, 부틸렌글리콜, 솔비톨)
② 천연보습인자(NMF)
③ 고분자 보습제(히아루론산염, 콘드로이친 황산염, 가수분해 콜라겐 등)

❺ 계면활성제

(1) 계면활성제의 작용

습윤 · 침투, 유화, 분산, 재부착 방지, 가용화, 기포, 헹굼, 표면장력 등

(2) 계면활성제의 종류

① 음이온 : 세정, 기포작용이 있으나 탈지력이 커서 피부가 거칠어진다. 비누, 클렌징 폼, 샴푸, 치약, 바디 클렌저 등에 사용된다.
② 양이온 : 살균 · 소독작용을 한다. 피부자극이 강하고 유연효과, 정전기 발생을 억제한다. 헤어 린스, 트리트먼트 등에 사용된다.
③ 양성 : 음 · 양이온을 동시에 갖는 양친매성으로 세정, 살균, 유연효과가 있으며 피부안정성이 크다. 저자극성 베이비 샴푸에 사용된다.
④ 비이온성 : 물에 용해 시 이온을 띠지 않는다. 피부에 대한 안정성과 유화력이 우수하다. 화장수의 가용화제, 크림의 유화제, 세정제 분산제 등에 사용된다.

(3) 계면활성제의 피부에 대한 자극

양이온성 > 음이온성 > 양쪽 이온성 > 비이온성 순으로 강한 자극을 준다.

❻ 방부제 및 살균제

화장품이 미생물에 오염되면 혼탁, 분리, 침전, 변색, 악취, 변질, 분해 등이 일어난다. 미생물에 의한 변질은 상품의 성분과 수분 함량에 따라 다르나 O/W형이 W/O형보다 변질되기 쉽다.

① 파라옥시향산 에스테르
② 이미디아 졸리디닐 우레아
③ 페녹시에탄올

❼ 금속 봉쇄제

물 또는 원료 중의 미량 금속이온은 화장품의 효과를 저하시킨다. 따라서 안정화제로 금속봉쇄제 에틸렌다이아민테트라초산(EDTA) 나트륨염을 첨가시킴으로써 산화방지보조제(산패)로서의 효과도 얻을 수 있다. 그 외 인산, 구연산, 아스코르빈산, 호박산, 글루코산, 폴리인산나트륨 등이 있다.

❽ 향료

향료는 각각의 원료 냄새를 상쇄시키며 화장품의 이미지를 높이기 위한 성분으로서 천연 동식물 향료와 합성 향료가 있으며 향균력이 있다. 또한, 유기용매에 유용성과 반응성이 큰 화학물질로서 휘발성이 커야 한다.

❾ 색소(착색료)

화장품에는 기초에서 메이크업 화장품에 이르기까지 염료 또는 안료 등이 사용되고 있다. 염료는 물에 녹는 수용성 염료와 오일에 녹는 유용성 염료로 구분되며, 안료는 물과 오일에 녹지 않는 것으로 무기안료와 유기안료로 구분된다.

❿ 자외선 차단제

화장품에 사용되는 자외선 차단제는 자외선 흡수제 또는 자외선 산란제 등으로 구분된다. 독성과 피부장애가 없고 안정성이 높은 것이어야 한다.

⓫ 산화방지제

항산화제로서 스스로 산화함으로써 화장품 자체가 산화되는 것을 방지하는 방부제의 기능을 한다. 부틸하이드록시톨루엔(BHT), 부틸하이드록시아니솔(BHA), 비타민 E(토코페롤) 등이 있다.

⓬ pH 조절제

pH 3~9로서 시트러스 계열(제품을 산성화시킴)과 암모늄 카보나이트 계열(제품을 알칼리성화 시킴)이 있다.

Section 02　화장품의 기술

❶ 화장품 개발

화장품의 제품설계는 상품 기획, 기초·응용개발 연구, 원료·포장재료 등의 기술이 요구된다.

❷ 화장품 품질 기술

품질특성과 품질보증으로 구분된다.
① 품질특성 : 화장품 판매에 있어서 기본적으로 소홀해서는 안 되는 것(안정성, 안전성, 유용성, 사용성, 기호성)을 말한다.
② 품질보증 : 연구, 재조, 판매의 각각 부문에서 보증업무를 말한다.

Section 03　화장품의 특성

❶ 화장품 성분의 특성

(1) 건성피부용

종류	특징
솔비톨	•글리세린 대체물로, 보습력이 강함

콜라겐	•피부 보습작용이 우수하나 열, 자외선에 쉽게 파괴됨
엘라스틴	•수분 증발 억제작용
레시틴	•콩, 계란노른자에서 추출하며, 보습제, 유연제로 작용
알로에	•보습, 항염증 진정작용
해초	•주성분 알킨산에 의해 보습, 진정작용을 하며, 요오드가 함유되어 독소제거 작용을 함
피롤리돈 카본산염	•Soduim PCA 아미노산으로서 천연보습인자이며 피부 보습, 유연작용을 함
히아루론산염	•미생물 발효에 의해 추출, 보습효과가 있음

(2) 지성(여드름)피부용

종류	특징
유황	•각질 제거, 피지 조절, 살균작용
캄퍼	•피지조절, 항염증, 수렴, 냉각작용, 혈액순환 촉진작용
살리실산	•BHA(β-하이드록시산)로서 살균작용, 피지 억제, 화농성 여드름에 효과적임
머드, 카오린벤토나이트	•피지흡착력이 뛰어남

(3) 민감성 피부용

종류	특징
아줄렌	•카모마일에서 추출하며 진정, 항염증 상처 치유에 효과적임
판테놀 (비타민 B군)	•보습, 항염증, 치유작용
위치하젤	•살균, 소독, 항염증, 수렴작용
리보플라빈 (비타민 B₂)	•피부트러블 방지와 피부를 유연하게 함
비타민 P, K	•모세혈관벽을 강화

(4) 노화피부용

종류	특징
AHA (α-하이드록시산)	•미백, 각질 제거, 피부재생에 효과
레티놀 (지용성 비타민)	•잔주름 개선효과, 각화과정 정상화, 재생작용
알란토인	•보습, 상처 치유, 재생작용을 하며 각질 제거 효과
은행추출물	•항산화, 항노화, 혈액순환 등 촉진
프로폴리스	•피부 진정, 상처 치유, 항염증, 면역력 향상작용

(5) 피부미백용

종류	특징
비타민 C	•미백, 재생, 항노화, 항산화, 모세혈관을 강화
감초	•해독, 소염, 상처 치유, 자극 완화효과와 함께 색소침착을 방지
알부틴 코직산	•티로시나제 활성을 억제함으로써 색소침착을 방지
닥나무 추출물	•미백, 항산화에 효과

Chapter 03 화장품의 종류와 기능

Section 01 기초화장품

피부를 청결, 정돈, 보호하고, 유·수분 균형을 통해 신진대사를 촉진시켜 피부 항상성을 유지시키며 자외선을 차단시킨다.

❶ 기초화장품의 종류

(1) 세안제
　① 계면활성제 세안제 : 알칼리성 비누로서 피지막의 약산성을 중화시킨다.
　② 유성(오일)형 세안제 : 클렌징 폼, 로션 등으로서 피부 표면의 유성 노폐물, 메이크업 화장품 등 물에 녹지 않는 성분들을 분산, 유화시켜 피부를 세정시킨다.

(2) 피부 정돈제(화장수)
　pH 5~6인 화장수로서 클렌징 후 피부의 수분 공급, pH 조절, 피부 정돈 등을 한다.
　① 유연 화장수 : 보습제와 유연제를 함유하는 스킨로션, 소프너, 토너 등이 있다.
　② 수렴 화장수 : 각질층에 수분 공급, 모공 수축, 피부결 정리, 피지 분비 억제작용을 하는 아스트리젠트, 토닝로션, 토닝스킨 등이 있다.

(3) 피부 보호제
　유연 및 보습효과를 동시에 부여하는 로션, 크림(안티에이징, 아이, 넥, 핸드, 풋, 바디, 화이트닝), 자외선 차단제, 팩 등이 있다.

(4) 팩, 마스크
　보습과 노화 각질 제거, 모공 내 오염물질 제거 등의 흡착기능이 있다.

(5) 에센스, 세럼, 부스터
　고농축 보습 성분과 고영양 성분을 첨가하여 공급한다. 로션 또는 화장수 등에 특정 목적을 위한 유효 성분을 첨가하여, 흡수가 빠르고 사용감이 가볍다.

Section 02 메이크업 화장품

색조화장품은 자외선으로부터 피부를 보호하고 피부색의 결점을 커버하기 위해 균일하게 정돈하거나 부분적으로 색조를 사용하여 입체감을 나타낸다.

❶ 메이크업 화장품의 종류

(1) 베이스 메이크업
　메이크업 베이스, 파운데이션, 파우더 등은 피부 결점(기미, 주근깨)을 보완하며 피부색을 균일하게 정돈하는 제품이다.
　① 메이크업 베이스 색상(파랑, 보라, 분홍, 녹색, 흰색 등)
　② 파운데이션(리퀴드, 크림, 케이크 타입)
　③ 파우더(페이스, 콤펙트 타입)

(2) 포인트 메이크업
　입술, 눈, 볼 등에 부분적으로 색을 사용하여 단점을 보완하고 표정을 연출한다. 아이브로(눈썹 먹), 아이섀도, 아이라이너, 마스카라, 립스틱(루즈), 블러셔(치크) 등의 제품이다.

Section 03 모발화장품

모발화장품은 기초화장품(클렌징 및 트리트먼트)과 반응성 화장품으로 분류된다.

❶ 기초화장품

(1) 세정제
　① 모발 및 두개피부를 청결하게 하여 생리기능을 활성화시킨다.
　② 샴푸제의 종류는 형상에 따라(액체, 크림, 분말, 젤 등), 모발 상태에 따라(정상모, 발수성모, 다공성모) 제품화된다.

(2) 트리트먼트제
　① 모발에 유연성과 광택을 부여하고 대전성을 방지한다.
　② 린스, 컨디셔너, 트리트먼트제 등으로 구분되나 성분의 농도에 따라 분류된다.

(3) 정발제
　① 모발에서의 광택, 감촉, 질감, 손질 등을 쉽게 하기 위해 고정시키거나 세팅 시 사용된다.
　② 헤어 젤, 헤어 오일, 헤어 로션, 헤어 크림, 헤어 무스, 헤어 스프레이, 헤어 포마드 등이 있다.

(4) 육모제(헤어 토닉)
　살균력이 있어 비듬과 가려움을 제거하며, 혈액순환 촉진작용과 함께 시원함과 쾌적함을 준다.

❷ 반응성 화장품
　모발색인 멜라닌색소를 산화시켜 모발색을 빼거나(탈색) 입히는(염색) 염·탈색제와 모발 내 시스틴결합을 영구히 변화시키는 펌제 등으로 분류된다.

Section 04 바디 관리 화장품

몸을 청결하게 하며, 거칠음으로부터 보호하고, 생리적인 분비물 및 체취, 피부 트러블의 예방 및 보호 등에 사용되는 제품으로서 신체를 쾌적(유·수분 보충)하게 한다.

바디 관리 화장품	종류 및 특징
세정제	• 목욕제로서 비누, 바디 샴푸, 바스(코롱, 퍼퓸), 바디 솔트 등
바디 트리트먼트제	• 건조한 전신에 유·수분 공급을 위해 바디 로션, 바디 크림, 바디 오일 등
방향제	• 파우더, 코롱 등 체취 제거의 기능과 사용감이 산뜻함
자외선 차단제	• 선스크린(리퀴드, 크림, 젤), 선텐(오일, 리퀴드, 젤), 에프터 선 케어 로션 등 일소 방지제로서 기미, 주근깨, 홍반, 염증 등의 트러블에 대한 안정성이 높고 내수성을 좋게 함
방충제	• 모기 스크린, 곤충 리베라(흡혈성 곤충 기피제) 등 벌레에게 물리는 것을 예방함

손·발 관리제	•핸드(크림, 로션), 제모(무스, 크림), 디스 컬러, 각질 연화(로션, 크림) 등
체취 방지제	•데오드란트(로션, 스프레이, 파우더, 스틱 타입) 등은 강한 수렴작용을 통해 발한을 억제시키며, 피부상재균과 저급 지방산을 금속염으로 변화시켜 냄새의 증식을 억제함
슬리밍제	•마사지 크림, 바스트 크림, 지방분해 크림 등으로, 셀룰라이트가 생기기 쉬운 복부, 엉덩이, 허벅지 등의 관리제

Section 05 네일 화장품

네일 화장품	종류
손질제	•소독제, 폴리시 리무버, 큐티클(오일, 리무버), 네일 트리트먼트, 프라이머 등
색조 화장제	•베이스 코트, 네일 폴리시, 톱 코트 등
연장제	•팁, 실크, 린넨, 아크릴 볼, 젤, 파이버 글래스 등

Section 06 방향 화장품

❶ 향수의 분류

구분	분류	추출 및 특징
천연 향수	식물성	•꽃잎, 종자, 껍질(수피), 뿌리, 과실, 목재 등에서 추출
	동물성	•사향, 영모향, 해리향, 용연향 등에서 추출
농도 (부향률)	향수(퍼퓸)	•10~30%의 농도가 짙은 향수로서, 6~7시간 지속력을 지님
	오데 퍼퓸	•9~10%의 옅은 농도로서, 5~6시간 지속력을 지님
	오데 토일렛	•6~9%의 옅은 농도의 향수로서, 퍼퓸의 지속성과 오데 코롱의 가벼운 느낌이 나는 고급스러운 상쾌한 향을 가짐
	오데 코롱	•3~4%의 옅은 농도로서, 가볍고 신선하며 1~2시간 지속력은 처음 접하는 사람에게 적당함
	샤워 코롱	•1~3%의 농도로서, 1시간 정도의 지속력과 함께 신선하고 가벼운 향임
발산 속도	탑 노트	•휘발성이 강한 향수의 첫 느낌
	미들 노트	•첫 향(알코올)이 날아간 다음 중간 향
	베이스 노트	•휘발성이 낮은, 마지막까지 은은하게 유지되는 향

❷ 향수의 기능

구분	내용
향수 구비조건	•좋은 확산성을 가진 향기로서 특징이 있어야 함 •향은 강하고 일정시간 지속력을 유지해야 함 •향기로서 격조가 있어야 하며, 아름답고 세련된 조화로운 향이어야 함
향수 보존법	•공기 또는 직사광선에 직접 접촉되지 않도록 함 •고온이나 온도 변화가 심한 장소는 피해야 함 •사용 후 용기의 뚜껑을 잘 닫아 향의 발산을 막아야 함

향수 사용법	•신체 중 맥박이 뛰는 손목이나 목 등에 분사 •광 알레르기나 색소침착 유발 가능성이 있는 경우 무릎 안쪽이나 팔꿈치에 바르거나 머리카락 또는 치마의 아랫단에 분사
향수의 제조 과정	•천연과 합성 향료를 혼합 → 조합 향료(알코올에 용해 또는 희석) → 숙성 또는 냉각(1개월~1년) → 여과 → 향수로 사용

Section 07 에센셜(아로마) 오일 및 캐리어 오일

향을 의미하는 아로마는 향기 나는 식물, 향초를 의미하나 오늘날에는 에센셜 오일로서 정유 또는 향유를 의미한다. 캐리어 오일은 에센셜 오일을 피부에 효과적으로 흡수시키기 위한 베이스 오일이다.

❶ 오일 종류

구분		오일 종류
아로마 오일	상향	•감귤, 오렌지, 레몬, 타임, 바질, 페퍼민트, 로즈마리, 유칼립투스, 그레이프푸르트 등
	중향	•라벤더, 마조람, 제라늄, 네놀리, 자스민, 로즈마리 등
	하향	•백탄, 자스민, 벤조인, 베티버, 프랑킨센스 등
캐리어 오일		•호호바, 아몬드, 아보카도, 그레이프씨드, 코코넛, 살구씨, 캐롯오일 등

❷ 에센셜 오일의 추출방법

종류	추출 방법
증류법	•물 증류법과 수증기 증류법으로 나뉘며 가장 오래된 추출방법임 •증기와 열, 농축의 과정을 거쳐 수증기와 정류가 함께 추출됨으로써 물과 오일을 분리 •대량으로 단시간에 추출되며, 고온에서 추출되므로 열에 불안정한 성분은 파괴됨
용매추출법	•유기용매(벤젠, 핵산)를 이용하여 추출하는 방법으로, 식물(로즈, 네롤리, 재스민)수지에 함유된 정유, 수증기에 녹지 않은 정유 등을 추출 •앱솔루트라 하여 유기용매를 이용하여 추출
압착법 (콜드압착법)	•열매 껍질, 내피 등을 실온에서 기계로 압착하여 추출 •라임, 레몬, 만다라, 버가못, 오렌지 등 시트러스 계열의 오일 추출
침윤법	•온침법, 냉침법, 담금법 등
이산화탄소 추출법	•액체 상태의 이산화탄소(용매 작용)를 이용, 열에 약한 정유를 초저온에서 추출 •이물질이 남지 않으나 최초 개발된 추출법으로 생산비가 비쌈

❸ 오일의 기능

(1) 아로마 오일의 추출과 효능

추출	식물	효능
꽃잎	•라벤더, 로즈마리, 페퍼민트, 장미, 네롤리, 자스민, 일랑일랑 등	•성기능 강화, 항우울증에 효과
잎	•계수, 제라늄, 티트리, 파출리, 유칼립투스, 페티그레인 등	•호흡기 질환에 효과

열매	•레몬, 라임, 오렌지, 버가못, 블랙페퍼, 그레이프프루트 등	•해독, 이뇨작용
수지	•물약, 유향, 벤조인, 페루발삼 등	•이완, 호흡기 질환, 소독, 살균작용
나무	•백단, 자란, 삼나무 등	•비뇨, 생식기관 감염치료에 효과
뿌리	•생강, 당귀, 베티버 등	•신경계 질환의 진정작용

(2) 아로마 오일의 기능

소염, 염증, 항균, 항박테리아 작용, 소화촉진, 국소혈류작용, 순환기 계통의 정상화 작용, 근육의 긴장과 이완작용, 정신안정 및 항스트레스, 면역력 강화 등의 기능을 한다.

(3) 아로마 향에 따른 분류

계열	특징	종류
수목 계열	•신선한 나무향, 증후하며 부드럽고 따뜻한 느낌	•사이프러스, 삼나무, 자단, 유칼립투스 등
허브 계열	•그린, 스파이스, 플로랄 등 복합적인 식물의 향	•바질, 세이지, 로즈메리, 페퍼민트 등
플로랄 계열	•꽃에서 추출되는 향	•로즈, 자스민, 라벤더, 제라늄, 캐모마일 등
시트러스(감귤) 계열	•신선, 상큼하며 휘발성이 강한 가볍고 지속성이 짧은 향	•라임, 레몬, 버가못, 오렌지, 만다린, 그레이프프루트 등
스파이시 계열	•자극적이고 샤프한 향	•진저, 시나몬, 블랙페퍼 등

④ 캐리어 오일

순수한 식물성 오일로 섭취해도 안정적인 오일이다. 이는 마사지 시 정유를 피부에 효과적으로 침투시키기 위한 매개체 역할을 한다. 식물의 씨를 압착·추출시킨 식물유로서 베이스 오일이라고 하며, 아로마 오일과 블랜딩하여 사용 시 효과가 있다.

종류	특징(효과)
호호바	•항바이러스, 항균작용이 있어 피지 조절 등 여드름 피부에 효과
아몬드	•가려움, 염증 부위 또는 윤기가 없거나 거친 피부에 효과
아보카도	•건성, 탈수, 비만 관리용 등 모든 피부 타입에 효과
그레이프씨드	•여드름 피부 타입에 효과
코코넛	•여드름 피부 타입에 효과
살구씨	•피부, 윤기, 탄력, 재생효과
캐롯	•건성, 습진 피부 등 재생효과
맥아류	•세포 재생, 피부탄력 촉진효과
올리브	•건성, 민감성, 튼살 피부, 지성피부에 효과
헤이즐넛	•셀룰라이트 예방, 튼살 개선에 효과
로즈힙	•수분 유지, 세포 재생, 색소침착 및 예방, 화상에 효과
칼렌둘라	•소양증, 갈라진 건성 습진, 염증, 종기 등 문제성 피부에 효과

⑤ 아로마테라피

① '아로마 오일을 이용하여 치료한다'는 의미로서 캐리어 오일과 블랜딩해서 사용한다.
② 특정 오일은 임산부, 고혈압, 간질환자에게 금한다.
③ 테라피(치료) 시 반드시 패치 테스트를 실시한 후 사용한다.
④ 감귤계는 색소침착의 우려가 있으므로 감광성에 주의한다.

⑤ 개봉된 정유는 1년 이내에 사용해야 한다.
⑥ 아로마 오일 원액을 피부에 직접 사용할 수 없다.

Section 08 기능성 화장품

화장품과 의약외품의 중간 영역에 속하는 기능성 화장품은 피부의 항상성을 유지하기 위해 사용되는 일반적인 성분 이외에 화장품의 약리적인 유효성을 기능적으로 부여한다.

❶ 기능성 화장품의 사용목적

세포 재생에 따른 주름 개선, 미백 개선, 색소침착 방지에 따른 자외선 차단 등 피부의 문제를 집중적으로 개선, 관리하는 화장품이다.

❷ 기능성 화장품의 종류

(1) 미백용 화장품

성분	특징
알부틴	•하이드로퀴논과 유사구조로서 색소침착을 방지하며 독성이 없음
코직산	•누룩곰팡이에서 추출, 색소침착을 방지
감귤	•색소침착을 방지, 해독, 소염, 상처 치유, 자극 완화 효과
닥나무추출물	•미백, 항산화 효과
비타민 C	•미백, 항산화, 항노화, 모세혈관 강화 등 콜라겐 합성작용
AHA (α-Hydroxy Acid)	•5가지 과일산으로서 젖산(우유), 구연산(오렌지, 레몬), 사과산(사과), 주석산(포도), 글리콜릭산(사탕수수) 등으로서 각질 제거, 피부 재생효과
하이드로퀴논	•의약품으로 미백효과가 뛰어나나 백반증을 유발할 수 있음

(2) 주름개선용 화장품

성분	특징
레티놀 (상피보호 비타민)	•지용성 비타민으로서 공기 중에 쉽게 산화됨
레티닐 팔미네이드	•비타민 A 유도체, 잔주름 개선, 각화과정 정상화, 재생작용 등에 효과
아데노신	•콜라겐 합성을 촉진, 피부 탄력과 주름 예방
비타민 E (토코페놀)	•항산화, 항노화, 피부 재생작용 등에 효과
슈퍼옥사이드 디스뮤타제 (SOD)	•활성과 억제효소로 노화 억제효과
베타카로틴	•비타민 A 전구물질로서 피부 재생과 유연효과

(3) 자외선 차단제

성분	특징
자외선 산란제	•피부 각질에서 자외선을 반사시키며 자극이 없어 민감성 피부에도 사용 •메이크업이 뿌옇게 밀리는 백탁현상이 있음
자외선 흡수제	•자외선의 화학에너지를 열에너지로 바꾸는 화학적 차단(필터)제임

제 2 편

기출문제

제1회 국가기술자격 필기시험문제

자격종목	시험기간	형별		수험번호	성명
미용사(일반)	1시간				

＊답안 카드 작성 시 시험문제지 형별누락, 마킹착오로 인한 불이익은 전적으로 수험자의 귀책사유임을 알려드립니다.
＊각 문항은 4지택일형으로 질문에 가장 적합한 보기항을 선택하여 마킹하여야 합니다.

---

01 미용의 특수성과 가장 거리가 <u>먼</u> 것은?

① 고객의 요구가 반영된다.
② 시간적 제한을 받는다.
③ 정적예술로써 미적효과를 나타낸다.
④ 유행을 강조하는 자유예술이다.

> **해설**
> 헤어미용은 부용예술이자 정적예술에 속한다.

02 모발의 색은 흑색, 적색, 갈색, 금색, 백색 등 여러 가지 색이 있다. 다음 중 주로 검은 모발의 색을 나타나게 하는 멜라닌은?

① 티로신(Tyrosine)
② 멜라노사이트(Melanocyte)
③ 유멜라닌(Eumelanin)
④ 페오멜라닌(Pheomelanin)

> **해설**
> 유멜라닌은 흑색을 나타내고, 페오멜라닌은 적색 또는 황색을 나타낸다.

03 헤어 트리트먼트(Hair treatment)를 나타내는 의미로서 가장 <u>먼</u> 것은?

① 헤어 리컨디셔너(Hair reconditioner)
② 틴닝(Thining)
③ 클리핑(Clipping)
④ 헤어 팩(Hair pack)

> **해설**
> 틴닝은 모발의 길이는 그대로 둔 상태에서 머리숱만 감소시킬 때 사용되는 방법이다.

04 모발에 도포된 용액이 쉽게 침투되게 함으로써 시술시간을 단축하고자 할 때에 필요하지 <u>않은</u> 것은?

① 스팀 타월
② 헤어 스티머
③ 신징
④ 히팅 캡

> **해설**
> 신징(Singeing)은 '털 태우기'로서 갈라지거나 부스러지는 모발을 신징기를 사용하여 그슬림으로써 불필요한 모발을 제거하고자 할 때 사용하는 기법이다.

05 원랭스 커트의 방법 중 <u>틀린</u> 것은?

① 동일선상에서 자른다.
② 커트라인에 따라 이사도라, 스파니엘, 패러럴 등의 유형이 있다.
③ 짧은 단발의 경우 손님의 머리를 숙이게 하고 정리한다.
④ 짧은 두발에만 주로 적용한다.

> **해설**
> 원랭스 커트는 단발과 장발(긴 두발)에도 적용할 수 있다.

06 헤어 세팅의 컬에 있어 루프가 두피에 45°로 세워진 것은?

① 플래트 컬
② 스컬프처 컬
③ 메이폴 컬
④ 리프트 컬

> **해설**
> ① 플래트 컬 : 0°의 컬로서 납작하게 형성된 컬
> ③ 메이폴 컬 : 모발 끝이 바깥쪽으로 하여 중심이 되는 컬
> ④ 리프트 컬 : 루프가 두피에 45°로 세워진 컬

07 헤어 커트 시 사용하는 레이저(Razor)에 대한 설명 중 <u>틀린</u> 것은?

① 레이저의 날등과 날끝이 대체로 균등해야 한다.
② 초보자에게는 오디너리(Ordinary) 레이저가 적합하다.
③ 레이저의 날 선은 대체로 둥그스름한 곡선이 더 정확한 커트를 할 수 있다.
④ 레이저의 어깨 두께는 균등해야 좋다.

> **해설**
> 셰이핑 레이저 : 안전 면도날로서 초보자용 레이저이다. 외부로 드러나는 날은 1mm 정도로서 머리카락이 많이 잘려 나가는 것을 막아 준다.

08 펌제(Perm agent)의 1액이 웨이브 형성을 위해 주로 적용되는 모발 구조로서 가장 적절한 곳은?

① 모수질(Medulla)
② 모근(Hair rool)
③ 모피질(Cortex)
④ 모표피(Curicle)

> **해설**
> 모피질 : 모발 전체의 80~85% 정도를 차지하며 멜라닌색소가 있다. 주로 S-S 결합의 역할에 의해 웨이브가 형성된다.

09 뱅(Bang)의 설명 중 <u>잘못된</u> 것은?

① 플러프 뱅 - 부드럽게 꾸밈없이 볼륨을 준 앞머리
② 포워드롤 뱅 - 포워드 방향으로 롤을 이용하여 만든 뱅
③ 프린지 뱅 - 가르마 가까이에 작게 낸 뱅
④ 프렌치 뱅 - 풀 혹은 웨이브로 만든 뱅

> **해설**
> 프렌치뱅은 모발 끝을 헝클어진 모양으로 부풀린 형태이다.

10 우리나라 여성의 머리형태 중 비녀를 꽂은 것은?

① 얹은머리
② 쪽진머리
③ 좀좀머리
④ 귀밑머리

> **해설**
> 쪽진머리는 땋은 머리다발을 후두부에 비녀를 꽂아 틀어 올린 머리형태이다.

> **정답** 01 ④ 02 ③ 03 ② 04 ③ 05 ④ 06 ④ 07 ② 08 ③ 09 ④ 10 ②

11 다음 중 위그 커트를 하기 위한 순서로 가장 옳은 것은?

① 위그 → 수분 → 셰이핑 → 블로킹 → 섹션 → 시술각
② 위그 → 수분 → 셰이핑 → 블로킹 → 시술각 → 섹션
③ 위그 → 수분 → 섹션 → 셰이핑 → 블로킹 → 시술각
④ 위그 → 수분 → 시술각 → 셰이핑 → 블로킹 → 섹션

> **해설**
> 헤어커트 시술 절차
> 블로킹 → 두상 위치 → 파팅과 라인드로잉 → 빗질 → 시술각 → 손가락과 도구 위치 → 디자인라인

12 9등분 퍼머넌트 웨이브 와인딩 시 로드 크기의 기준으로 가장 옳은 것은?

① 네이프는 소형의 로드를 사용한다.
② 두꺼운 모발은 로드의 직경이 큰 로드를 사용한다.
③ 전두부는 중형의 로드를 사용한다.
④ 측두부는 소형의 로드를 사용한다.

> **해설**
> 웨이브가 늘어지는 것을 방지하기 위해 네이프에 소형 로드를 사용해 주는 것이 좋다.

13 한국 현대미용사에 대한 설명 중 가장 옳은 것은?

① 경술국치 이후 일본인들에 의해 미용이 발달했다.
② 1933년 일본인이 우리나라에 처음으로 미용원을 열었다.
③ 해방 전 우리나라 최초의 미용교육기관은 정화고등기술학교이다.
④ 오엽주씨가 화신백화점 내에 미용원을 열었다.

> **해설**
> 오엽주는 일본에서 미용을 배워 화신백화점 내에 화신미용실을 개설하였다.

14 논 스트리핑 샴푸제의 특징은?

① pH가 낮은 산성이며 두발을 자극하지 않는다.
② 징크피리티온이 함유되어 비듬치료에 효과적이다.
③ 알칼리성 샴푸제로 pH가 7.5~8.5이다.
④ 지루성 피부형에 적합하며 유분 함량이 적고 탈지력이 강하다.

> **해설**
> 논 스트리핑 샴푸제는 pH가 낮은 산성 샴푸이며, 모발을 자극하지 않아 영구적 염색 또는 탈색한 모발의 색상이 제거되지 않도록 한다.

15 정사각형의 의미와 직각의 의미를 갖는 커트기법은?

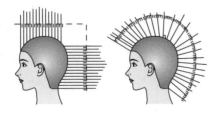

① 블런트 커트(Blunt cut)
② 스퀘어 커트(Square cut)
③ 롱 스트로크 커트(Long stoke cut)
④ 체크 커트(Check cut)

> **해설**
> 스퀘어 커트란 두정융기, 측두융기, 후두융기를 향해 정사각형 또는 방향 빗질에 따른 자르기 방법이다.

16 완성된 커트의 형태선 위를 가볍게 커트하는 방법은?

① 테이퍼링(Tapering)
② 틴닝(Thinning)
③ 트리밍(Trimming)
④ 싱글링(Shingling)

> **해설**
> ① 테이퍼링 : 모발 끝을 점차 가늘게 커트하는 기법
> ② 틴닝 : 모발의 길이는 그대로 두면서 숱만 감소시키는 기법
> ④ 싱글링 : 빗에 가위를 대고 빠른 개폐동작으로 커트하는 기법, 주로 남성커트의 사용

17 모발의 구조 중 피부 밖으로 나와 있는 모간 부분은?

① 피지선
② 모표피
③ 모구
④ 모유두

> **해설**
> 모발의 모간부에는 모표피, 모피질, 모수질로 이루어져 있고, 모표피는 모발의 가장 바깥층이다.

18 두발이 지나치게 건조해 있을 때나 염색에 실패했을 때 가장 적합한 샴푸방법은?

① 플레인 샴푸
② 프로테인 샴푸
③ 약산성 샴푸
④ 토닉 샴푸

> **해설**
> 프로테인(동물성) 샴푸제는 누에고치에서 추출하거나 계란의 난황 성분이 함유된 단백질 샴푸제이다.

19 두발을 롤러에 와인딩 할 때 스트랜드를 베이스에 대하여 수직으로 잡아 올려서 와인딩한 롤러 컬은?

① 롱 스템 롤러 컬
② 하프 스템 롤러 컬
③ 논 스템 롤러 컬
④ 쇼트 스템 롤러 컬

> **해설**
> ① 롱 스템 롤러 컬 : 후방 45°로 와인딩하여 볼륨감이 적고 컬의 움직임이 가장 크다.
> ② 하프 스템 롤러 컬 : 두상에서 90°로 와인딩하여 볼륨감과 컬의 움직임이 적당하다.
> ③ 논 스템 롤러 컬 : 전방 각도 45°, 후방 각도 135° 정도로 와인딩하여 볼륨감이 가장 크고, 컬의 움직임은 가장 작다.

20 스캘프 트리트먼트(Scalp treatment)의 시술 과정 중 화학적 방법과 관련이 없는 것은?

① 양모제
② 헤어 토닉
③ 헤어 크림
④ 헤어 스티머

> **해설**
> 헤어 스티머는 미용기기에 속한다.

정답 11 ① 12 ① 13 ④ 14 ① 15 ② 16 ③ 17 ② 18 ② 19 ② 20 ④

21 감염병 예방법 중 제2군 감염병이 <u>아닌</u> 것은?

① 말라리아   ② 파상풍
③ 일본뇌염   ④ 유행성이하선염

> **해설**
> 제2군 감염병에는 디프테리아, 백일해, 파상풍, 홍역, 유행성이하선염, 풍진, 폴리오, B형간염, 일본뇌염, 수두, b형헤모필루스인플루엔자, 폐렴구균이 해당된다.
> ① 말라리아는 제3군 감염병임

22 다음 중 하수의 오염지표로 주로 이용하는 것은?

① dB   ② BOD
③ 총인   ④ 대장균

> **해설**
> BOD(생물학적 산소요구량)는 유기물을 분해시키는 데 소모되는 산소량이며, 하수오염을 측정하는 데 주로 사용한다.

23 대기오염의 주 원인물질 중 하나로, 석탄이나 석유 속에 포함되어 있어 연소할 때 산화되어 발생되며 만성 기관지염과 산성비 등을 유발시키는 것은?

① 일산화탄소   ② 질소산화물
③ 황산화물   ④ 부유분진

> **해설**
> 황산화물은 주요한 대기오염 물질로써 산성비의 원인이 된다. 기체 자체로 사람의 몸속의 점막에 작용해 호흡기 질환을 일으킨다.

24 임신 초기에 감염되면 백내장아, 농아출산의 원인이 되는 질환은?

① 심장 질환   ② 뇌 질환
③ 풍진   ④ 당뇨병

> **해설**
> 풍진은 임신 초기에 감염률이 매우 높고 선천성 기형을 유발할 수 있어 주의해야 하는 질병이다.

25 한 나라의 건강 수준을 다른 국가들과 비교할 수 있는 지표로 세계보건기구가 제시한 내용은?

① 인구증가율, 평균수명, 비례사망자수
② 비례사망자수, 조사망율, 평균수명
③ 평균수명, 조사망율, 국민소득
④ 의료시설, 평균수명, 주거상태

> **해설**
> WHO가 제시한 국가·사회 간 건강 수준 비교지표는 조사망률, 평균수명, 영아사망률, 비례사망지수 등 4가지로 볼 수 있다.

26 눈의 보호를 위해서 가장 좋은 조명방법은?

① 간접조명   ② 반간접조명
③ 직접조명   ④ 반직접조명

> **해설**
> 간접조명은 균일한 조도에 의해 시력이 보호되는 가장 좋은 조명이다.

27 생활습관과 그와 관계된 질병의 연결로 틀린 것은?

① 담수어 생식 - 간디스토마
② 여름철 야숙 - 일본뇌염
③ 경조사 등 행사 음식 - 식중독
④ 가재 생식 - 무구조충

> **해설**
> • 무구조충 - 소고기에 의해 감염
> • 폐흡충증 - 제1중간숙주(다슬기), 제2중간숙주(가재, 게)

28 인간 전체 사망자 수에 대한 50세 이상의 사망자 수를 나타낸 구성 비율은?

① 평균수명   ② 조사망율
③ 영아사망율   ④ 비례사망자수

> **해설**
> 비례사망지수는 전체 사망자 수에 대한 50세 이상의 사망자 수의 구성비율로, 수치가 높을수록 사망자 중 고령자가 많다는 것을 의미한다.

29 작업환경의 관리원칙은?

① 대치 - 격리 - 폐기 - 교육   ② 대치 - 격리 - 환기 - 교육
③ 대치 - 격리 - 재생 - 교육   ④ 대치 - 격리 - 연구 - 홍보

30 일반적인 미생물의 번식에 있어 가장 중요한 요소로만 나열된 것은?

① 온도 - 적외선 - pH   ② 온도 - 습도 - 자외선
③ 온도 - 습도 - 영양분   ④ 온도 - 습도 - 시간

> **해설**
> 미생물의 성장과 사멸은 영양원, 온도, 산소 농도, 물의 활성, 빛의 세기, pH, 삼투압 등의 요소에 의해 영향을 받는다.

31 다음 중 소독의 정의를 가장 잘 표현한 것은?

① 미생물의 발육과 생활 작용을 제지 또는 정지시켜 부패 또는 발효를 방지할 수 있는 것
② 병원성 미생물의 생활력을 파괴 또는 멸살시켜 감염되는 증식물을 없애는 조작
③ 모든 미생물의 영양형이나 아포까지도 멸살 또는 파괴시키는 조작
④ 오염된 미생물을 깨끗이 씻어내는 작업

> **해설**
> 소독은 병원성 미생물의 생활력을 파괴시키지만 세균의 포자까지는 작용하지 못하는 것을 말한다.

32 다음 중 건열에 의한 멸균법이 <u>아닌</u> 것은?

① 화염멸균법   ② 자비소독법
③ 건열멸균법   ④ 소각소독법

> **해설**
> 자비소독법은 습열멸균법으로, 100℃의 물에 15~20분 동안 넣어 끓이는 방법이다.

정답   21 ①   22 ②   23 ③   24 ③   25 ②   26 ①   27 ④   28 ④   29 ②   30 ③   31 ②   32 ②

33 이·미용실 바닥 소독용으로 가장 알맞은 소독약품은?

① 알코올   ② 크레졸
③ 생석회   ④ 승홍수

해설
크레졸은 소독력이 강하여 모든 세균 소독에 효과가 있고 적용 범위가 넓다.

34 유리 제품의 소독방법으로 가장 적합한 것은?

① 끓는 물에 넣고 10분간 가열한다.
② 건열멸균기에 넣고 소독한다.
③ 끓는 물에 넣고 5분간 가열한다.
④ 찬물에 넣고 75℃까지만 가열한다.

해설
건열멸균법은 건열멸균기에 넣어 160~170℃에서 1~2시간 가열하는 것으로, 유리 제품, 가위, 도자기, 금속 제품을 소독할 때 사용한다.

35 다음 중 소독방법과 소독대상이 바르게 연결된 것은?

① 화염멸균법 - 의류나 타월
② 자비소독법 - 아마인유
③ 고압증기멸균법 - 예리한 칼날
④ 건열멸균법 - 바세린(Vaseline) 및 파우더

해설
① 화염멸균법 - 금속, 유리, 도자기류
② 자비소독법 - 식기류, 도자기류, 의류
③ 고압증기멸균법 - 주사기, 의류, 수술용 기구

36 소독제로서 석탄산에 관한 설명이 <u>아닌</u> 것은?

① 유기물에도 소독력은 약화되지 않는다.
② 고온일수록 소독력이 커진다.
③ 금속 부식성이 없다.
④ 세균단백에 대한 살균작용이 있다.

해설
석탄산은 소독약의 살균력 지표로 많이 이용되며, 금속 부식성이 있고 냄새와 독성이 있어 소량만 사용된다.

37 구내염, 입 안 세척 및 상처 소독에 발포작용으로 소독이 가능한 것은?

① 알코올   ② 과산화수소수
③ 승홍수   ④ 크레졸비누액

해설
과산화수소수는 구내염, 입 안 세척, 상처 소독 등에 사용되며 2.5~3.5% 수용액을 사용한다.

38 소독약에 대한 설명 중 적합하지 <u>않은</u> 것은?

① 소독시간이 적당할 것
② 소독대상물을 손상시키지 않는 소독약을 선택할 것
③ 인체에 무해하며 취급이 간편할 것
④ 소독약은 항상 청결하고 밝은 장소에 보관할 것

해설
소독약은 냉암소에 보관하는 것이 좋다.

39 코발트나 세슘 등을 이용한 방사선멸균법의 단점이라 할 수 있는 것은?

① 시설설비에 소요되는 비용이 비싸다.
② 투과력이 약해 포장된 물품에 소독효과가 없다.
③ 소독에 소요되는 시간이 길다.
④ 고온에서 적용되기 때문에 열에 약한 기구소독이 어렵다.

해설
방사선멸균법은 자외선, 감마선을 이용하여 멸균하는 방법으로, 투과력이 강하여 가열할 수 없는 기구의 멸균에 사용한다. 많은 에너지가 필요하며 비용이 많이 든다는 단점이 있다.

40 소독제의 구비조건이라고 할 수 <u>없는</u> 것은?

① 살균력이 강할 것   ② 부식성이 없을 것
③ 표백성이 있을 것   ④ 용해성이 높을 것

해설
소독제는 소독대상물의 색을 변색시키면 안 되기 때문에 표백성이 없어야 한다.

41 민감성 피부에 대한 설명으로 가장 적합한 것은?

① 피지의 분비가 적어서 거친 피부
② 어떤 물질에 큰 반응을 일으키는 피부
③ 땀이 많이 나는 피부
④ 멜라닌색소가 많은 피부

해설
민감성 피부는 예민성 피부라고도 하며, 피부 조직이 섬세하고 얇아 외부 환경에 민감하다.

42 다음 중 항산화제에 속하지 <u>않는</u> 것은?

① 베타 - 카로틴(β-carotene)   ② 수퍼옥사이드디스뮤타제(SOD)
③ 비타민 E   ④ 비타민 F

해설
• 비타민 F는 지용성 비타민으로, 콜레스테롤이 축적되는 것을 예방하며, 결핍 시 습진, 여드름, 체중 증가 등을 유발한다.
• 활성화 억제 효소(Super Oxide Dismutase : SOD)는 노화 억제 효과가 탁월하다.

43 혈관과 림프관이 분포되어 있으며 털에 영양을 공급하여 주로 발육에 관여하는 것은?

① 모유두   ② 모표피
③ 모피질   ④ 모수질

해설
모유두는 모발에 영양을 주는 부분으로, 혈관과 림프관이 분포되어 있다.

44 각질세포 내 천연보습인자 중 가장 많이 함유된 인자는?

① 아미노산   ② 요소
③ 젖산염   ④ 요산

해설
천연보습인자(Natural Moisturizing Factor)의 구성 성분으로는 아미노산, 요소, 암모니아, 나트륨, 칼슘, 젖산염 등이 있으며, 그 중 아미노산은 40% 정도를 차지한다.

정답   33 ②   34 ②   35 ④   36 ③   37 ②   38 ④   39 ①   40 ③   41 ②   42 ④   43 ①   44 ①

45 표피로부터 가볍게 흩어지며, 지속적이고 무의식적으로 생기는 죽은 각질세포는?

① 비듬　　　　　　　② 농포
③ 두드러기　　　　　④ 종양

> **해설**
> 표피로부터 각질 탈락이 발생하여 눈에 띄게 나타나는 현상을 비듬이라고 한다.

46 다음 중 건성피부 관리로 적절하지 <u>않은</u> 것은?

① 적절한 유·수분 공급
② 밀크 타입이나 크림 타입과 같은 부드러운 타입의 클렌징 제품 사용
③ 보습력이 높은 화장품 사용
④ 알코올 함량이 높은 화장수 사용

> **해설**
> 건성피부는 카페인의 섭취를 줄이고 일광욕을 피해야 하며, 알코올 함량이 낮은 화장수를 사용해야 한다.

47 털의 색상에 대한 원인을 연결한 것 중 가장 거리가 <u>먼</u> 것은?

① 검은색 - 멜라닌색소를 많이 함유하고 있다.
② 금색 - 멜라닌색소의 양이 많고 크기가 크다.
③ 붉은색 - 멜라닌색소에 철 성분이 함유되어 있다.
④ 흰색 - 유전, 노화, 영양 결핍, 스트레스가 원인이다.

> **해설**
> 멜라닌색소는 흑색을 띠므로 양이 많을수록 흑색으로 보인다.

48 신체 부위 중 투명층이 가장 많이 존재하는 곳은?

① 이마　　　　　　　② 두정부
③ 손바닥　　　　　　④ 목

> **해설**
> 투명층은 손바닥과 발바닥에 분포되어 있다.

49 알코올에 대한 설명으로 <u>틀린</u> 것은?

① 항바이러스제로 사용된다.
② 화장품에서 용매, 운반체, 수렴제로 쓰인다.
③ 알코올이 함유된 화장수를 오랫동안 사용하면 피부를 건성화시킬 수 있다.
④ 인체 소독용으로는 메탄올(Methanol)을 주로 사용한다.

> **해설**
> 메탄올은 급성 독성이 있어 주로 공업용으로 쓰인다. 인체 소독에는 에탄올이 적합하다.

50 물과 오일처럼 서로 녹지 않는 2개의 액체를 미세하게 분산시켜 놓는 상태는?

① 에멀전　　　　　　② 레이크
③ 아로마　　　　　　④ 왁스

> **해설**
> 유화(Emulsion)는 서로 용해되지 않는 2개의 액체 중 하나가 다른 하나의 액체 중에 미립자로 분산되어 있는 것을 말한다.

51 법인의 대표자나 법인 또는 개인의 대리인, 사용인 기타 총괄하여 그 법인 또는 개인의 업무에 관하여 벌금형에 행하는 위반행위를 한 때에 행위자를 벌하는 외에 그 법인 또는 개인에 대하여도 동조의 벌금형을 부과하는 것을 무엇이라 하는가?

① 벌금
② 과태료
③ 양벌규정
④ 위임

52 위생교육에 대한 내용 중 <u>틀린</u> 것은?

① 위생교육을 받은 자가 위생교육을 받은 날부터 1년 이내에 위생교육을 받은 업종과 같은 업종으로 변경을 하려는 경우에는 해당 영업에 대한 위생 교육을 받은 것으로 본다.
② 위생교육은 「공중위생관리법」 및 관련 법규 소양교육, 기술교육, 그 밖에 공중위생에 관하여 필요한 내용으로 한다.
③ 영업신고 전에 위생교육을 받아야 하는 자 중 천재지변, 본인의 질병, 사고, 업무상 국외출장 등의 사유로 교육을 받을 수 없는 경우에는 영업신고를 한 후 6개월 이내에 위생교육을 받을 수 있다.
④ 위생교육 실시단체는 교육교재를 편찬하여 교육대상자에게 제공하여야 한다.

> **해설**
> 영위생교육을 받은 자가 위생교육을 받은 날부터 2년 이내에 위생교육을 받은 업종과 같은 업종의 영업을 하려는 경우에는 해당 영업에 대한 위생교육을 받은 것으로 본다.

53 다음 이·미용업 종사자 중 위생교육을 받아야 하는 자는?

① 공중위생영업의 종사자로 처음 시작하는 자
② 공중위생영업에 6개월 이상 종사한 자
③ 공중위생영업에 2년 이상 종사한 자
④ 공중위생영업을 승계한 자

> **해설**
> 신고를 하고자 하는 자는 미리 위생교육을 받아야 하며, 공중위생영업자는 매년 위생교육을 받아야 한다.

54 다음 중 이·미용사의 면허를 받을 수 있는 사람은?

① 전과기록이 있는 자
② 피성년후견인
③ 마약 기타 대통령령으로 정하는 약물중독자
④ 정신질환자

> **해설**
> 이·미용사의 면허를 받을 수 없는 자 : 피성년후견인, 정신질환자, 감염성 결핵환자, 마약 기타 대통령령으로 정하는 약물(대마 또는 향정신성의약품) 중독자

55 다음 중 가장 과중한 처분을 받는 자는 누구인가?

① 위생교육을 받지 아니한 자
② 영업소 외의 장소에서 미용 업무를 행한 자
③ 영업정지 명령을 받은 기간 중에 영업을 한 자
④ 면허가 취소된 후 계속하여 업무를 행한 자

> **정답**　45 ①　46 ④　47 ②　48 ③　49 ④　50 ①　51 ③　52 ①　53 ④　54 ①　55 ③

해설
① 200만 원 이하의 과태료
② 200만 원 이하의 과태료
③ 1년 이하의 징역 또는 1천만 원 이하의 벌금
④ 300만 원 이하의 벌금자

56 음란한 물건을 손님에게 관람하게 하거나 진열 또는 보관할 때 1차 위반 시 행정처분 기준은?

① 경고　　　　　　　　　② 업무정지 15일
③ 영업정지 20일　　　　　④ 업무정지 30일

해설
음란한 물건을 손님에게 관람하게 하거나 진열 또는 보관한 때의 행정처분 기준
• 1차 위반 : 경고
• 2차 위반 : 영업정지 15일
• 3차 위반 : 영업정지 1월
• 4차 위반 : 영업장 폐쇄명령

57 이 · 미용사가 면허정지 처분을 받고 업무정지 기간 중 업무를 행한 때 1차 위반 시 행정처분 기준은?

① 면허정지 3월　　　　　② 면허정지 6월
③ 면허취소　　　　　　　④ 영업장 폐쇄

58 면허가 취소된 후 계속하여 업무를 행한 자에게 해당하는 벌칙은?

① 1년 이하의 징역 또는 1천만 원 이하의 벌금
② 6월 이하의 징역 또는 500만 원 이하의 벌금
③ 200만 원 이하의 과태료
④ 300만 원 이하의 벌금

해설
300만 원 이하의 벌금
• 면허의 취소 또는 정지 중에 이 · 미용업을 한 자
• 면허를 받지 않고 이 · 미용업을 개설하거나 그 업무에 종사한 자

59 이 · 미용업의 상속으로 인한 영업자 지위 승계 신고 시 필요한 구비서류가 아닌 것은?

① 영업자 지위 승계 신고서　　② 가족관계증명서
③ 양도계약서 사본　　　　　　④ 상속자임을 증명할 수 있는 서류

해설
지위승계 신고 시 구비서류
• 영업양도의 경우 : 영업자 지위 승계 신고서, 양도 · 양수를 증명할 수 있는 서류 사본 및 양도인의 인감증명서
• 상속의 경우 : 영업자 지위 승계 신고서, 가족관계증명서 및 상속인임을 증명할 수 있는 서류
• 그 외의 경우 : 영업자 지위 승계 신고서, 해당 사유별로 영업자의 지위를 승계하였음을 증명할 수 있는 서류

60 공중이용시설의 위생관리 기준이 아닌 것은?

① 소독을 한 기구와 소독을 하지 아니한 기구를 각각 다른 용기에 보관한다.
② 1회용 면도날을 손님 1인에 한하여 사용하여야 한다.
③ 업소 내에 최종지불요금표를 게시하여야 한다.
④ 업소 내에 화장실을 갖추어야 한다.

해설
미용업자의 위생관리 기준
• 점 빼기, 귓불 뚫기, 쌍꺼풀 수술, 문신, 박피술 그 밖에 이와 유사한 의료행위를 해서는 안 된다.
• 피부미용을 위하여 의약품 또는 의료기기를 사용해서는 안 된다.
• 미용기구 중 소독을 한 기구와 소독을 하지 아니한 기구는 각각 다른 용기에 넣어 보관해야 한다.
• 1회용 면도날은 손님 1인에 한하여 사용해야 한다.
• 영업장 안의 조명도는 75룩스 이상이 되도록 유지해야 한다.
• 영업소 내부에 미용업 신고증 및 개설자의 면허증 원본을 게시해야 한다.
• 영업소 내부에 최종지불요금표를 게시 또는 부착해야 한다.

정답　56 ①　57 ③　58 ④　59 ③　60 ④

제2회 국가기술자격 필기시험문제

자격종목	시험기간	형별	수험번호	성명
미용사(일반)	1시간			

＊답안 카드 작성 시 시험문제지 형별누락, 마킹착오로 인한 불이익은 전적으로 수험자의 귀책사유임을 알려드립니다.
＊각 문항은 4지택일형으로 질문에 가장 적합한 보기항을 선택하여 마킹하여야 합니다.

01 위그 치수 측정 시 이마의 헤어라인(C.P)에서 정중선을 따라 네이프의 움푹 들어간 지점(N.P)까지는?

① 머리 길이
② 머리 둘레
③ 이마 폭
④ 머리 높이

> **해설**
> ② 머리 둘레 : 페이스라인을 거쳐 귀 뒤 1cm 부분을 지나 네이프 미디엄 위치의 둘레
> ③ 이마 폭 : 페이스 헤어라인의 양쪽 끝에서 끝까지의 길이
> ④ 머리 높이 : 왼쪽 이어 탑의 헤어라인에서 오른쪽 이어 탑 헤어라인까지의 길이

02 패치 테스트에 대한 설명 중 틀린 것은?

① 처음 염색할 때 실시하여 반응이 없을 때는 계속해서 패치 테스트를 생략해도 된다.
② 귀 뒤나 팔꿈치 안쪽에 실시한다.
③ 테스트에 쓸 염모제는 실제로 사용할 염모제와 동일하게 조합한다.
④ 알레르기 반응이 심할 경우에는 피부전문의에게 진료토록 하여야 한다.

> **해설**
> 패치 테스트는 피부 알레르기 반응검사이다. 염색시술 시 매번 하며, 시술 전 48시간 전에 피부의 부드러운 부분(귀 뒤, 팔꿈치 안쪽)에 시행한다.

03 정상적인 두발 상태와 온도 조건에서 콜드 웨이빙 시술 시 프로세싱(Processing)의 적당한 방치시간은?

① 5분 정도
② 10~15분 정도
③ 20~30분 정도
④ 30~40분 정도

> **해설**
> 프로세싱 타임은 10~15분 정도가 적당하다.

04 헤어 컨디셔너제(모발관리제)의 사용목적이 아닌 것은?

① 시술과정에서 두발이 손상되는 것을 막아주고 이미 손상된 두발을 완전히 치유해 준다.
② 두발에 윤기를 주는 보습 역할을 한다.
③ 퍼머넌트 웨이브, 염색, 블리치 후의 pH 농도를 중화시켜 두발의 산성화를 방지하는 역할을 한다.
④ 상한 두발의 표피층을 부드럽게 해주어 빗질을 용이하게 한다.

> **해설**
> 헤어 컨디셔너제는 손상된 모발에 영양을 주어 개선시키는 것이지 완전히 치유하는 기능을 갖고 있지는 않다.

05 알칼리성 비누로 샴푸한 모발에 가장 적당한 린스는?

① 레몬 린스(Lemon rinse)
② 플레인 린스(Plain rinse)
③ 컬러 린스(Color rinse)
④ 알칼리성 린스(Alkali rinse)

> **해설**
> 알칼리성 비누로 샴푸한 모발을 원래의 약산성 상태로 되돌리기 위해서 산성 린스에 속하는 레몬린스를 사용해야 한다.

06 미용 작업 시의 자세와 관련된 설명으로 틀린 것은?

① 작업대상의 위치가 심장의 위치보다 높아야 좋다.
② 서서 작업을 하므로 근육의 부담이 적게, 각 부분의 밸런스를 배려한다.
③ 과다한 에너지 소모를 피해 적당한 힘의 배분이 되도록 배려한다.
④ 정상 시력인 사람의 적당한 명시거리는 안구에서 약 25cm이다.

> **해설**
> 작업대상의 위치는 심장의 높이와 평행하게 하도록 한다.

07 로드(Rod)를 말기 쉽도록 두상의 구획(영역)을 나누는 작업은?

① 블로킹(Blocking)
② 와인딩(Winding)
③ 베이스(Base)
④ 스트랜드(Strand)

> **해설**
> ② 와인딩 : 로드에 모발을 감는 기술
> ③ 베이스 : 모발의 근원, 모근 부위의 바닥
> ④ 스트랜드 : 섹션으로 나눈 모다발

08 고대미용의 역사에 있어서 약 5000년 이전부터 가발을 즐겨 사용했던 고대 국가는?

① 이집트
② 그리스
③ 로마
④ 잉카제국

> **해설**
> 고대미용의 발생지인 이집트에서는 더운 기후로 인하여 두발을 짧게 자르고 가발을 사용하였다.

09 웨트 커팅(Wet cutting)의 설명으로 적합한 것은?

① 손상모를 손쉽게 추려낼 수 있다.
② 웨이브나 컬이 심한 모발에 적합한 방법이다.
③ 길이 변화를 많이 주지 않을 때 이용한다.
④ 두발의 손상을 최소화할 수 있다.

> **해설**
> 웨트 커트란 모발에 물을 묻힌 뒤 커트하는 방법이다.

정답 01 ① 02 ① 03 ② 04 ① 05 ① 06 ① 07 ① 08 ① 09 ④

10 아이론의 열을 이용하여 웨이브를 형성하는 것은?

① 마셀 웨이브
② 콜드 웨이브
③ 핑거 웨이브
④ 섀도 웨이브

> **해설**
> 모발 구조를 일시적으로 변형시키는 아이론은 120~140℃의 열을 모발에 가함으로써 볼륨, 텐션, 컬, 웨이브 등을 형성시킨다.

11 헤어 세트용 빗의 사용과 취급방법에 대한 설명 중 틀린 것은?

① 두발의 흐름을 아름답게 매만질 때는 빗살이 고운살로 된 세트빗을 사용한다.
② 엉킨 두발을 빗을 때는 빗살이 얼레살로 된 얼레빗을 사용한다.
③ 빗은 사용 후 브러시로 털거나 비눗물에 담가 브러시로 닦은 후 소독하도록 한다.
④ 빗의 소독은 손님 약 5인에게 사용했을 때 1회씩 하는 것이 적합하다.

> **해설**
> 빗은 손님 한 명에게 사용하면 반드시 소독하여 사용하도록 한다.

12 다음 중 옳게 짝지어진 것은?

① 아이론 웨이브 – 1830년 프랑스의 무슈 끄로샤뜨
② 콜드 웨이브 – 1936년 영국의 스피크먼
③ 스파이럴 퍼머넌트 웨이브 – 1925년 영국의 조셉 메이어
④ 크로키놀식 웨이브 – 1875년 프랑스의 마셀 그라또우

> **해설**
> ① 아이론 웨이브 – 1875년 프랑스의 마셀 그라또우
> ③ 스파이럴 퍼머넌트 웨이브 – 1905년 영국의 찰스 네슬러
> ④ 크로키놀식 웨이브 – 1925년 독일의 조셉 메이어

13 핑거 웨이브의 3대 요소가 <u>아닌</u> 것은?

① 스템(Stem)
② 크레스트(Crest)
③ 리즈(Ridge)
④ 트로프(Trough)

> **해설**
> 핑거 웨이브의 3대 요소는 리지(Ridge), 크레스트(Crest), 트로프(Trough)이다.

14 스컬프처 컬(Sculpture curl)에 관한 설명으로 옳은 것은?

① 두발 끝이 컬의 바깥쪽이 된다.
② 두발 끝이 컬의 좌측이 된다.
③ 두발 끝이 컬 루프의 중심이 된다.
④ 두발 끝이 컬의 우측이 된다.

> **해설**
> 스컬프처 컬은 플래트 컬에 속하는 컬로, 두발 끝이 컬 루프의 중심이 된다.

15 다음 중 웨이브 클립은?

①
②
③
④

> **해설**
> ① 다크빌 클립
> ② 더블 프롱 클립
> ③ 헤어 핀
> ④ 웨이브 클립

16 다음에서 고객에게 시술한 커트에 대한 알맞은 명칭은?

> 퍼머넌트를 하기 위해 찾은 고객에게 먼저 커트(Cut)를 시술하고 퍼머넌트를 한 후 손상모와 삐져나온 불필요한 모발을 다시 가볍게 잘라 주었다.

① 프리 커트(Pre-cut), 트리밍(Trimming)
② 애프터 커트(After-cut), 틴닝(Thinning)
③ 프리 커트(Pre-cut), 슬리더링(Slithering)
④ 애프터 커트(After-cut), 테이퍼링(Tapering)

> **해설**
> • 프리 커트 : 퍼머넌트 시술 전 시행하는 커트
> • 애프터 커트 : 퍼머넌트 시술 후 시행하는 커트
> • 트리밍 : 커트된 모발을 가볍게 마무리 하는 방법
> • 틴닝 : 모발 숱을 쳐내는 방법
> • 슬리더링 : 가위를 이용하여 모발 숱을 쳐내는 방법
> • 테이퍼링 : 모발 끝을 가늘게 커트하는 방법

17 퍼머넌트 제1액 처리에 따른 프로세싱 중 언더 프로세싱의 설명으로 <u>틀린</u> 것은?

① 언더 프로세싱은 프로세싱 타임 이상으로 제1액을 두발에 방치한 것을 말한다.
② 언더 프로세싱일 때에는 두발의 웨이브가 거의 나오지 않는다.
③ 언더 프로세싱일 때에는 처음에 사용한 솔루션보다 약한 제1액을 다시 사용한다.
④ 제1액의 처리 후 두발의 테스트 컬로, 언더 프로세싱 여부가 판명된다.

> **해설**
> 언더 프로세싱이란 프로세싱 타임 이하로서 제1액을 두발에 방치한 것이다.

18 머리모양 또는 화장에서 개성미를 발휘하기 위한 첫 단계는?

① 소재의 확인
② 제작
③ 구상
④ 보정

> **해설**
> 미용의 순서 : 소재 – 구성– 제작 – 보정, 소재는 개성미를 파악하기 위한 첫 단계이다. 제작 과정은 구상의 구체적인 표현으로서 개성미를 충분히 살리는 표현 과정이다.

19 탈모의 원인으로 볼 수 <u>없는</u> 것은?

① 과도한 스트레스로 인한 경우
② 다이어트와 불규칙한 식사로 인해 영양부족인 경우
③ 여성호르몬의 분비가 많은 경우
④ 땀, 피지 등의 노폐물이 모공을 막고 있는 경우

> **해설**
> 탈모의 원인으로는 식생활, 스트레스, 남성호르몬 분비, 물리적 마찰 등이 있다.

정답 10 ① 11 ④ 12 ② 13 ① 14 ③ 15 ④ 16 ① 17 ① 18 ① 19 ③

20 다음 중 블런트 커트와 같은 의미인 것은?

① 클럽 커트
② 싱글링
③ 클리핑
④ 트리밍

> **해설**
> 블런트(Blunt) 커트는 클럽(Clubbed) 커트라고도 하며, 블런트 커트 기법은 싱글링, 트리밍, 그라데이션, 레이어, 클리핑 등의 종류로 구분된다.

21 콜레라 예방접종은 어떤 면역방법인가?

① 인공수동면역
② 인공능동면역
③ 자연수동면역
④ 자연능동면역

> **해설**
> 콜레라는 수인성감염병으로서 사균 백신을 예방접종함으로써 얻어지는 인공능동면역 방법이다.

22 산업재해 방지를 위한 산업장 안전관리대책으로만 짝지어진 것은?

ㄱ. 정기적인 예방접종	ㄴ. 작업환경 개선
ㄷ. 보호구 착용 금지	ㄹ. 재해방지 목표설정

① ㄱ, ㄴ, ㄷ
② ㄱ, ㄷ
③ ㄴ, ㄹ
④ ㄱ, ㄴ, ㄷ, ㄹ

> **해설**
> 작업자와 유해인자 사이에 방호벽 설치, 작업환경 개선, 보호구 사용 및 보관 등은 산업재해를 방지할 수 있다.

23 다음 중 상호 관계가 없는 것으로 연결된 것은?

① 상수오염의 생물학적 지표 – 대장균
② 실내공기오염의 지표 – CO_2
③ 대기오염의 지표 – SO_2
④ 하수오염의 지표 – 탁도

> **해설**
> ④ 탁도는 음용수의 수질검사와 관련된다.
> • BOD : 유기물을 분해시킬 때 사용되는 산소량
> • SS : 물속에 있는 부유물질
> • DO : 물속에 녹아있는 유리산소
> • COD : 호수나 해양오염의 지표

24 다음 중 제1군 감염병에 대해 잘못 설명된 것은?

① 감염 속도가 빨라 환자의 격리가 즉시 필요하다.
② 콜레라, 세균성이질, 장티푸스 등이 이에 속한다.
③ 환자의 수를 매월 1회 이상 관할 보건소장을 거쳐 보고한다.
④ 환자 발생 즉시, 환자 또는 시체 소재지를 보건소장을 거쳐 보고한다.

> **해설**
> 제1군 감염병은 집단 발생의 위험이 크기 때문에 유행 즉시 방역대책을 수립하여야 한다. 감염병의 종류로는 콜레라, 장티푸스, 파라티푸스, 세균성이질, 장출혈성대장균감염증, A형간염 등이 있다.

25 공중보건학의 목적과 거리가 가장 먼 것은?

① 질병 치료
② 수명 연장
③ 신체적 · 정신적 건강 증진
④ 질병 예방

> **해설**
> 공중보건학의 정의는 지역사회의 질병 예방, 수명 연장, 신체적 · 정신적 건강 및 효율 증진이다.

26 식중독에 대한 설명으로 옳은 것은?

① 음식 섭취 후 장시간 뒤에 증상이 나타난다.
② 근육통 호소가 가장 빈번하다.
③ 병원성 미생물에 오염된 식품 섭취 후 발병한다.
④ 독성을 나타내는 화학물질과는 무관하다.

> **해설**
> 식중독은 인체에 유해한 미생물에 의해 오염된 식품 섭취 후 발병하는 것으로 세균성, 바이러스성, 자연독, 화학적 식중독이 있다.

27 가족계획과 가장 가까운 의미를 갖는 것은?

① 불임 시술
② 수태 제한
③ 계획 출산
④ 임신 중절

> **해설**
> 출산 횟수 조절, 초산 연령 조절과 같은 계획출산(가족계획) 내용에 포함된다.

28 다음 중 일산화탄소가 인체에 미치는 영향이 아닌 것은?

① 신경기능 장애를 일으킨다.
② 세포 내에서 산소와 Hb의 결합을 방해한다.
③ 혈액 속에 기포를 형성한다.
④ 세포 및 각 조직에서 O_2 부족 현상을 일으킨다.

> **해설**
> 일산화탄소는 무색, 무취의 기체로서 사람의 폐로 들어가면 혈액 중의 헤모글로빈과 결합하여 산소결핍증, 신경기능 장애 등을 일으킨다.

29 예방접종에 있어 생균 백신을 사용하는 것은?

① 파상풍
② 결핵
③ 디프테리아
④ 백일해

> **해설**
> • 생균 백신을 사용하는 것에는 홍역, 결핵, 황열, 폴리오(소아마비), 탄저, 두창, 광견병 등이 있다.
> • DDP(디프테리아, 백일해, 파상풍)는 사균 백신이다.

30 국가의 건강 수준을 나타내는 지표로서 가장 대표적으로 사용하고 있는 것은?

① 인구증가율
② 조사망률
③ 영아사망률
④ 질병발생률

> **해설**
> 영아사망률은 한 국가의 건강 수준을 나타내는 가장 대표적인 지표로 사용된다.

정답 20 ① 21 ② 22 ③ 23 ④ 24 ③ 25 ① 26 ③ 27 ③ 28 ③ 29 ② 30 ③

31 소독약품의 사용과 보존상의 일반적인 주의사항으로 틀린 것은?

① 약품을 냉암소에 보관한다.
② 소독대상에 적당한 소독약과 소독방법을 선정한다.
③ 병원체의 종류나 저항성에 따라 방법과 시간을 고려한다.
④ 한번에 많은 양을 제조하여 필요할 때마다 조금씩 덜어 사용한다.

> **해설**
> 소독약품은 사용 시 한 번 사용할 만큼만 제조하도록 한다.

32 미생물을 대상으로 한 작용이 강한 것부터 순서대로 옳게 배열된 것은?

① 멸균 〉 소독 〉 살균 〉 청결 〉 방부
② 멸균 〉 살균 〉 소독 〉 방부 〉 청결
③ 살균 〉 멸균 〉 소독 〉 방부 〉 청결
④ 소독 〉 살균 〉 멸균 〉 청결 〉 방부

33 고압증기멸균법에 해당하는 것은?

① 멸균물품에 잔류독성이 많다.
② 포자를 사멸시키며, 멸균시간이 짧다.
③ 비경제적이다.
④ 많은 물품을 한꺼번에 처리할 수 없다.

> **해설**
> 고압증기멸균법은 100~135℃의 수증기로 포자까지 사멸시킨다. 멸균물품에 잔류독성이 없고 경제적이며 많은 물품을 한꺼번에 처리 가능하다.

34 세균의 형태가 S자형 혹은 가늘고 길게 만곡되어 있는 것은?

① 구균　　　　　　　② 간균
③ 구간균　　　　　　④ 나선균

> **해설**
> ① 구균 : 구형(둥근 모양)
> ② 간균 : 원통형(막대 모양)
> ④ 나선균 : 나선형으로서 가늘고 비틀려 돌아간 모양

35 역성비누액에 대한 설명으로 틀린 것은?

① 냄새가 거의 없고 자극이 적다.
② 소독력과 함께 세정력(洗淨力)이 강하다.
③ 수지, 기구, 식기 소독에 적당하다.
④ 물에 잘 녹고 흔들면 거품이 난다.

> **해설**
> 역성비누는 양성비누 또는 양이온계면활성제를 기반으로 하는 0.01~0.1% 수용액이다.

36 소독약품의 구비조건으로 잘못된 것은?

① 용해성이 높을 것
② 표백성이 있을 것
③ 사용이 간편할 것
④ 가격이 저렴할 것

> **해설**
> 소독제는 소독대상물을 변색시키면 안 되기 때문에 표백성이 없어야 한다.

37 석탄산 계수가 2인 소독약 A를 석탄산 계수 4인 소독약 B와 같은 효과를 내려면 그 농도를 어떻게 조정하면 되는가? (단, A, B의 용도는 같다)

① A를 B보다 2배 묽게 조정한다.
② A를 B보다 4배 묽게 조정한다.
③ A를 B보다 2배 짙게 조정한다.
④ A를 B보다 4배 짙게 조정한다.

> **해설**
> 석탄산계수 = $\dfrac{소독약의\ 희석배수}{석탄산의\ 희석배수}$, $2 = \dfrac{4}{x}$, $x = 2$

38 감염병 예방법 중 제1군 감염병 환자의 배설물을 처리하는 가장 적합한 방법은?

① 건조법　　　　　　② 건열법
③ 매몰법　　　　　　④ 소각법

> **해설**
> 환자의 배설물은 재생 가치가 없는 오물로서 불에 태워 멸균하는 가장 쉽고 안전한 화염멸균 방법(소각법)으로 처리한다.

39 소독에 대한 설명으로 가장 적합한 것은?

① 소독은 병원 미생물의 성장을 억제하거나 파괴하여 감염의 위험성을 없애는 것이다.
② 소독은 무균 상태를 말한다.
③ 소독은 병원 미생물의 발육과 그 작용을 제지 및 정지시키며 특히 부패 및 발효를 방지하는 것이다.
④ 소독은 포자를 가진 것 전부를 사멸하는 것을 말한다.

> **해설**
> 소독은 사람에게 유해한 미생물을 파괴시키거나 성장을 억제한다. 비교적 약한 살균작용으로 세균의 포자까지는 작용하지 않는다.

40 다음 중 소독용 알코올의 가장 적합한 실용 농도는?

① 30%　　　　　　　② 50%
③ 70%　　　　　　　④ 95%

> **해설**
> 에탄올 70~80% 수용액, 이소프로판올 30~70% 수용액 사용, 가구 및 도구류 소독에는 70% 알코올을 사용한다.

41 심상성 좌창이라고도 하는 것으로 주로 사춘기 때 잘 발생하는 피부 질환은?

① 여드름
② 건선
③ 아토피 피부염
④ 신경성 피부염

> **해설**
> 심상성 좌창은 여드름을 뜻하며, 안드로겐 호르몬에 의해 피지 분비가 증가하여 발생한다.

정답 　31 ④ 32 ② 33 ② 34 ④ 35 ② 36 ② 37 ① 38 ④ 39 ① 40 ③ 41 ①

42 자외선에 대한 민감도가 가장 낮은 인종은?

① 흑인종
② 백인종
③ 황인종
④ 회색인종

> **해설**
> 흑인종은 단위 면적당 멜라닌 양이 다른 인종들의 비해 많기 때문에 자외선에 대한 민감도가 낮다.

43 기계적 손상에 의한 피부 질환이 아닌 것은?

① 굳은살
② 티눈
③ 종양
④ 욕창

> **해설**
> 기계적 손상은 마찰이나 압력에 의해 피부의 과각화증 또는 피부 각질층의 비후 등으로 생긴다.

44 모발을 중심으로 한 피부 구조 중 B는 무슨 층인가?

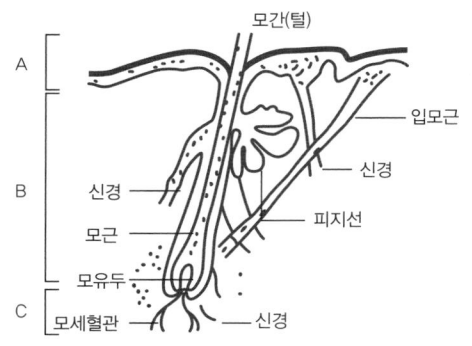

① 표피
② 진피
③ 피하조직
④ 과립층

> **해설**
> A는 표피, B는 진피, C는 피하조직층이다.

45 신체조직 구성 영양소에 대한 설명으로 틀린 것은?

① 지질은 체지방의 형태로 에너지를 저장하며, 생체막 성분으로 체구성 역할과 피부의 보호 역할을 한다.
② 지방이 분해되면 지방산이 되는데 이 중 불포화지방산은 인체 구성 성분으로 중요한 위치를 차지하므로 필수지방산으로도 부른다.
③ 필수지방산의 섭취를 위해서는 식물성 지방보다 동물성 지방을 먹는 것이 좋다.
④ 불포화지방산은 상온에서 액체 상태를 유지한다.

> **해설**
> 구성 영양소는 단백질, 무기질, 물 등으로서 신체조직을 구성한다. 식물성 지방에는 필수지방산이 많이 함유되어 있다.

46 피지에 대한 설명 중 잘못된 것은?

① 피지는 피부나 털을 보호하는 작용을 한다.
② 피지가 외부로 분출이 안 되면 여드름 요소인 면포로 발전한다.
③ 일반적으로 남자는 여자보다 피지의 분비가 많다.
④ 피지는 아포크린선(Apocrine sweat gland)에서 분비된다.

> **해설**
> 피지는 피지선에서 모공을 통해 배출된다. 한선은 소한선(에포크린선)과 대한선(아포크린선)으로 구분된다.

47 기미, 주근깨의 손질에 대한 설명 중 잘못된 것은?

① 외출 시에는 화장을 하지 않고 기초손질만 한다.
② 자외선 차단제가 함유되어 있는 일소방지용 화장품을 사용한다.
③ 비타민 C가 함유된 식품을 다량 섭취한다.
④ 미백효과가 있는 팩을 자주한다.

> **해설**
> 기미, 주근깨는 피부 과색소 침착에 의해 발현된다.

48 피부에 있어 색소세포가 가장 많이 존재하고 있는 곳은?

① 표피의 각질층
② 표피의 기저층
③ 진피의 유두층
④ 진피의 망상층

> **해설**
> 기저층에는 표피의 부속기관으로서 각질형성세포, 멜라닌(색소)세포, 머켈(촉각)세포 등이 있다.

49 산과 합쳐지면 레티놀산이 되고, 피부의 각화작용을 정상화시키며, 피지 분비를 억제하여 각질연화제로 많이 사용되는 비타민은?

① 비타민 A
② 비타민 B 복합체
③ 비타민 C
④ 비타민 D

> **해설**
> 비타민 A는 상피 보호 비타민으로서 피지 분비 억제, 피부세포 재생, 주름 완화 효과가 있고, 결핍 시 야맹증을 유발한다.

50 자연 노화(생리적 노화)에 의한 피부 증상이 아닌 것은?

① 망상층이 얇아진다.
② 피하지방세포가 감소한다.
③ 각질층의 두께가 증가한다.
④ 멜라닌세포의 수가 감소한다.

> **해설**
> 자연 노화(생리적 노화)는 표피 또는 진피 두께 감소, 피지선·한선의 수가 감소되어 피지 분비량이 적어 피부가 건조해진다.

51 대통령령이 정하는 바에 의하여 과태료 처분이 내려졌을 때 불복이 있는 자가 이의를 제기할 수 있는 기간은?

① 과태료 처분의 고지를 받은 날부터 60일 이내
② 과태료 처분이 내려진 날부터 30일 이내
③ 과태료 처분이 내려진 날부터 20일 이내
④ 과태료 처분의 고지를 받은 날부터 7일 이내

> **해설**
> 과태료 처분에 불복이 있는 자는 그 처분의 고지를 받은 날로부터 60일 이내에 처분권자에게 이의를 제기할 수 있다.

52 공중위생감시원의 자격·임명·업무·범위 등에 필요한 사항을 정한 것은?

① 법률
② 대통령령
③ 보건복지부령
④ 당해 지방자치단체 조례

> **해설**
> 공중위생감시원의 자격·임명 등은 대통령령으로 정하며, 특별시, 광역시, 도 및 시, 군, 구에 둔다.

정답 42 ① 43 ③ 44 ② 45 ③ 46 ④ 47 ① 48 ② 49 ① 50 ③ 51 ① 52 ②

53 영업소 폐쇄명령을 받고도 계속하여 영업을 하는 경우 해당 공무원으로 하여금 당해 영업소를 폐쇄하기 위하여 할 수 있는 조치가 <u>아닌</u> 것은?

① 당해 영업소의 간판 기타 영업표지물의 제거
② 당해 영업소가 위법한 것임을 알리는 게시물 등의 부착
③ 영업을 위하여 필수불가결한 기구 또는 시설물을 이용할 수 없게 하는 봉인
④ 영업시설물의 철거

54 미용업 영업소에서 영업정지 처분을 받고 그 영업정지 중 영업을 한 때에 대한 1차 위반 시의 행정처분 기준은?

① 영업정지 1개월 　② 영업정지 3개월
③ 영업장 폐쇄명령 　④ 면허취소

> 해설
> 영업정지 처분을 받고도 그 영업정지 기간 중 영업을 한 때 1차 위반 시 행정처분은 영업소 폐쇄명령이다.

55 미용업소의 조명도는 몇 룩스 이상을 유지하여야 하나?

① 60룩스 　② 75룩스
③ 90룩스 　④ 120룩스

> 해설
> 영업장 안의 조명도는 75Lux 이상이 되도록 유지하여야 한다.

56 공중위생서비스 평가를 위탁받을 수 있는 기관은?

① 보건소 　② 동사무소
③ 소비자단체 　④ 관련 전문기관 및 단체

> 해설
> 시장, 군수, 구청장은 관련 전문기관 및 단체로 하여금 위생서비스 평가를 실시하게 할 수 있다.

57 영업자의 지위를 승계한 후 누구에게 신고하여야 하는가?

① 보건복지부장관 　② 시·도지사
③ 시장, 군수, 구청장 　④ 세무서장

> 해설
> 공중위생영업자의 지위를 승계한 자는 1월 이내에 관할 시장, 군수, 구청장에게 신고하여야 한다.

58 위생영업 단체의 설립 목적으로 가장 적합한 것은?

① 공중위생과 국민보건 향상을 기하고 영업 종류별 조직을 확대하기 위하여
② 국민보건의 향상을 기하고 공중위생영업자의 정치·경제적 목적을 향상시키기 위하여
③ 영업의 건전한 발전을 도모하고 공중위생영업의 종류별 단체의 이익을 옹호하기 위하여
④ 공중위생과 국민보건 향상을 기하고 영업의 건전한 안전을 도모하기 위하여

59 이·미용 영업과 관련된 청문을 실시하여야 할 경우에 해당하는 것은?

① 폐쇄명령을 받은 후 재개업을 하려 할 때
② 공중위생영업의 일부 시설의 사용중지 처분을 하고자 할 때
③ 과태료를 부과하려 할 때
④ 영업소의 간판 기타 영업표지물 제거 처분하려 할 때

> 해설
> 청문을 실시하여야 하는 경우
> • 신고사항의 직권 말소
> • 이·미용사의 면허취소, 면허정지
> • 공중위생영업의 정지
> • 일부시설의 사용중지 및 영업소 폐쇄명령

60 이·미용 업소에서 음란행위를 알선 또는 제공 시 영업소에 대한 1차 위반 행정처분 기준은?

① 경고 　② 영업정지 1월
③ 영업정지 3월 　④ 영업장 폐쇄명령

> 해설
> 음란행위를 알선 또는 제공한 때의 행정처분 기준
> • 1차 위반 : 영업정지 3월
> • 2차 위반 : 영업장 폐쇄명령

정답 　53 ④ 54 ③ 55 ② 56 ④ 57 ③ 58 ④ 59 ② 60 ③

				수험번호	성명
자격종목	**시험기간**	**형별**			
미용사(일반)	1시간				

*답안 카드 작성 시 시험문제지 형별누락, 마킹착오로 인한 불이익은 전적으로 수험자의 귀책사유임을 알려드립니다.

*각 문항은 4지택일형으로 질문에 가장 적합한 보기항을 선택하여 마킹하여야 합니다.

01 핑거 웨이브의 종류 중 큰 움직임을 보는 듯한 웨이브는?

① 스월 웨이브(Swirl wave) ② 스윙 웨이브(Swing wave)
③ 하이 웨이브(High wave) ④ 덜 웨이브(Dull wave)

> **해설**
> ① 스월 웨이브 : 물결이 소용돌이 치는 것과 같은 형태의 웨이브
> ③ 하이 웨이브 : 리지가 높고 웨이브 형성도가 강한 웨이브
> ④ 덜 웨이브 : 리지가 뚜렷하지 않고 느슨한 웨이브

02 마셀 웨이브 시 아이론의 온도로 가장 적당한 것은?

① 100~120℃ ② 120~140℃
③ 140~160℃ ④ 160~180℃

> **해설**
> 아이론의 적정온도는 120~140℃이다.

03 콜드 웨이브의 제2액에 관한 설명 중 옳은 것은?

① 두발의 구성 물질을 환원시키는 작용을 한다.
② 용제는 티오글리콜산염이다.
③ 형성된 웨이브를 고정시켜준다.
④ 시스틴의 구조를 변화시켜 거의 갈라지게 한다.

> **해설**
> 콜드 웨이브의 제1액은 시스틴결합을 절단시켜 일시적 웨이브를 만들고 제2액은 산화작용(시스틴 재결합)을 하여 영구적 웨이브를 만들어 낸다.

04 헤어 린스의 목적과 관계가 <u>없는</u> 것은?

① 두발의 엉킴 방지 ② 모발의 윤기 부여
③ 이물질 제거 ④ 알칼리성을 약산성화

> **해설**
> 이물질 제거는 헤어 샴푸의 목적이다.

05 레이저(Razor)에 대한 설명 중 가장 거리가 <u>먼</u> 것은?

① 셰이핑 레이저를 이용하여 커팅하면 안정적이다.
② 초보자는 오디너리 레이저를 사용하는 것이 좋다.
③ 솜털 등을 깎을 때 외곡선상의 날이 좋다.
④ 녹이 슬지 않게 관리를 해야 한다.

> **해설**
> 오디너리 레이저는 일상용 레이저로서 숙련자에게 적합하다. 초보자는 날에 보호막이 있어 머리카락이 많이 잘려나갈 위험이 적은 초보자용 레이저인 셰이핑 레이저를 사용하는 것이 좋다.

06 우리나라에서 현대미용의 시초라고 볼 수 있는 시기는?

① 조선 중엽 ② 한일합방 이후
③ 해방 이후 ④ 6.25 이후

> **해설**
> 갑오개혁(1884년, 고종 21년)부터 한일합방(1910년)까지 구미 각국의 제열강과 통상조약을 체결함으로써 새로운 근대국가로의 일대 전환을 맞게 되었다.

07 커트용 가위 선택 시의 유의사항 중 옳은 것은?

① 일반적으로 협신에서 날 끝으로 갈수록 만곡도가 큰 것이 좋다.
② 양날의 견고함이 동일한 것이 좋다.
③ 일반적으로 도금된 것은 강철의 질이 좋다.
④ 잠금 나사는 느슨한 것이 좋다.

> **해설**
> 만곡도가 큰 날은 마멸이 빠르다. 날이 얇으면 협신이 가볍고 조작이 쉬워 기술 표현이 용이하다. 날의 견고함이 다를 경우 부드러운 쪽의 날이 쉽게 닳는다.

08 헤어 커팅 시 두발의 양이 적을 때나 두발 끝을 테이퍼해서 표면을 정돈할 때, 스트랜드의 1/3 이내의 두발 끝을 테이퍼하는 것은?

① 노멀 테이퍼(Nomal taper) ② 엔드 테이퍼(End taper)
③ 딥 테이퍼(Deep taper) ④ 미디움 테이퍼(Medium taper)

> **해설**
> ① 노멀 테이퍼 : 스트랜드의 1/2 지점을 테이퍼하는 것
> ② 엔드 테이퍼 : 스트랜드의 1/3 이내의 모발 끝을 테이퍼하는 것
> ③ 딥 테이퍼 : 스트랜드의 2/3 지점에서 모발을 많이 쳐내는 것

09 헤어 세팅에 있어 오리지널 세트의 주요한 요소에 해당하지 <u>않는</u> 것은?

① 헤어 웨이빙 ② 헤어 컬링
③ 콤 아웃 ④ 헤어 파팅

> **해설**
> 오리지널 세트에는 헤어 파팅, 헤어 셰이핑, 헤어 컬링, 헤어 롤링, 헤어 웨이빙 등이 있다.

10 다음 중 헤어 브러시로서 가장 적합한 것은?

① 부드러운 나일론, 비닐계의 제품
② 탄력 있고 털이 촘촘히 박힌 강모로 된 것
③ 털이 촘촘한 것보다 듬성듬성 박힌 것
④ 부드럽고 매끄러운 연모로 된 것

> **해설**
> 브러시는 모발을 정돈하거나 볼륨, 웨이브, 유연함 등을 연출한다.

정답 01 ② 02 ② 03 ③ 04 ③ 05 ③ 06 ② 07 ② 08 ② 09 ③ 10 ②

11 플래트 컬의 특징을 가장 잘 표현한 것은?

① 컬의 루프가 두피에 대하여 0°로, 평평하고 납작하게 형성된 컬을 말한다.

② 일반적 컬 전체를 말한다.

③ 루프가 90°로 두피 위에 세워진 컬로, 볼륨을 내기 위한 헤어스타일에 주로 이용된다.

④ 두발의 끝에서부터 말아온 컬을 말한다.

> **해설**
> 플래트 컬은 컬의 루프가 두피에서 0°로 평평하고 납작하게 형성된 컬로, 종류에는 스컬프처 컬, 핀컬 등이 있다.

12 헤어 틴트 시 패치 테스트를 반드시 해야 하는 염모제는?

① 글리세린이 함유된 염모제

② 합성왁스가 함유된 염모제

③ 파라페닐렌디아민이 함유된 염모제

④ 과산화수소가 함유된 염모제

> **해설**
> 파라페닐렌디아민은 접촉성 알레르기를 일으킬 위험이 있으며 염색 부작용의 주 원인이 되므로 염색 전 패치 테스트를 꼭 시행하여야 한다.

13 프리 커트(Pre-cut)에 해당하는 것은?

① 두발의 상태가 커트하기에 용이하게 되어 있는 상태를 말한다.

② 퍼머넌트 웨이브 시술 전의 커트를 말한다.

③ 손상모 등을 간단하게 추려내기 위한 커트를 말한다.

④ 퍼머넌트 웨이브 시술 후의 커트를 말한다.

> **해설**
> 프리 커트란 퍼머넌트 웨이브 시술 전에 시행하는 커트이다.

14 루프가 귓바퀴를 따라 말리고 두피에 90°로 세워져 있는 컬은?

① 리버스 스탠드업 컬

② 포워드 스탠드업 컬

③ 스컬프처 컬

④ 플랫 컬

> **해설**
> ① 리버스 스탠드업 컬 : 귓바퀴 반대방향으로 말리고, 루프가 두피에서 90°로 세워진 컬
> ③ 스컬프처 컬 : 모발 끝이 컬의 중심으로 된 컬
> ④ 플랫 컬 : 루프가 두피에 0°로 평평하게 형성된 것

15 염모제에 대한 설명 중 틀린 것은?

① 제1액의 알칼리제로는 휘발성이라는 점에서 암모니아가 사용된다.

② 염모제 제1액은 제2액 산화제(과산화수소)를 분해하여 발생기 수소를 발생시킨다.

③ 과산화수소는 모발의 색소를 분해하여 탈색한다.

④ 과산화수소는 산화염료를 산화해서 발색시킨다.

16 두피 상태에 따른 스캘프 트리트먼트(Scalp treatment)의 시술방법으로 잘못된 것은?

① 지방이 부족한 두피 상태 - 드라이 스캘프 트리트먼트

② 지방이 과잉된 두피 상태 - 오일리 스캘프 트리트먼트

③ 비듬이 많은 두피 상태 - 핫오일 스캘프 트리트먼트

④ 정상 두피 상태 - 플레인 스캘프 트리트먼트

> **해설**
> 두피 상태에 따른 스캘프 트리트먼트
> • 정상두피 : 플레인 스캘프 트리트먼트
> • 건성두피 : 드라이 스캘프 트리트먼트
> • 지성두피 : 오일리 스캘프 트리트먼트
> • 비듬성 두피 : 댄드러프 스캘프 트리트먼트

17 스트로크 커트(Stroke cut) 테크닉에 사용하기 가장 적합한 것은?

① 리버스 시저스(Revers scissors)

② 미니 시저스(Mini scissors)

③ 직선날 시저스(Cutting scissors)

④ 곡선날 시저스(R-scissors)

> **해설**
> 곡선날 시저스는 스트로크 커트 시 사용되며 R 가위라고도 한다. 모발 끝 커트나 세밀한 작업을 할 때 용이하다.

18 화학약품의 작용에 의한 콜드 웨이브를 처음으로 성공시킨 사람은?

① 마셀 그라또우　　　② 조셉 메이어

③ J.B. 스피크먼　　　④ 찰스 네슬러

> **해설**
> 1936년 영국의 스피크먼이 화학약품의 작용에 의한 콜드 웨이브를 창안하였다.

19 조선시대에 사람의 머리카락으로 만든 가체를 얹은 머리형은?

① 큰머리　　　② 쪽진머리

③ 귀밑머리　　　④ 조짐머리

> **해설**
> 가체란 가발을 뜻하며, 신분을 나타내기 위해 가체를 얹은 머리형을 큰머리라고 한다.

20 현대미용에 있어서 1920년대에 최초로 단발머리를 함으로써 우리나라 여성들의 머리형에 혁신적인 변화를 일으키게 된 계기가 된 사람은?

① 이숙종　　　② 김활란

③ 김상진　　　④ 오엽주

> **해설**
> ① 이숙종 : 높은머리(일명 다까머리)
> ③ 김상진 : 현대 미용학원 설립
> ④ 오엽주 : 화신백화점 내 화신미용원 설립

21 감염병 예방법상 제2군에 해당하는 법정 감염병은?

① 황열　　　② 풍진

③ 세균성이질　　　④ 장티푸스

> **해설**
> 황열은 제4군 감염병, 세균성이질과 장티푸스는 제1군 감염병에 속한다.

> **정답**　11 ①　12 ③　13 ②　14 ②　15 ②　16 ③　17 ④　18 ③　19 ①　20 ②　21 ②

22 다음 질병 중 병원체가 바이러스(Virus)인 것은?

① 장티푸스   ② 쯔쯔가무시병
③ 폴리오   ④ 발진열

해설
폴리오(소아마비)는 바이러스에 의한 감염성 질환이다.

23 인수 공통 감염병에 해당하는 것은?

① 홍역   ② 한센병
③ 풍진   ④ 공수병

해설
인수 공통 감염병에는 결핵, 광견병(공수병), 페스트, 탄저, 살모넬라, 일본뇌염, 발진열, 야토병, 파상열 등이 있다.

24 현재 우리나라 근로기준법상에서 보건상 유해하거나 위험한 사업에 종사하지 못하도록 규정되어 있는 대상은?

① 임신 중인 여자와 18세 미만인 자
② 산후 1년 6개월이 지나지 아니한 여성
③ 여자와 18세 미만인 자
④ 13세 미만인 어린이

해설
사용자는 임신 중이거나 산후 1년이 지나지 아니한 여성과 18세 미만자를 도덕상 또는 보건상 유해·위험한 사업에 사용하지 못한다.

25 감각온도의 3대 요소에 속하지 않는 것은?

① 기온   ② 기습
③ 기압   ④ 기류

해설
기후의 3요소는 기온, 기습(습도), 기류(바람)로서 감각온도라고도 한다.

26 폐흡충증의 제2중간숙주에 해당되는 것은?

① 잉어   ② 다슬기
③ 모래무지   ④ 가재

해설
폐흡충증 : 제1중간숙주(다슬기), 제2중간숙주(가재, 게)

27 도시형 또는 유입형이라고도 하며, 생산층 인구가 전체 인구의 50% 이상이 되는 인구 구성의 유형은?

① 별형(Star form)   ② 항아리형(Pot form)
③ 농촌형(Guitar form)   ④ 종형(Bell form)

해설
별형은 생산연령 인구가 도시로 유입되는 형태로, 유입형이라고도 한다.

28 고도가 상승함에 따라 기온도 상승하여 상부의 기온이 하부의 기온보다 높아지면서 대기가 안정화되고 공기의 수직 확산이 일어나지 않게 되어 대기오염이 심화되는 현상은?

① 고기압   ② 기온역전

③ 엘리뇨   ④ 열섬

해설
기온역전(역전층)은 풍력 또는 기온, 주민의 관심도가 낮을수록, 연료 소모가 많을수록, 인구의 증가와 집중 현상이 클수록, 산업장의 집결과 시설이 확충될수록 대기오염도는 커진다.

29 다음 중 불량 조명에 의해 발생되는 직업병이 <u>아닌</u> 것은?

① 안정피로   ② 근시
③ 근육통   ④ 안구진탕증

해설
조도 불량, 현휘가 과도한 장소에서 장시간 작업 시 눈의 피로, 안구진탕증, 전망성안염, 백내장, 작업 능률 저하 등의 직업병이 생긴다.

30 페스트, 살모넬라증 등을 감염시킬 가능성이 가장 큰 동물은?

① 쥐   ② 말
③ 소   ④ 개

해설
① 쥐 : 페스트, 살모넬라, 발진열, 와일씨병, 양충병, 서교증, 쯔쯔가무시증
② 말 : 탄저
③ 소 : 결핵, 탄저
④ 개 : 광견병

31 다음 중 건열멸균에 관한 내용이 <u>아닌</u> 것은?

① 화학적 살균 방법이다.
② 주로 건열멸균기(Dry oven)를 사용한다.
③ 유리기구, 주사침 등의 처리에 이용된다.
④ 160℃에서 1시간 30분 정도 처리한다.

해설
건열멸균법은 물리적 소독에 해당되며, 건열멸균기(Dry oven)에서 170℃ 정도로 1~2시간 처리하는 방법으로 주로 유리기구, 주사침, 금속 제품에 사용된다.

32 태양광선 중 가장 강한 살균작용을 하는 것은?

① 중적외선   ② 가시광선
③ 원적외선   ④ 자외선

해설
자외선 중 UV C는 200~290nm의 범위로 강력한 살균작용을 한다.

33 미용용품이나 기구 등을 일차적으로 청결하게 세척하는 것은 다음의 소독방법 중 어느 것에 해당되는가?

① 희석   ② 방부
③ 정균   ④ 여과

34 다음 중 B형간염 바이러스에 가장 유효한 소독제는?

① 양성 계면활성제   ② 포름알데하이드
③ 과산화수소   ④ 양이온 계면활성제

해설
포름알데하이드는 강한 살균작용을 하여 바이러스에 효과적이다.

정답   22 ③   23 ④   24 ①   25 ③   26 ④   27 ①   28 ②   29 ③   30 ①   31 ①   32 ④   33 ①   34 ②

35 다음 소독제 중 상처가 있는 피부에 가장 적합하지 <u>않은</u> 것은?

① 승홍수　　　　　　　② 과산화수소
③ 포비돈　　　　　　　④ 아크리놀

> **해설**
> • 승홍수는 0.1% 수용액을 사용하며, 맹독성이 있기 때문에 피부점막에는 부적합한 소독제이다.
> • 아크리놀은 국소용 외용 살균제이다.
> • 포비돈은 수술 부위의 살균 소독제이다.

36 다음 중 이·미용업소에서 손님으로부터 나온 객담이 묻은 휴지 등을 소독하는 방법으로 가장 적합한 것은?

① 소각소독법　　　　　② 자비소독법
③ 고압증기멸균법　　　④ 저온소독법

> **해설**
> ② 자비소독법 : 식기류, 도자기류, 주사기, 의류 등의 소독에 사용된다.
> ③ 고압증기멸균법 : 초자기구, 거즈 및 약액, 고무, 의류 등의 소독에 사용된다.
> ④ 저온소독법 : 우유, 알코올, 과즙 등의 소독에 사용된다.

37 살균 및 탈취뿐만 아니라 특히 표백의 효과가 있어 두발 탈색제와도 관계가 있는 소독제는?

① 알콜　　　　　　　　② 석탄수
③ 크레졸　　　　　　　④ 과산화수소

> **해설**
> 과산화수소는 소독제로 사용할 때 3%의 수용액을 사용하고, 살균 및 탈취작용이 있어 구내염, 상처 등의 소독에 사용하며 두발 탈색제에도 사용한다.

38 생석회 분말 소독의 가장 적절한 소독대상물은?

① 감염병 환자실　　　② 화장실 분변
③ 채소류　　　　　　　④ 상처

> **해설**
> 생석회는 분변, 하수, 화장실, 오물, 토사물 소독에 적합하다.

39 운동성을 지닌 세균의 사상부속기관은 무엇인가?

① 아포　　　　　　　　② 편모
③ 원형질막　　　　　　④ 협막

> **해설**
> 편모는 세균의 운동기관으로, 세균의 80%는 편모로 유영운동을 한다.

40 손 소독에 가장 적당한 크레졸수의 농도는?

① 1~2%　　　　　　　② 0.1~0.3%
③ 4~5%　　　　　　　④ 6~8%

> **해설**
> 손 소독에는 알코올, 승홍수, 역성비누액, 크레졸수 등이 사용되며 크레졸수 사용 시에는 1~2%의 수용액을 사용한다.

41 강한 자외선에 노출될 때 생길 수 있는 현상과 가장 거리가 <u>먼</u> 것은?

① 아토피 피부염　　　② 비타민 D 합성
③ 홍반반응　　　　　　④ 색소침착

> **해설**
> 자외선의 영향
> • 긍정적 영향 : 비타민 D 합성, 살균작용, 신진대사 촉진
> • 부정적 영향 : 색소침착, 홍반반응, 피부암 유발

42 피부가 느낄 수 있는 감각 중에서 가장 예민한 감각은?

① 통각　　　　　　　　② 냉각
③ 촉각　　　　　　　　④ 압각

> **해설**
> 피부 감각 민감도 : 통각 〉 촉각 〉 냉각 〉 압각 〉 온각

43 두발의 영양 공급에서 가장 중요한 영양소이며 가장 많이 공급되어야 할 것은?

① 비타민 A　　　　　② 지방
③ 단백질　　　　　　④ 칼슘

> **해설**
> 모발은 경단백질(Hard keratin)로서 80~90%를 차지한다. 단백질은 생명유지에 중요한 역할을 하며 모발, 손·발톱, 근육, 뼈를 구성한다.

44 천연보습인자(NMF)에 속하지 <u>않는</u> 것은?

① 아미노산　　　　　② 암모니아
③ 젖산염　　　　　　④ 글리세린

> **해설**
> 천연보습인자(NMF)는 각질층의 건조를 방지해 주는 물질로 암모니아, 요소, 피롤리돈 카복실산, 칼슘, 마그네슘, 젖산, 아미노산 등이 이에 속한다.

45 건강한 손톱 상태의 조건으로 <u>틀린</u> 것은?

① 조상에 강하게 부착되어 있어야 한다.
② 단단하고 탄력이 있어야 한다.
③ 매끄럽게 윤이 흐르고 푸른빛을 띠어야 한다.
④ 수분과 유분이 이상적으로 유지되어야 한다.

> **해설**
> 건강한 손톱은 윤기가 있고 붉은 빛을 띠어야 한다.

46 피부 세포가 기저층에서 생성되어 각질층으로 되어 떨어져 나가기까지의 기간을 피부의 1주기(각화주기)라 한다. 성인에 있어서 건강한 피부인 경우 1주기는 보통 며칠인가?

① 45일　　　　　　　② 28일
③ 15일　　　　　　　④ 7일

> **해설**
> 건강한 사람의 피부 각화주기는 28일이다.

47 피부가 두꺼워 보이고 모공이 크며 화장이 쉽게 지워지는 피부 타입은?

① 건성　　　　　　　② 중성
③ 지성　　　　　　　④ 민감성

> **정답**　35 ①　36 ①　37 ④　38 ②　39 ②　40 ①　41 ①　42 ①　43 ③　44 ④　45 ③　46 ②　47 ③

해설
지성피부는 피지가 정상보다 과도하게 분비되어 전체적으로 얼굴의 모공이 두 드러져 보이며 유분에 의해 화장이 지워지기 쉽다.

48 피부에 여드름이 생기는 이유와 직접 관계되는 것은?

① 한선구가 막혀서
② 피지에 의해 모공이 막혀서
③ 땀의 발산이 순조롭지 않아서
④ 혈액순환이 나빠서

49 헤모글로빈을 구성하는 매우 중요한 물질로 피부의 혈색과도 밀접한 관계에 있으며 결핍되면 빈혈이 일어나는 영양소는?

① 철분(Fe)
② 칼슘(Ca)
③ 요오드(I)
④ 마그네슘(Mg)

해설
철분(Fe)은 헤모글로빈의 구성 성분이며 결핍 시 빈혈증상이 유발된다.

50 피부의 변화 중 결절(Nodule)에 대한 설명으로 틀린 것은?

① 표피 내부에 직경 1cm 미만의 묽은 액체를 포함한 융기이다.
② 여드름 피부의 4단계에 나타난다.
③ 구진이 서로 엉켜서 큰 형태를 이룬 것이다.
④ 구진과 종양의 중간 염증이다.

해설
결절은 구진보다 크고 종양보다 작은, 경계가 명확한 피부의 단단한 융기물로, 진피 혹은 피하지방층에 형성되며 치유 후 흉터를 남긴다.

51 영업소 이외의 장소에서 예외적으로 이·미용 영업을 할 수 있도록 규정한 법령은?

① 대통령령
② 국무총리령
③ 보건복지부령
④ 시·도 조례

해설
보건복지부령이 정하는 특별한 사유
• 질병이나 그 밖의 사유로 영업소에 나올 수 없는 자에 대하여 이용 또는 미용을 하는 경우
• 혼례나 그 밖의 의식에 참여하는 자에 대하여 그 의식 직전에 이용 또는 미용을 하는 경우
• 사회복지시설에서 봉사활동으로 이용 또는 미용을 하는 경우
• 방송 등의 촬영에 참여하는 사람에 대하여 그 촬영 직전에 이용 또는 미용을 하는 경우
• 위의 경우 외에 특별한 사정이 있다고 시장, 군수, 구청장이 인정하는 경우

52 이·미용 업무의 보조를 할 수 있는 자는?

① 이·미용사의 감독을 받는 자
② 이·미용사 응시자
③ 이·미용학원 수강자
④ 시·도지사가 인정한 자

해설
이용사 또는 미용사의 면허를 받은 자가 아니면 이용업 또는 미용업을 개설하 거나 그 업무에 종사할 수 없다. 다만, 이용사 또는 미용사의 감독을 받아 이용 또는 미용 업무의 보조를 행하는 경우에는 그러하지 아니하다.

53 다음 중 이·미용업은 어디에 속하는가?

① 위생접객업
② 공중위생영업
③ 건물위생관리업
④ 위생관련업

해설
공중위생영업에는 숙박업, 목욕장업, 이·미용업, 세탁업, 건물위생관리업이 속한다.

54 이·미용영업소 안에 면허증 원본을 게시하지 않은 경우 1차 행정처분 기준은?

① 개선명령 또는 경고
② 영업정지 5일
③ 영업정지 10일
④ 영업정지 15일

해설
이·미용 영업소 안에 면허증 원본을 게시하지 않은 때의 행정처분
• 1차 위반 : 경고 또는 개선명령
• 2차 위반 : 영업정지 5일
• 3차 위반 : 영업정지 10일
• 4차 위반 : 영업장 폐쇄명령

55 이용사 또는 미용사의 면허를 받을 수 없는 자는?

① 전문대학 또는 이와 동등 이상의 학력이 있다고 교육부장관이 인정하는 학교에서 이용 또는 미용에 관한 학과를 졸업한 자
② 고등학교 또는 이와 동등의 학력이 있다고 교육부장관이 인정하는 학교에서 이용 또는 미용에 관한 학과를 졸업한 자
③ 교육부장관이 인정하는 고등기술학교에서 6월 이상 이용 또는 미용에 관한 소정의 과정을 이수한자
④ 국가기술자격법에 의한 이용사 또는 미용사의 자격을 취득한 자

해설
교육부장관이 인정하는 고등학교에서 1년 이상 이용 또는 미용에 관한 소정의 과정을 이수한 자여야만 이용사 또는 미용사의 면허를 받을 수 있다.

56 위생교육에 대한 설명으로 틀린 것은?

① 위생교육 시간은 연 3시간으로 한다.
② 공중위생영업자는 매년 위생교육을 받아야 한다.
③ 위생교육에 관한 기록을 1년 이상 보관, 관리하여야 한다.
④ 위생교육을 받지 아니한 자는 200만 원 이하의 과태료에 처한다.

해설
위생교육에 관한 기록은 2년 이상 보관, 관리하여야 한다.

57 이·미용사 면허가 일정기간 정지되거나 취소되는 경우는?

① 영업하지 아니한 때
② 해외에 장기 체류 중일 때
③ 다른 사람에게 대여해주었을 때
④ 교육을 받지 아니한 때

해설
면허증을 다른 사람에게 대여한 때의 행정처분
• 1차 위반 : 면허정지 3월
• 2차 위반 : 면허정지 6월
• 3차 위반 : 면허취소

정답 48 ② 49 ① 50 ① 51 ③ 52 ① 53 ② 54 ① 55 ③ 56 ③ 57 ③

58 관계 공무원의 출입, 검사 또는 공중위생영업 장부 또는 서류 열람을 거부·방해하거나 기피한 경우 1차 위반 행정처분 기준은?

① 영업정지 10일　　　② 영업정지 20일
③ 영업정지 1월　　　　④ 영업장 폐쇄명령

> **해설**
> 관계 공무원의 출입, 검사 또는 공중위생영업 장부 또는 서류의 열람을 거부·방해하거나 기피한 경우의 행정처분
> • 1차 위반 : 영업정지 10일
> • 2차 위반 : 영업정지 20일
> • 3차 위반 : 영업정지 1월
> • 4차 위반 : 영업장 폐쇄명령

59 위생지도 및 개선을 명할 수 있는 대상에 해당하지 <u>않는</u> 것은?

① 공중위생영업의 종류별 시설 및 설비기준을 위반한 공중위생영업자
② 위생관리의무 등을 위반한 공중위생영업자
③ 공중위생영업의 승계 규정을 위반한 자
④ 위생관리의무를 위반한 공중위생시설의 소유자

60 1회용 면도날을 2인 이상의 손님에게 사용한 때에 대한 1차 위반 시 행정처분 기준은?

① 시정명령　　　　　② 경고
③ 영업정지 5일　　　④ 영업정지 10일

> **해설**
> 1회용 면도날을 2인 이상의 손님에게 사용한 때
> • 1차 위반 : 경고
> • 2차 위반 : 영업정지 5일
> • 3차 위반 : 영업정지 10일
> • 4차 위반 : 영업장 폐쇄명령

정답 58 ①　59 ③　60 ②

제4회 국가기술자격 필기시험문제

자격종목	시험기간	형별		수험번호	성명
미용사(일반)	1시간				

*답안 카드 작성 시 시험문제지 형별누락, 마킹착오로 인한 불이익은 전적으로 수험자의 귀책사유임을 알려드립니다.
*각 문항은 4지택일형으로 질문에 가장 적합한 보기항을 선택하여 마킹하여야 합니다.

01 헤어 컬러링의 용어 중 다이 터치업(Dye touch up)이란?

① 자연모(Virgin hair)에 처음 시술하는 염색
② 자연적인 색채의 염색
③ 탈색된 두발에 대한 염색
④ 염색 후 새로 자라난 두발에만 하는 염색

> **해설**
> 다이 터치업 : 염색 후 새로 자라난 신생모에만 염색하는 기술

02 헤어 트리트먼트(Hair treatment)의 종류에 속하지 <u>않는</u> 것은?

① 헤어 리컨디셔닝
② 클립핑
③ 헤어 팩
④ 테이퍼링

> **해설**
> 헤어 트리트먼트의 종류에는 헤어 리컨디셔닝, 클립핑, 헤어 팩 등이 있고, 테이퍼링은 두발 끝을 점차 가늘게 커트하는 기법이다.

03 다음 중 퍼머넌트 웨이브가 잘 나올 수 있는 경우는?

① 오버 프로세싱으로 시스틴이 지나치게 파괴된 경우
② 사전 샴푸 시 비누와 경수로 샴푸하여 두발에 금속염이 형성된 경우
③ 두발이 저항성모이거나 발수성모로서 경모인 경우
④ 와인딩 시 텐션(Tension)을 적당히 준 경우

> **해설**
> 퍼머넌트 웨이브가 잘 나오지 않는 원인
> • 오버 프로세싱된 경우
> • 경수로 샴푸하여 모발에 금속염이 형성된 경우
> • 두발이 저항성모, 발수성모, 경모인 경우
> • 텐션을 주지 않고 와인딩했을 경우

04 우리나라 고대 미용사에 대한 설명 중 <u>틀린</u> 것은?

① 고구려시대 여인의 두발 형태는 여러 가지였다.
② 신라시대 부인들은 금은주옥으로 꾸민 가체를 사용하였다.
③ 백제에서는 기혼녀는 틀어 올리고 미혼녀는 땋아 내렸다.
④ 계급에 상관없이 부인들은 모두 머리모양이 같았다.

> **해설**
> 고대에는 신분과 지위에 따라 머리모양이 달랐다.

05 핫오일 샴푸에 대한 설명 중 <u>잘못된</u> 것은?

① 플레인 샴푸하기 전에 실시한다.
② 오일을 따뜻하게 덥혀서 바르고 마사지한다.
③ 핫오일 샴푸 후 퍼머를 시술한다.
④ 올리브유 등의 식물성 오일이 좋다.

> **해설**
> 핫오일 샴푸는 퍼머넌트나 잦은 염색으로 건조해진 모발에 효과적이며 두피, 모발에 유분을 공급해준다.

06 블런트 커트와 같은 뜻을 가진 것은?

① 프리커트
② 애프터 커트
③ 클럽 커트
④ 드라이 커트

> **해설**
> 블런트 커트란 직선으로 커트하는 방법으로, 종류로는 원랭스 커트, 스퀘어 커트, 그라데이션 커트, 레이어 커트가 있으며, 클럽 커트라고도 한다.

07 고대 우리나라 머리모양 중 앞머리 양쪽에 틀어 얹은 모양의 머리는?

① 낭자머리
② 쪽진머리
③ 풍기명식머리
④ 쌍상투머리

> **해설**
> ① 낭자머리 : 네이프에 모발을 묶은 머리모양
> ② 쪽진머리 : 비녀를 사용하여 네이프에 모발을 틀어 올린 머리모양
> ③ 풍기명(풍기명)식머리 : 양쪽 귀 옆에 모발을 늘어뜨린 머리모양
> ④ 쌍상투머리 : 머리 앞 부분으로 상투를 틀어 올린 머리모양

08 퍼머넌트 웨이브(Permanent wave) 시술 시 두발에 대한 제1액의 작용 정도를 판단하여 정확한 프로세싱 타임을 결정하고 웨이브의 형성 정도를 조사하는 것은?

① 패치 테스트
② 스트랜드 테스트
③ 테스트 컬
④ 컬러 테스트

> **해설**
> 테스트 컬 : 퍼머넌트 시술 시 컬이 형성되는 정도를 시험하기 위한 것으로 정확한 프로세싱 타임과 웨이브의 형성 정도를 조사하기 위함이다.

09 브러싱에 대한 내용 중 <u>틀린</u> 것은?

① 두발에 윤기를 더해주며 빠진 두발이나 헝클어진 두발을 고르는 작용을 한다.
② 두피의 근육과 신경을 자극하여 피지선과 혈액순환을 촉진시키고 두피조직에 영양을 공급하는 효과가 있다.
③ 여러 가지 효과를 주므로 브러싱은 어떤 상태에서든 많이 할수록 좋다.
④ 샴푸 전 브러싱은 두발이나 두피에 부착된 먼지나 노폐물, 비듬을 제거해 준다.

> **해설**
> 브러싱은 두피의 혈액순환을 좋게 하지만 두피가 약한 사람의 경우 잦은 브러싱은 오히려 해가 될 수 있다.

정답 01 ④ 02 ④ 03 ④ 04 ④ 05 ③ 06 ③ 07 ④ 08 ③ 09 ③

10 헤어 컬의 목적이 <u>아닌</u> 것은?

① 볼륨(Volume)을 만들기 위해서
② 컬러(Color)를 표현하기 위해서
③ 웨이브(Wave)를 만들기 위해서
④ 플러프(Fluff)를 만들기 위해서

> **해설**
> 헤어 컬은 볼륨, 웨이브, 플러프를 만들기 위해 행하며, 컬러의 표현은 컬러링의 목적이다.

11 두발이 유난히 많은 고객의 두정부 두발길이는 짧고 후두부로 갈수록 길게 하며, 두발 끝 부분을 자연스럽고 차츰 가늘게 커트하는 스타일을 원하는 경우 알맞은 시술방법은?

① 레이어 커트 후 테이퍼링(Tapering)
② 원랭스 커트 후 클리핑(Clipping)
③ 그라데이션 커트 후 테이퍼링(Tapering)
④ 레이어 커트 후 클리핑(Clipping)

> **해설**
> 레이어 커트는 두피에서 90° 이상 들어서 자르는 커트로, 윗머리가 짧고 아랫머리로 갈수록 길게 하는 것이며, 테이퍼링은 두발 끝을 점차 가늘게 커트하는 것이다.

12 다음 중 비듬 제거 샴푸로 가장 적당한 것은?

① 핫 오일 샴푸
② 드라이 샴푸
③ 댄드러프 샴푸
④ 플레인 샴푸

> **해설**
> ① 핫 오일 샴푸 : 두피, 모발에 유분을 공급하는 경우
> ② 드라이 샴푸 : 물을 사용하지 않는 샴푸
> ④ 플레인 샴푸 : 일반적으로 물을 묻혀 사용하는 샴푸

13 핑거 웨이브의 종류 중 스윙 웨이브(Swing wave)에 대한 설명은?

① 큰 움직임을 보는 듯한 웨이브
② 물결이 소용돌이치는 듯한 웨이브
③ 리지가 낮은 웨이브
④ 리지가 뚜렷하지 않고 느슨한 웨이브

> **해설**
> ② 스월 웨이브, ③ 로우 웨이브, ④ 덜 웨이브에 대한 설명이다.

14 모발 위에 얹어지는 힘 혹은 당김을 의미하는 말은?

① 엘레베이션(Elevation)
② 웨이트(Weight)
③ 텐션(Tension)
④ 텍스처(Texture)

> **해설**
> ① 엘레베이션 : 커트 시 섹션의 각도를 들어올리는 것
> ② 웨이트 : 무게
> ③ 텍스처 : 질감

15 다음 중 플러프 뱅(Fluff bang)을 설명한 것은?

① 가르마 가까이에 작게 낸 뱅
② 컬을 깃털과 같이 일정한 모양을 갖추지 않고 부풀려서 볼륨을 준 뱅

③ 두발을 위로 빗고 두발 끝을 플러프 해서 내려뜨린 뱅
④ 풀 웨이브 또는 하프 웨이브로 형성한 뱅

> **해설**
> ① 프린지 뱅(Fringe bang)   ③ 프렌치 뱅(French bang)
> ④ 웨이브 뱅(Wave bang)

16 물결상이 극단적으로 많은 웨이브로 곱슬곱슬하게 된 퍼머넌트의 두발에서 주로 볼 수 있는 것은?

① 와이드 웨이브
② 섀도 웨이브
③ 내로우 웨이브
④ 마셀 웨이브

> **해설**
> ① 와이드 웨이브 : 크레스트가 가장 뚜렷한 웨이브
> ② 섀도 웨이브 : 크레스트가 뚜렷하지 못해 가장 자연스러운 웨이브
> ④ 마셀 웨이브 : 아이론을 사용하여 부드러운 S자의 물결 모양을 형성하는 웨이브

17 컬의 줄기 부분으로서 베이스(Base)에서 피봇(Pivot) 포인트까지의 부분을 무엇이라 하는가?

① 엔드
② 스템
③ 루프
④ 융기점

> **해설**
> 스템(Stem)은 베이스에서 피봇 포인트까지의 모간 부분으로 모류(모발의 방향)를 결정한다.
> ① 엔드 : 엔드 오브 컬이라고도 하며 모발 끝을 말한다.
> ③ 루프 : 원형으로 말린 컬이다.
> ④ 융기점 : 리지(Ridge)라고 하며 웨이브와 웨이브가 이어지는 곳이다.

18 원랭스 커트(One length cut)의 대표적인 아웃라인 중 이사도라 스타일은?

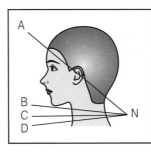

① C-N
② D-N
③ A-N
④ B-N

> **해설**
> • A-N : 머시룸(Mushroom)스타일   • B-N : 이사도라(Isadora)스타일
> • C-N : 보브(Bob)스타일   • D-N : 스파니엘(Spaniel)스타일

19 가발 손질법 중 <u>틀린</u> 것은?

① 스프레이가 없으면 얼레빗을 사용하여 컨디셔너를 골고루 바른다.
② 두발이 빠지지 않도록 차분하게 모근 쪽에서 두발 끝 쪽으로 서서히 빗질을 해 나간다.
③ 두발에만 컨디셔너를 바르고 파운데이션에는 바르지 않는다.
④ 열을 가하면 두발의 결이 변형되거나 윤기가 없어지기 쉽다.

> **해설**
> 두발을 빗질할 때에는 두발 끝에서 모근 쪽으로 빗질을 해야 두발이 엉키지 않으면서 빠지지 않는다.

정답 10 ② 11 ① 12 ③ 13 ① 14 ③ 15 ② 16 ③ 17 ② 18 ④ 19 ②

20 강철을 연결시켜 만든 것으로, 협신부(鋏身部)는 연강으로 되어 있고 날 부분은 특수강으로 되어 있는 것은?

① 착강가위　　　　　② 전강가위
③ 틴닝가위　　　　　④ 레이저

> **해설**
> ② 전강가위 : 전체가 특수강으로 만들어진 가위
> ③ 틴닝가위 : 모발을 커트하고 숱을 감소시킬 때 사용되는 가위
> ④ 레이저 : 모발의 세밀한 작업을 할 때 사용

21 다음 중 파리가 옮기지 않는 병은?

① 장티푸스　　　　　② 이질
③ 콜레라　　　　　　④ 유행성출혈열

> **해설**
> 파리에 의한 감염병 : 이질, 콜레라, 파라티푸스, 결핵, 장티푸스, 디프테리아

22 다음 영양소 중 인체의 생리적 조절작용에 관여하는 조절소는?

① 단백질　　　　　　② 비타민
③ 지방질　　　　　　④ 탄수화물

> **해설**
> 비타민은 적은 양으로도 우리 몸속의 생리기능을 조절해주며, 지용성 비타민 (A, D, E, K)과 수용성 비타민(B, C)으로 나뉜다.

23 무구조충은 다음 중 어느 것을 날것으로 먹었을 때 감염될 수 있는가?

① 돼지고기　　　　　② 잉어
③ 게　　　　　　　　④ 쇠고기

> **해설**
> ① 돼지고기 – 유구조충
> ② 잉어 – 간흡충(간디스토마)
> ③ 게 – 폐흡충(폐디스토마)

24 잠함병의 직접적인 원인은?

① 혈중 CO_2 농도 증가
② 체액 및 혈액 속의 질소 기포 증가
③ 혈중 O_2 농도 증가
④ 혈중 CO 농도 증가

> **해설**
> 잠함병은 고기압 환경에서 저기압 환경으로 바뀔 때 체내에서 이동이 어려운 질소에 의해 몸에 이상현상을 일으키는 병이다.

25 감염병 유행지역에서 입국하는 사람이나 동물 또는 식품 등을 대상으로 실시하며 외국질병의 국내 침입방지를 위한 수단으로 쓰이는 것은?

① 격리　　　　　　　② 검역
③ 박멸　　　　　　　④ 병원소 제거

> **해설**
> 검역이란 외국에서 감염병이 국내로 들어오는 것을 막고 공항이나 항구에서 검진과 소독을 하여 병이 있는 사람은 격리하고 여객들에게는 예방접종을 하는 수단이다.

26 산업피로의 대책으로 가장 거리가 먼 것은?

① 작업 과정 중 적절한 휴식시간을 배분한다.
② 에너지 소모를 효율적으로 한다.
③ 개인차를 고려하여 작업량을 할당한다.
④ 휴직과 부서 이동을 권고한다.

> **해설**
> 산업피로의 대책으로 작업량, 작업 밀도와 시간, 휴식 시간을 적정하게 배분하는 등의 조절을 한다.

27 다음 중 하수에서 용존산소(DO)가 아주 낮다는 의미는?

① 수생식물이 잘 자랄 수 있는 물의 환경이다.
② 물고기가 잘 살 수 있는 물의 환경이다.
③ 물의 오염도가 높다는 의미이다.
④ 하수의 BOD가 낮은 것과 같은 의미이다.

> **해설**
> 용존산소(DO)란 물속에 녹아있는 유리산소를 뜻하며 용존산소가 낮다는 의미는 물의 오염도가 높다는 의미이다.

28 출생 후 4주 이내에 기본접종을 실시하는 것이 효과적인 감염병은?

① 볼거리　　　　　　② 홍역
③ 결핵　　　　　　　④ 일본뇌염

29 우리나라에서 의료보험이 전 국민에게 적용된 시기는 언제부터인가?

① 1964년　　　　　　② 1977년
③ 1988년　　　　　　④ 1989년

> **해설**
> 1977년 500인 이상 사업장 근로자를 대상으로 직장의료보험제도가 처음으로 실시된 후, 1988년 농어촌지역의료보험, 1989년 도시자영업자 대상 의료보험이 실시되면서 전국민 의료보험시대를 열게 되었다.

30 한 나라의 건강 수준을 나타내며 다른 나라들과의 보건 수준을 비교할 수 있는 세계보건기구가 제시한 지표는?

① 비례사망지수　　　② 국민소득
③ 질병이환율　　　　④ 인구증가율

> **해설**
> 세계보건기구가 제시한 국가 간, 사회 간 건강수준 비교 지표는 조사망률, 평균수명, 영아사망률, 비례사망지수이다. 비례사망지수는 연간 총사망자 수에 대하여 50세 이상의 사망자 수가 차지하는 비율을 의미한다.

31 일광소독과 가장 직접적인 관계가 있는 것은?

① 높은 온도　　　　　② 높은 조도
③ 적외선　　　　　　④ 자외선

> **해설**
> 자외선은 200~400nm의 파장으로서 살균력이 강하며, 화학반응을 일으켜 화학선이라고도 한다.

> **정답**　20 ① 21 ④ 22 ② 23 ④ 24 ② 25 ② 26 ④ 27 ③ 28 ③ 29 ④ 30 ① 31 ④

32 자비소독 시 살균력을 강하게 하고 금속 기자재가 녹스는 것을 방지하기 위하여 첨가하는 물질이 <u>아닌</u> 것은?

① 2% 중조　　　　　　② 2% 크레졸 비누액
③ 5% 석탄산　　　　　④ 5% 승홍수

해설
승홍수는 금속 부식성이 있기 때문에 금속 소독에는 적합하지 않다.

33 다음 중 물리적 소독방법이 <u>아닌</u> 것은?

① 방사선멸균법　　　　② 건열소독법
③ 고압증기멸균법　　　④ 생석회소독법

해설
④ 생석회소독법은 화학적 소독법에 속한다.

34 다음 중 포르말린수 소독에 가장 적합하지 <u>않은</u> 것은?

① 고무 제품　　　　　② 배설물
③ 금속 제품　　　　　④ 플라스틱

해설
포르말린은 일반 소독용으로 사용 시 0.02~0.1% 수용액을 사용하며 의류, 도자기, 손과 발, 금속기구, 고무 제품 소독에 적합하다.

35 100%의 알코올을 사용해서 70%의 알코올 400mL를 만드는 방법으로 옳은 것은?

① 물 70mL와 100% 알코올 330mL 혼합
② 물 100mL와 100% 알코올 300mL 혼합
③ 물 120mL와 100% 알코올 280mL 혼합
④ 물 330mL와 100% 알코올 70mL 혼합

해설
$$농도(\%) = \frac{용질(알코올)}{용액(물 + 알코올)} \times 100$$

36 다음 중 도자기류의 소독방법으로 가장 적당한 것은?

① 염소 소독　　　　　② 승홍수 소독
③ 자비소독　　　　　④ 저온소독

해설
자비소독(열탕소독)법은 100℃의 끓는 물에서 15~20분간 처리하는 방법으로 식기류, 주사기, 의류, 도자기류 소독에 적합하다.

37 살균력은 강하지만 자극성과 부식성이 강해서 상수 또는 하수의 소독에 주로 이용되는 것은?

① 알콜　　　　　　　② 질산은
③ 승홍　　　　　　　④ 염소

38 다음 중 피부 자극이 적어 상처 표면의 소독에 가장 적당한 것은?

① 10% 포르말린　　　② 3% 과산화수소
③ 15% 염소화합물　　④ 3% 석탄산

해설
과산화수소 : 3% 수용액을 사용하며, 자극성이 적기 때문에 입 안 세척, 구내염, 인두염, 상처 소독 등에 사용된다.

39 소독의 정의에 대한 설명 중 가장 옳은 것은?

① 모든 미생물을 열이나 약품으로 사멸하는 것
② 병원성 미생물을 사멸 또는 제거하여 감염력을 잃게 하는 것
③ 병원성 미생물에 의한 부패방지를 하는 것
④ 병원성 미생물에 의한 발효방지를 하는 것

해설
소독은 사람에게 유해한 미생물을 파괴시키거나 성장을 억제하는 비교적 약한 살균작용으로, 세균의 포자까지는 작용하지 않는다.

40 소독약으로서의 석탄산에 관한 내용 중 <u>틀린</u> 것은?

① 사용농도는 3% 수용액을 주로 쓴다.
② 고무 제품, 의류, 가구, 배설물 등의 소독에 적합하다.
③ 단백질 응고작용으로 살균기능을 가진다.
④ 세균 포자나 바이러스에 효과적이다.

해설
석탄산은 소독력 평가의 지표이며, 주로 3% 수용액을 사용한다. 살균력이 안정되고 금속 부식성과 냄새와 독성이 강하다는 특징이 있다. 의류, 고무, 오물, 배설물 등의 소독에 사용된다.

41 다음 중 화학적 필링제의 성분으로 사용되는 것은?

① AHA(Alpha Hydroxy Acid)
② 에탄올(Ethanol)
③ 카모마일
④ 올리브 오일

해설
AHA는 화학적 필링제에 속하며, 각질 제거를 용이하게 한다.

42 피부 색상을 결정짓는 데 주요한 요인이 되는 멜라닌색소를 만들어내는 피부 층은?

① 과립층　　　　　　② 유극층
③ 기저층　　　　　　④ 유두층

해설
표피의 기저층에는 멜라닌색소세포, 각질형성세포, 촉각세포가 존재한다.

43 피서 후의 피부 증상으로 <u>틀린</u> 것은?

① 화상의 증상으로 붉게 달아올라 따끔따끔한 증상을 보일 수 있다.
② 많은 땀의 배출로 각질층의 수분이 부족해져 거칠고 푸석푸석한 느낌을 가지기도 한다.
③ 강한 햇살과 바닷바람 등에 의하여 각질층이 얇아져 피부 자체 방어반응이 어려워지기도 한다.
④ 멜라닌색소가 자극을 받아 색소병변이 발전할 수 있다.

해설
피서 후의 일광화상 시 피부가 검어지고 칙칙해지며 표피는 두꺼워진다.

정답　32 ④　33 ④　34 ②　35 ③　36 ③　37 ④　38 ②　39 ②　40 ④　41 ①　42 ③　43 ③

44 비타민 C 부족 시 어떤 증상이 주로 일어날 수 있는가?

① 피부가 촉촉해진다.

② 색소 기미가 생긴다.

③ 여드름의 발생원인이 된다.

④ 지방이 많이 낀다.

> **해설**
> 비타민 C는 미백효과를 주로 하므로 기미, 주근깨에 효과적이며 콜라겐 합성과 노화 방지 역할을 해주어 젊음의 비타민이라고도 불린다.

45 티눈에 대한 설명으로 옳은 것은?

① 각질층의 한 부위가 두꺼워져 생기는 각질층의 증식현상이다.

② 주로 발바닥에 생기며 아프지 않다.

③ 각질핵이 각질 윗부분에 있어 자연스럽게 제거가 된다.

④ 발뒤꿈치에만 생긴다.

> **해설**
> 티눈은 기계적 손상에 의한 피부 질환으로, 압력에 의해 발생되는 각질층의 이상현상이다.

46 다음 중 필수지방산에 속하지 <u>않는</u> 것은?

① 리놀린산(Linolin acid)

② 리놀렌산(Linolenic acid)

③ 아라키돈산(Arachidonic acid)

④ 타르타르산(Tartaric acid)

> **해설**
> 필수지방산(비타민 F) : 리놀렌산, 리놀린산, 아라키돈산

47 강한 유전 경향을 보이는 특별한 습진으로, 팔꿈치 안쪽이나 목 등의 피부가 거칠어지고 아주 심한 가려움증을 나타내는 것은?

① 아토피성 피부염

② 일광 피부염

③ 베를로크 피부염

④ 약진

> **해설**
> ② 일광 피부염 : 햇빛에 의해 자극을 받아 생기는 염증
> ③ 베를로크 피부염 : 베르가못 오일에 의한 광과민 현상
> ④ 약진 : 내복이나 주사에 의해 체내에 들어간 약제가 원인이 되어 생기는 알레르기성 발진

48 다음 중 건성피부 손질로서 가장 적당한 것은?

① 적절한 수분과 유분 공급

② 적절한 일광욕

③ 비타민 복용

④ 카페인 섭취 줄임

> **해설**
> 유·수분의 분비 기능이 저하된 건성화로 이마, 볼 부위 피부에 당김 현상이 있다.

49 피지 분비의 과잉을 억제하고 피부를 수축시켜 주는 것은?

① 소염 화장수

② 수렴 화장수

③ 영양 화장수

④ 유연 화장수

> **해설**
> 수렴 화장수 : 주로 지성피부에 사용하며 아스트린젠트라고도 한다. 수분 공급과 모공 수축 기능이 있다.

50 주로 40~50대에 보이며 혈액흐름이 나빠져 모세혈관이 파손되어 코를 중심으로 양 뺨이 나비 형태로 붉어진 증상은?

① 비립종

② 섬유종

③ 주사

④ 켈로이드

> **해설**
> ① 비립종 : 피부의 얕은 부위에 발생하는 1mm 내외의 각질 주머니
> ② 섬유종 : 중년 이후에 목이나 겨드랑이, 흉부 등에 나타나는 양성 종양
> ④ 켈로이드 : 피부 손상 후 발생하는 것으로 염증 발생 부위로부터 주변으로 자라나는 것

51 관계공무원의 출입·검사 기타 조치를 거부·방해 또는 기피했을 때의 과태료 부과기준은?

① 300만 원 이하

② 200만 원 이하

③ 100만 원 이하

④ 50만 원 이하

> **해설**
> **300만 원 이하의 과태료**
> • 규정에 의한 개선명령에 위반한 자
> • 규정보고를 하지 않거나 관계공무원의 출입·검사, 기타 조치를 거부, 방해 또는 기피한 자

52 보건복지부령이 정하는 특별한 사유가 있을 시 영업소 외의 장소에서 이·미용 업무를 행할 수 있다. 그 사유에 해당하지 <u>않는</u> 것은?

① 기관에서 특별히 요구하여 단체로 이·미용을 하는 경우

② 질병으로 인하여 영업소에 나올 수 없는 자에 대하여 이·미용을 하는 경우

③ 혼례에 참여하는 자에 대하여 그 의식 직전에 이·미용을 하는 경우

④ 시장, 군수, 구청장이 특별한 사정이 있다고 인정한 경우

> **해설**
> **영업소 외의 장소에서 이·미용을 행할 수 있는 경우**
> • 질병, 기타 사유로 인하여 영업소에 나올 수 없는 자에 대하여 이·미용을 하는 경우
> • 혼례, 기타 의식에 참여하는 자에 대하여 그 의식 직전에 이·미용을 하는 경우
> • 사회복지시설에서 봉사활동을 하는 경우
> • 방송 등의 촬영에 참여하는 사람에 대하여 그 촬영 직전에 이·미용을 하는 경우
> • 위 사유 외에 특별한 사정이 있다고 시장, 군수, 구청장이 인정하는 경우

53 다음 중 이용사 또는 미용사의 면허를 받을 수 있는 자는?

① 약물 중독자

② 암 환자

③ 정신질환자

④ 피성년후견인

> **해설**
> 면허 결격사유에는 피성년후견인, 정신질환자, 감염병(결핵) 환자, 약물 중독자, 면허가 취소된 후 1년이 경과되지 아니한 자 등이 있다.

정답 44 ② 45 ① 46 ④ 47 ① 48 ① 49 ② 50 ③ 51 ① 52 ① 53 ②

54 이·미용업자에게 과태료를 부과·징수할 수 있는 처분권자에 해당하지 않는 자는?

① 보건복지부장관
② 대통령
③ 군수
④ 구청장

> **해설**
> 과태료는 대통령령이 정하는 바에 의하여 보건복지부장관 또는 시장, 군수, 구청장(처분권자)이 부과·징수한다.

55 공중위생의 관리를 위한 지도, 계몽 등을 행할 수 있도록 둘 수 있는 것은?

① 명예공중위생감시원
② 공중위생조사원
③ 공중위생평가단체
④ 공중위생전문교육원

> **해설**
> 시·도지사는 공중위생의 관리를 위한 지도·계몽 등을 행하게 하기 위하여 명예공중위생감시원을 둘 수 있다.

56 과태료 처분에 불복이 있는 경우 어느 기간 내에 이의를 제기할 수 있는가?

① 처분한 날로부터 30일 이내
② 처분의 고지를 받은 날로부터 60일 이내
③ 처분한 날로부터 15일 이내
④ 처분이 있음을 안날로부터 15일 이내

> **해설**
> 과태료 처분에 불복이 있는 자는 그 처분의 고지를 받은 날부터 60일 이내에 처분권자에게 이의를 제기할 수 있다.

57 영업소 안에 면허증을 게시하도록 '위생관리기준 등'의 규정에 명시된 자는?

① 이·미용업을 하는 자
② 목욕장업을 하는 자
③ 세탁업을 하는 자
④ 건물위생관리업을 하는 자

> **해설**
> 이·미용업자는 업소 내에 이·미용 신고증, 개설자의 면허증 원본 및 최종지불 요금표를 게시하여야 한다.

58 이·미용업 영업소에서 손님에게 음란한 물건을 관람·열람하게 한 때에 대한 1차 위반 시 행정처분 기준은?

① 영업정지 15일
② 영업정지 1월
③ 영업장 폐쇄명령
④ 경고

> **해설**
> 이·미용업 영업소에서 손님에게 음란한 물건을 관람·열람하게 한 때의 행정처분
> • 1차 위반 : 경고
> • 2차 위반 : 영업정지 15일
> • 3차 위반 : 영업정지 1월
> • 4차 위반 : 영업장 폐쇄명령

59 공중위생영업의 신고를 위하여 제출하는 서류에 해당하는 것은?

① 영업시설 및 설비개요서
② 건강진단서
③ 면허증 사본
④ 재산세 납부 영수증

> **해설**
> 공중위생영업 신고 시 제출서류
> • 영업시설 및 설비개요서
> • 교육필증(미리 교육을 받은 경우)

60 공중위생영업소를 개설하고자 하는 자는 원칙적으로 언제까지 위생교육을 받아야 하는가?

① 개설하기 전
② 개설 후 3개월 내
③ 개설 후 6개월 내
④ 개설 후 1년 내

> **해설**
> 영업하고자 시설 및 설비를 갖추고 신고하고자 하는 자는 미리 위생교육을 받아야 한다.

정답 54 ② 55 ① 56 ② 57 ① 58 ④ 59 ① 60 ①

제5회 국가기술자격 필기시험문제

자격종목	시험기간	형별		수험번호	성명
미용사(일반)	1시간				

*답안 카드 작성 시 시험문제지 형별누락, 마킹착오로 인한 불이익은 전적으로 수험자의 귀책사유임을 알려드립니다.
*각 문항은 4지택일형으로 질문에 가장 적합한 보기항을 선택하여 마킹하여야 합니다.

01 퍼머넌트 웨이브를 하기 전의 조치사항 중 틀린 것은?

① 필요시 샴푸를 한다.
② 정확한 헤어디자인을 한다.
③ 린스 또는 오일을 바른다.
④ 두발의 상태를 파악한다.

해설
펌 준비하기로서 모발 및 두피 처치하기, 프리샴프하기, 타월건조시키기, 프리커트하기, 용제 선정하기, 모양 다듬기 등을 내용으로 한다.

02 염모제를 바르기 전에 스트랜드 테스트(Strand test)를 하는 목적이 아닌 것은?

① 색상 선정이 올바르게 이루어졌는지 알기 위해서
② 원하는 색상을 시술할 수 있는 정확한 염모제의 작용시간을 추정하기 위해서
③ 염모제에 의한 알레르기성 피부염이나 접촉성 피부염 등의 유무를 알아보기 위해서
④ 퍼머넌트 웨이브나 염색, 탈색 등으로 모발이 단모가 되거나 변색될 우려가 있는지 여부를 알기 위해서

해설
스트랜드 테스트 : 염색 후 가온처리하고 난 상태에서 모발을 티슈로 닦아내 컬러를 확인해보는 것

03 두발의 다공성에 관한 사항으로 틀린 것은?

① 다공성모(多孔性毛)란 두발의 간충물질(間充物質)이 소실되어 보습작용이 적어져서 두발이 건조해지기 쉬운 손상모를 말한다.
② 다공성은 두발이 얼마나 빨리 유액(流液)을 흡수하느냐에 따라 그 정도가 결정된다.
③ 두발의 다공성 정도가 클수록 프로세싱 타임을 짧게 하고, 보다 순한 용액을 사용하도록 해야 한다.
④ 두발의 다공성을 알아보기 위한 진단은 샴푸 후에 해야 하는데 이것은 물에 의해서 두발의 질이 다소 변화하기 때문이다.

해설
두발의 다공성을 알아보기 위한 진단은 샴푸 전에 확인해야 정확히 판단할 수 있다.

04 가위의 선택방법으로 옳은 것은?

① 양 날의 견고함이 동일하지 않아도 무방하다.
② 만곡도가 큰 것을 선택한다.
③ 협신에서 날 끝으로 내곡선상으로 된 것을 선택한다.
④ 만곡도와 내곡선상을 무시해도 사용상 불편함이 없다.

해설
가위의 협신은 날 끝으로 자연스럽게 구부러진 것이 좋고 양쪽 날은 견고함이 동일하며 날이 얇고 양 다리가 강한 것이 좋다.

05 헤어스타일에 다양한 변화를 줄 수 있는 뱅(Bang)은 주로 두부의 어느 부위에 하게 되는가?

① 앞이마
② 네이프
③ 양 사이드
④ 크라운

해설
뱅(Bang)은 이마에 장식을 드리우기 위해 두발에 모양을 낸 일명 애교머리이다. 즉, 장식머리 또는 늘어뜨린 앞머리를 말한다.

06 빗을 선택하는 방법으로 틀린 것은?

① 전체적으로 비뚤어지거나 휘지 않은 것이 좋다.
② 빗살 끝이 가늘고 빗살 전체가 균등하게 똑바로 나열된 것이 좋다.
③ 빗살 끝이 너무 뾰족하지 않고 되도록 무딘 것이 좋다.
④ 빗살 사이의 간격이 균등한 것이 좋다.

해설
빗살 끝은 두피에 접촉하는 부분이므로 끝이 너무 뾰족하거나 둔탁하면 빗질의 효과가 떨어진다.

07 우리나라 고대 여성의 머리 장식품 중 재료의 이름을 붙여서 만든 비녀로만 나열된 것은?

① 산호잠, 옥잠
② 석류잠, 호도잠
③ 국잠, 금잠
④ 봉잠, 용잠

해설
양반 부녀들은 대모(거북의 껍질로 만든 장식 빗), 옥잠, 봉잠, 용잠, 각잠, 국잠, 석유잠, 산호잠 등을 사용하였으며, 서민들은 돌, 놋쇠 등으로 만든 비녀를 사용하였다.

08 펌(Perm)의 1액이 웨이브(Wave)의 형성을 위해 주로 작용하는 부위는?

① 모수질(Medulla)
② 모근(Hair root)
③ 모피질(Cortex)
④ 모표피(Cuticle)

해설
모피질은 모발 전체의 80~85% 정도를 차지하며, 멜라닌색소가 있다. 간충 물질이 들어있어 웨이브 형성작용을 한다.

09 헤어 컬링(Hair curling)에서 컬(Curl)의 목적과 관계가 가장 먼 것은?

① 웨이브를 만들기 위해서
② 모발 끝에 변화를 주기 위해서
③ 텐션을 주기 위해서
④ 볼륨을 만들기 위해서

정답 01 ③ 02 ③ 03 ④ 04 ③ 05 ① 06 ③ 07 ① 08 ③ 09 ③

해설
컬의 목적은 웨이브를 만들어서 모발 끝에 변화와 움직임을 주는 것이며, 기구를 사용하여 컬을 형성해 볼륨감을 줄 수 있다.

10 스킵 웨이브(Skip wave)의 특징으로 가장 거리가 먼 것은?

① 웨이브(Wave)와 컬(Curl)이 반복 교차된 스타일이다.
② 폭이 넓고 부드럽게 흐르는 웨이브를 만들 때 쓰이는 기법이다.
③ 너무 가는 두발에는 그 효과가 적으므로 피하는 것이 좋다.
④ 퍼머넌트 웨이브가 너무 지나칠 때 이를 수정·보완하기 위해 많이 쓰인다.

해설
스킵 웨이브 : 핑거 웨이브와 핀컬이 서로 교대로 조화를 이루어 모양이 만들어진다. 폭이 넓고 부드럽게 흐르는 웨이브를 만들 때 쓰이고, 너무 가는 두발에는 피하도록 한다.

11 쿠퍼로즈(Couperose)라는 용어는 어떠한 피부 상태를 표현하는 데 사용하는가?

① 거친 피부
② 매우 건조한 피부
③ 모세혈관이 확장된 피부
④ 피부의 pH 밸런스가 불균형인 피부

해설
쿠퍼로즈는 모세혈관 확장피부라고도 한다. 혈관이 지속적으로 확장이 되어 수축되지 않고 확장된 상태로 있는 피부이다.

12 두발이 손상되는 원인이 아닌 것은?

① 헤어 드라이어기로 급속하게 건조시킨 경우
② 지나친 브러싱과 백 코밍 시술을 한 경우
③ 스캘프 매니플레이션과 브러싱을 한 경우
④ 해수욕 후 염분이나 풀장의 소독용 표백분이 두발에 남아 있을 경우

해설
스캘프 매니플레이션은 두피 관리로서 두피의 혈액순환을 촉진시켜주는 역할을 한다.

13 다음 중 정상두피에 사용하는 트리트먼트는?

① 플레인 스캘프 트리트먼트
② 드라이 스캘프 트리트먼트
③ 오일리 스캘프 트리트먼트
④ 댄드러프 스캘프 트리트먼트

해설
스캘프 트리트먼트의 종류
• 정상두피 : 플레인 스캘프 트리트먼트
• 건성두피 : 드라이 스캘프 트리트먼트
• 지성두피 : 오일리 스캘프 트리트먼트
• 비듬성 두피 : 댄드러프 스캘프 트리트먼트

14 다음 중 그라데이션(Gradation)에 대한 설명으로 옳은 것은?

① 모든 모발이 동일한 선상에 떨어진다.
② 모발의 길이에 변화를 주어 무게(Weight)를 더해 줄 수 있는 기법이다.
③ 모든 모발의 길이를 균일하게 잘라주어 모발에 무게(Weight)를 덜어 줄 수 있는 기법이다.

④ 전체적인 모발의 길이 변화 없이 소수 모발만을 제거하는 기법이다.

해설
그라데이션 커트 : 하부는 짧고 상부로 갈수록 길어지는 커트 형태로, 각도에 의해 두발에 단차가 생기게 함으로써 모발 길이에 변화를 준다.

15 고대미용의 발상지로 가발을 이용하고 진흙으로 두발에 컬을 만들었던 국가는?

① 그리스
② 프랑스
③ 이집트
④ 로마

해설
이집트에서는 두발에 진흙을 발라 나무막대기로 말고 태양열로 건조시켜 컬을 만들었으며, 머리를 짧게 잘라 가발을 사용하였다.

16 일반적인 대머리 분장을 하고자 할 때 준비해야 할 주요 재료로 가장 거리가 먼 것은?

① 글라짠(Glatzan)
② 오브라이트(Oblate)
③ 스프리트검(Spiritgum)
④ 라텍스(Latex)

해설
오브라이트는 주로 화상 분장에 사용된다.

17 헤어 커트 시 크로스 체크 커트(마무리 체크)란?

① 최초의 섹션과 교차되도록 체크 커트하는 것
② 모발의 무게감을 없애주는 것
③ 전체적인 길이를 처음보다 짧게 커트하는 것
④ 세로로 잡아 체크 커트하는 것

해설
커트 시 마무리 단계로서 커트의 균형과 정확도를 확인하는 방법으로서 수평 섹션으로 커트 시 수직 섹션으로 크로스 체크한다.

18 염모제로서 헤나를 처음으로 사용했던 나라는?

① 그리스
② 이집트
③ 로마
④ 중국

해설
이집트는 고대미용의 발상지로서 천연식물 염모제인 헤나를 최초로 사용하였다.

19 헤어 샴푸잉의 목적으로 가장 거리가 먼 것은?

① 두피, 두발의 세정
② 두발 시술의 용이
③ 두발의 건전한 발육 촉진
④ 두피 질환 치료

해설
샴푸잉은 두피와 모발을 청결하게 하여 혈액순환 촉진 및 노폐물, 과잉 피지 제거와 모발의 성장, 발육 촉진을 할 수 있다.

정답　10 ④　11 ③　12 ③　13 ①　14 ②　15 ③　16 ②　17 ①　18 ②　19 ④

20 퍼머넌트 직후의 처리로 옳은 것은?

① 플레인 린스
② 샴푸잉
③ 테스트 컬
④ 테이퍼링

해설

플레인 린스는 모발에 부착된 1액을 씻어내는 과정이다.

21 토양(흙)이 병원소가 될 수 있는 질환은?

① 디프테리아
② 콜레라
③ 간염
④ 파상풍

해설

① 디프테리아 – 비말감염 ② 콜레라 – 물, 식품 ③ 간염 – 바이러스

22 오염된 주사기, 면도날 등으로 인해 감염이 잘 되는 만성 감염병은?

① 렙토스피라증
② 트라코마
③ B형간염
④ 파라티푸스

해설

① 렙토스피라증 – 제3군 감염병, 쥐를 통해 감염
② 트리코마 – 눈의 결막 질환, 개달물(의복, 수건, 침구류 등)에 의해 감염
④ 파라티푸스 – 제1군 감염병, 물이나 식품을 통해 감염

23 다음 감염병 중 세균성인 것은?

① 말라리아
② 결핵
③ 일본뇌염
④ 유행성간염

해설

세균성 감염병으로는 결핵, 한센병, 디프테리아, 장티푸스, 파라티푸스, 콜레라 등이 있다.

24 인구구성 중 14세 이하가 65세 이상 인구의 2배 정도이며 출생률과 사망률이 모두 낮은 형은?

① 피라미드형(Pyramid form)
② 종형(Bell form)
③ 항아리형(Pot form)
④ 별형(Accessive form)

해설

① 피라미드형 : 인구증가형 ③ 항아리형 : 인구감소형
④ 별형 : 도시형(유입형)

25 인수 공통 감염병이 아닌 것은?

① 페스트
② 우형 결핵
③ 나병
④ 야토병

해설

인수 공통 감염병 : 페스트, 결핵, 야토병, 발진열, 와일씨병, 파상열, 광견병 등

26 공중보건학의 목적으로 적절하지 않은 것은?

① 질병 예방
② 수명 연장
③ 육체적, 정신적 건강 및 효율의 증진
④ 물질적 풍요

해설

공중보건학의 정의 : 조직화된 지역사회의 노력을 통하여 질병을 예방하고 수명을 연장하며 신체적, 정신적 효율을 증진시키기 위한 과학인 동시에 기술이다.

27 조도 불량, 현휘가 과도한 장소에서 장시간 작업하여 눈에 긴장을 강요함으로써 발생되는 불량 조명에 기인하는 직업병이 아닌 것은?

① 안정피로
② 근시
③ 원시
④ 안구진탕증

해설

눈의 피로, 안구진탕증, 전망성안엽, 백내장, 작업 능률 저하 등의 직업병이 생긴다.

28 공기의 자정작용과 관련이 가장 먼 것은?

① 이산화탄소와 일산화탄소의 교환 작용
② 자외선의 살균작용
③ 강우, 강설에 의한 세정작용
④ 기온역전작용

해설

• 공기는 희석, 산화, 교환, 세정작용을 통해 자정작용을 한다.
• 기온역전작용 : 하부기온보다 상부기온이 높은 경우에 찬 공기 위에 따뜻한 공기가 있는 현상이다.

29 환경오염 방지대책과 거리가 가장 먼 것은?

① 환경오염의 실태 파악
② 환경오염의 원인 규명
③ 행정대책과 법적 규제
④ 경제개발 억제 정책

30 질병 발생의 세 가지 요인으로 연결된 것은?

① 숙주 – 병인 – 환경
② 숙주 – 병인 – 유전
③ 숙주 – 병인 – 병소
④ 숙주 – 병인 – 저항력

31 미생물의 발육과 그 작용을 제거하거나 정지시켜 음식물의 부패나 발효를 방지하는 것은?

① 방부
② 소독
③ 살균
④ 살충

해설

② 소독 : 병원 미생물을 파괴시켜 감염력을 없애는 것
③ 살균 : 병원성 미생물을 죽이는 것
④ 살충 : 벌레나 해충을 죽이는 것

32 승홍수의 설명으로 틀린 것은?

① 금속을 부식시키는 성질이 있다.
② 피부 소독에는 0.1%의 수용액을 사용한다.
③ 염화칼륨을 첨가하면 자극성이 완화된다.
④ 살균력이 일반적으로 약한 편이다.

해설

승홍수는 살균력이 강하며 맹독성이기 때문에 0.1~0.5%의 수용액을 사용해야 한다.

정답 20 ① 21 ④ 22 ③ 23 ② 24 ② 25 ③ 26 ④ 27 ③ 28 ④ 29 ④ 30 ① 31 ① 32 ④

33 자비소독 시 금속 제품이 녹스는 것을 방지하기 위하여 첨가하는 물질이 **아닌** 것은?

① 2% 붕소   ② 2% 탄산나트륨

③ 5% 알코올   ④ 2~3% 크레졸 비누액

해설
소독효과를 높이기 위하여 석탄산(5%), 크레졸(3%), 탄산나트륨, 붕상 등을 첨가한다.

34 음용수 소독에 사용할 수 있는 소독제는?

① 요오드   ② 페놀

③ 염소   ④ 승홍수

해설
음용수 소독 : 염소, 표백분 등을 사용

35 E.O 가스의 폭발 위험성을 감소시키기 위하여 혼합하여 사용하는 물질은?

① 질소   ② 산소

③ 아르곤   ④ 이산화탄소

해설
E.O(에틸렌옥사이드) 가스의 폭발 위험성을 감소시키기 위해 이산화탄소(CO_2)나 프레온가스를 혼합하여 사용한다.

36 다음 중 배설물의 소독에 가장 적당한 것은?

① 크레졸   ② 오존

③ 염소   ④ 승홍

해설
배설물 소독 : 소각법, 석탄산, 크레졸, 생석회

37 다음의 계면활성제 중 살균보다는 세정의 효과가 더 큰 것은?

① 양성 계면활성제   ② 비이온 계면활성제

③ 양이온 계면활성제   ④ 음이온 계면활성제

해설
음이온 계면활성제 : 세정력과 기포 형성이 우수하며 주로 세정제, 비누, 샴푸, 치약 등에 쓰인다.

38 화학적 소독제의 이상적인 구비조건에 해당하지 **않는** 것은?

① 가격이 저렴해야 한다.

② 독성이 적고 사용자에게 자극이 없어야 한다.

③ 소독효과가 서서히 증대되어야 한다.

④ 희석된 상태에서 화학적으로 안정되어야 한다.

해설
소독제의 구비조건
- 인체에 무해, 무독하며 환경오염을 발생시키지 않아야 한다.
- 용해성과 안정성에 의해 부식성과 표백성이 없어야 한다.
- 소독범위가 넓고 냄새가 없어야 하며 탈취력이 있어야 하고 살균력이 강해야 한다.
- 경제적이고 사용이 간편하며 높은 석탄산 계수를 가져야 한다.

39 자외선의 파장 중 가장 강한 범위는?

① 200~220nm   ② 260~280nm

③ 300~320nm   ④ 360~380nm

해설
자외선 파장은 200~400nm 범위이며 이중 260nm 부근의 파장의 살균작용이 가장 강하다.

40 다음 중 습열멸균법에 속하는 것은?

① 자비소독법   ② 화염멸균법

③ 여과멸균법   ④ 소각소독법

해설
습열멸균법 : 자비소독법, 고압증기멸균법, 저온소독법, 유통증기멸균법, 초고온순간멸균법

41 백반증에 관한 내용 중 **틀린** 것은?

① 멜라닌세포의 과다한 증식으로 일어난다.

② 백색 반점이 피부에 나타난다.

③ 후천적 탈색소 질환이다.

④ 원형, 타원형 또는 부정형의 흰색 반점이 나타난다.

해설
백반증은 후천적 멜라닌색소 결핍에 의해 나타난다.

42 모발의 태우면 노린내가 나는데 이는 어떤 성분 때문인가?

① 나트륨   ② 이산화탄소

③ 유황   ④ 탄소

해설
모발의 성분은 케라틴(단백질)이다. 모발을 태우면 노린내가 나는 것은 케라틴에 함유된 유황때문이다.

43 피부 진균에 의하여 발생하며 습한 곳에서 발생빈도가 가장 높은 것은?

① 모낭염   ② 족부백선

③ 붕소염   ④ 티눈

해설
족부백선은 일명 무좀이라 하며, 고온다습한 환경에서 발생빈도가 높다.

44 무기질의 설명으로 **틀린** 것은?

① 조절작용을 한다.

② 수분과 산, 염기의 평형조절을 한다.

③ 뼈와 치아를 공급한다.

④ 에너지 공급원으로 형성한다.

해설
에너지 공급원으로 이용되는 열량 영양소는 탄수화물, 단백질, 지방이다.

정답 33 ③ 34 ③ 35 ④ 36 ① 37 ④ 38 ③ 39 ② 40 ① 41 ① 42 ③ 43 ② 44 ④

45 피부 본래의 표면에 알칼리성의 용액을 pH 환원시키는 표피의 능력을 무엇이라 하는가?

① 환원작용
② 알칼리 중화능(中和能)
③ 산화작용
④ 산성 중화능

46 진피의 4/5를 차지할 정도로 두꺼운 부분이며, 옆으로 길고 섬세한 섬유가 그물 모양으로 구성되어 있는 층은?

① 망상층
② 유두층
③ 유두하층
④ 과립층

> **해설**
> 진피는 유두층과 망상층으로 이루어져 있으며, 그 중 망상층에는 그물 모양의 교원섬유(Collagen fiber)와 탄력, 파열을 방지해주는 스프링 모양의 탄력섬유(Elastin fiber)가 존재한다.

47 다음 중 태선화에 대한 설명으로 옳은 것은?

① 표피가 얇아지는 것으로 표피세포 수의 감소와 관련이 있으며 종종 진피의 변화와 동반된다.
② 둥글거나 불규칙한 모양의 굴착으로 점진적인 괴사에 의해서 표피와 함께 진피의 소실이 오는 것이다.
③ 질병이나 손상에 의해 진피와 심부에 생긴 결손을 메우는 새로운 결체조직의 생성으로 생기며 정상 치유 과정의 하나이다.
④ 표피 전체와 진피의 일부가 가죽처럼 두꺼워지는 현상이다.

> **해설**
> 피부가 가죽처럼 두꺼워지며 딱딱해지는 현상으로 만성 소양성 질환에서 볼 수 있는게 태선화이다.

48 액취증의 원인이 되는 아포크린 한선이 분포되어 있지 않은 곳은?

① 배꼽 주변
② 겨드랑이
③ 사타구니
④ 발바닥

> **해설**
> 아포크린선은 겨드랑이, 대음순, 항문 주위, 유두, 배꼽 주변, 두피에 분포되어 있다.

49 다음 중 2도 화상에 속하는 것은?

① 햇볕에 탄 피부
② 진피층까지 손상되어 수포가 발생한 피부
③ 피하지방층까지 손상된 피부
④ 피하지방층 아래의 근육까지 손상된 피부

> **해설**
> • 1도 화상(홍반성 화상) : 표피만 화상
> • 2도 화상(수포성 화상) : 진피층까지 도달, 수포와 통증 유발
> • 3도 화상(괴사성 화상) : 표피, 진피, 피하지방층까지 손상

50 다음 중 공기의 접촉 및 산화와 관계있는 것은?

① 흰 면포
② 검은 면포
③ 구진
④ 팽진

> **해설**
> 검은 면포(Black head) : 피지가 공기와 접촉해 산화되면서 검게 변한 형태

51 이·미용업소에서 면허증 원본을 게시하지 아니한 때의 1차 위반 행정처분 기준은?

① 경고 또는 개선 명령
② 영업정지 5일
③ 영업허가 취소
④ 영업장 폐쇄명령

> **해설**
> 이·미용업소에서 면허증 원본을 게시하지 아니한 때의 행정처분
> • 1차 위반 : 경고 또는 개선명령
> • 2차 위반 : 영업정지 5일
> • 3차 위반 : 영업정지 10일
> • 4차 위반 : 영업장 폐쇄명령

52 면허증을 다른 사람에게 대여한 때의 2차 위반 행정처분 기준은?

① 면허정지 6월
② 면허정지 3월
③ 영업정지 3월
④ 영업정지 6월

> **해설**
> 면허증을 다른 사람에게 대여한 때의 행정처분
> • 1차 위반 : 면허정지 3월
> • 2차 위반 : 면허정지 6월
> • 3차 위반 : 면허취소

53 공중위생영업에 해당하지 <u>않는</u> 것은?

① 세탁업
② 위생관리업
③ 미용업
④ 목욕장업

> **해설**
> 공중위생영업 : 숙박업, 목욕장업, 이·미용업, 세탁업, 건물위생관리업

54 면허의 정지명령을 받은 자는 그 면허증을 누구에게 제출해야 하는가?

① 보건복지부장관
② 시·도지사
③ 시장, 군수, 구청장
④ 이·미용사 중앙회장

> **해설**
> 면허가 취소되거나 면허의 정지명령을 받은 자는 지체없이 시장, 군수, 구청장에게 면허증을 반납해야 한다.

55 행정처분 사항 중 1차 처분이 경고에 해당하는 것은?

① 귓볼 뚫기 시술을 한 때
② 시설 및 설비기준을 위반한 때
③ 신고를 하지 아니하고 영업소 소재를 변경한 때
④ 소독을 한 기구와 소독을 하지 않은 기구를 각각 다른 용기에 넣어 보관하지 않거나 1회용 면도날을 2인 이상의 손님에게 사용한 경우

> **해설**
> ① 영업정지 2월 ② 개선명령 ③ 영업장 폐쇄명령

56 다음 중 이·미용업을 개설할 수 있는 경우는?

① 이·미용사 면허를 받은 자
② 이·미용사의 감독을 받아 이·미용을 행하는 자
③ 이·미용사의 자문을 받아서 이·미용을 행하는 자
④ 건물위생관리업 허가를 받은 자로서 이·미용에 관심이 있는 자

정답 45 ② 46 ① 47 ④ 48 ④ 49 ② 50 ② 51 ① 52 ① 53 ② 54 ③ 55 ④ 56 ①

57 영업소 외의 장소에서 이용 및 미용의 업무를 할 수 있는 경우가 <u>아닌</u> 것은?

① 질병으로 영업소에 나올 수 없는 경우

② 혼례 직전에 이용 또는 미용을 하는 경우

③ 야외에서 단체로 이용 또는 미용을 하는 경우

④ 사회복지시설에서 봉사활동으로 이용 또는 미용을 하는 경우

> **해설**
>
> **영업소 외에서의 이용 및 미용 업무가 가능한 경우**
> • 질병이나 그 밖의 사유로 영업소에 나올 수 없는 자에 대하여 이용 또는 미용을 하는 경우
> • 혼례나 그 밖의 의식에 참여하는 자에 대하여 그 의식 직전에 이용 또는 미용을 하는 경우
> • 사회복지시설에서 봉사활동으로 이용 또는 미용을 하는 경우
> • 방송 등의 촬영에 참여하는 사람에 대하여 그 촬영 직전에 이용 또는 미용을 하는 경우
> • 위의 경우 외에 특별한 사정이 있다고 시장, 군수, 구청장이 인정하는 경우

58 이·미용업소의 시설 및 설비 기준으로 적합한 것은?

① 소독을 한 기구와 소독을 하지 아니한 기구를 구분하여 보관할 수 있는 용기를 비치하여야 한다.

② 소독기, 적외선 살균기 등 기구를 소독하는 장비를 갖추어야 한다.

③ 밀폐된 별실을 24개 이상 둘 수 있다.

④ 작업장소와 응접장소, 상담실, 탈의실 등을 분리하여 칸막이를 설치하려는 때에는 각각 전체 벽면적의 2분의 1 이상은 투명하게 하여야 한다.

59 위생서비스 평가의 결과에 따른 조치에 해당하지 <u>않는</u> 것은?

① 이·미용업자는 위생관리 등급 표지를 영업소 출입구에 부착할 수 있다.

② 시·도지사는 위생서비스의 수준이 우수하다고 인정되는 영업소에 대한 포상을 실시할 수 있다.

③ 시장, 군수는 위생관리 등급별로 영업소에 대한 위생 감시를 실시할 수 있다.

④ 구청장은 위생관리 등급의 결과를 세무서장에게 통보할 수 있다.

> **해설**
>
> 시장, 군수, 구청장은 보건복지부령이 정하는 바에 의하여 위생서비스 평가의 결과에 따른 위생관리 등급을 해당 공중위생영업자에게 통보하고 이를 공표하여야 한다.

60 이·미용의 업무를 영업 장소 외에서 행하였을 때 이에 대한 처벌 기준은?

① 3년 이하의 징역 또는 1천만 원 이하의 벌금

② 500만 원 이하의 과태료

③ 200만 원 이하의 과태료

④ 100만 원 이하의 벌금

> **해설**
>
> **200만 원 이하의 과태료**
> • 규정에 위반하여 미용업소의 위생관리 의무를 지키지 아니한 자
> • 영업소 외의 장소에서 이용 또는 미용 업무를 행한 자
> • 규정에 위반하여 위생교육을 받지 아니한 자

정답 57 ③ 58 ① 59 ④ 60 ③

제6회 국가기술자격 필기시험문제

자격종목	시험기간	형별		수험번호	성명
미용사(일반)	1시간				

*답안 카드 작성 시 시험문제지 형별누락, 마킹착오로 인한 불이익은 전적으로 수험자의 귀책사유임을 알려드립니다.
*각 문항은 4지택일형으로 질문에 가장 적합한 보기항을 선택하여 마킹하여야 합니다.

01 신징(Singeing)의 목적에 해당하지 않는 것은?

① 불필요한 두발을 제거하고 건강한 두발의 순조로운 발육을 조장한다.
② 잘라지거나 갈라진 두발로부터 영양 물질이 흘러나오는 것을 막는다.
③ 양이 많은 두발에 숱을 쳐내는 것이다.
④ 온열자극에 의해 두부의 혈액순환을 촉진시킨다.

> **해설**
> 신징은 갈라지거나 부스러지는 모발에 신징기를 이용하여 그슬려 손상된 모발을 제거하는 것으로, 온열작용으로 두부의 혈액순환을 촉진시킨다.

02 브러시의 종류에 따른 사용목적이 틀린 것은?

① 덴멘 브러시는 열에 강하여 모발에 텐션과 볼륨감을 주는 데 사용한다.
② 롤 브러시는 롤의 크기가 다양하고 웨이브를 만들기에 적합하다.
③ 스켈톤 브러시는 여성 헤어스타일이나 롱 헤어스타일 정돈에 주로 사용된다.
④ S형 브러시는 바람머리 같은 방향성을 살린 헤어스타일 정돈에 적합하다.

> **해설**
> 스켈톤 브러시 : 모발을 건조시키면서 모근에 볼륨감을 줄 때 사용하는 브러시로 남성 헤어스타일에 사용하기 좋다.

03 블런트 커트와 같은 뜻을 가진 것은?

① 프리 커트　　② 애프터 커트
③ 클럽 커트　　④ 드라이 커트

> **해설**
> 블런트 커트란 직선으로 커트하는 방법으로, 종류로는 원랭스 커트, 스퀘어 커트, 그라데이션 커트, 레이어 커트가 있으며 클럽 커트라고도 불린다.

04 퍼머넌트 웨이브의 제2액 주제로서 취소산나트륨과 취소산칼륨은 몇 %의 적정 수용액을 만들어서 사용하는가?

① 1~2%　　② 3~5%
③ 5~7%　　④ 7~9%

> **해설**
> 퍼머넌트 웨이브 제2액의 주성분은 취소산나트륨, 과산화수소 등이 있는데 취소산나트륨의 적정 수용액은 3~5% 정도이다.

05 베이스(Base)는 컬 스트랜드의 근원에 해당된다. 다음 중 오블롱(Oblong) 베이스는 어느 것인가?

① 오형 베이스　　② 정방형 베이스
③ 장방형 베이스　　④ 아크 베이스

> **해설**
> 장방형 베이스 모양의 두 개의 방향(교대)으로서 첫 번째 방향은 C컬로 볼록한 끝 쪽으로 움직이며, 두 번째 방향은 CC컬로 오목한 끝 쪽으로 움직인다.

06 핑거웨이브의 종류 중 스윙 웨이브(Swing wave)에 대한 설명은?

① 큰 움직임을 보는 듯한 웨이브
② 물결이 소용돌이 치는 듯한 웨이브
③ 리지가 낮은 웨이브
④ 리지가 뚜렷하지 않고 느슨한 웨이브

> **해설**
> ② 스윌 웨이브, ③ 로우 웨이브, ④ 덜 웨이브

07 원랭스(One length) 커트형에 해당되는 않는 것은?

① 평행보브형(Parallel bob style)
② 이사도라형(Isadora style)
③ 스파니엘형(Spaniel style)
④ 레이어형(Layer style)

> **해설**
> 레이어 커트는 두피에서 90° 이상의 각도로 자르는 것으로, 상부로 갈수록 모발의 길이가 점차 짧아지는 머리형태이다.

08 조선시대 후반기에 유행하였던 일반 부녀자들의 머리형태는?

① 쪽진머리　　② 푼기명머리
③ 쌍상투머리　　④ 귀밑머리

> **해설**
> 조선시대 머리형태 : 쪽진머리, 둘레머리, 큰머리 등

09 콜드 퍼머넌트 웨이빙(Cold permanent waving) 시 비닐 캡(Vinyl cap)을 씌우는 목적 및 이유에 해당되지 않는 것은?

① 라놀린(Lanolin)의 약효를 높여주므로 제1액의 피부염 유발 위험을 줄인다.
② 체온의 방산(放散)을 막아 용액(Solution)의 작용을 촉진한다.
③ 퍼머넌트액의 작용이 두발 전체에 골고루 진행되도록 돕는다.
④ 휘발성 알칼리(암모니아 가스)의 산일(散逸)작용을 방지한다.

> **해설**
> 라놀린은 양모(羊毛)에서 추출한 지방분비물로서 피부에 빨리 흡수되는 성질이 있어 여러 가지 연고, 윤활유제, 메이크업 원료로 사용된다.

정답　01 ③ 02 ③ 03 ③ 04 ② 05 ③ 06 ① 07 ④ 08 ① 09 ①

10 물결상이 극단적으로 많은 웨이브로, 곱슬곱슬하게 된 퍼머넌트의 두발에서 주로 볼 수 있는 것은?

① 와이드 웨이브 ② 섀도 웨이브
③ 내로우 웨이브 ④ 마샬 웨이브

> **해설**
> ① 와이드 웨이브 : 크레스트가 가장 뚜렷한 웨이브
> ② 섀도 웨이브 : 크레스트가 뚜렷하지 못해 가장 자연스러운 웨이브
> ④ 마샬 웨이브 : 아이론을 사용하여 부드러운 S자형의 물결 모양을 형성하는 웨이브

11 두발을 윤곽 있게 살려 목덜미(Nape)에서 정수리(Back)쪽으로 올라가면서 두발에 단차를 주어 무게감을 갖게 커트하는 것은?

① 원랭스 커트 ② 쇼트 헤어 커트
③ 그라데이션 커트 ④ 스퀘어 커트

> **해설**
> 그라데이션 커트 : 하부는 짧고 상부로 갈수록 길어지는 커트 형태로, 각도에 의해 두발의 단차가 생기게 함으로써 모발 길이에 변화를 준다.

12 고대 중국 당나라시대의 메이크업과 가장 거리가 먼 것은?

① 백분, 연지로 얼굴형 부각
② 액황을 이마에 발라 입체감 부여
③ 10가지 종류의 눈썹 모양으로 개성을 표현
④ 일본에서 유입된 가부끼 화장이 서민에게까지 성행

13 헤어 파팅(Hair parting) 중 후두부를 정중선(正中線)으로 나눈 파트는?

① 센터 파트(Center part) ② 스퀘어 파트(Squarepart)
③ 카우릭 파트(Cowlickpart) ④ 센터 백 파트(Center back part)

> **해설**
> ① 센터 파트 : 앞 가르마를 중심으로 5 : 5로 나눈 파트
> ② 스퀘어 파트 : 이마에서 사이드 파트하여 사각으로 각지게 나누는 가르마
> ③ 카우릭 파트 : 탑(두정부) 부위에서 방사선 형태로 자연스럽게 나눈 가르마

14 마샬 웨이브에서 건강모인 경우에 아이론의 적정온도는?

① 80~100℃ ② 100~120℃
③ 120~140℃ ④ 140~160℃

> **해설**
> 아이론의 적정온도는 120~140℃이다.

15 퍼머넌트 웨이브 후 두발이 자지러지는 원인이 <u>아닌</u> 것은?

① 사전 커트 시 두발 끝을 심하게 테이퍼한 경우
② 로드의 굵기가 너무 가는 것을 사용한 경우
③ 와인딩 시 텐션을 주지 않고 느슨하게 한 경우
④ 오버 프로세싱을 하지 않은 경우

> **해설**
> 두발 끝이 자지러지는 원인
> • 두발 끝을 심하게 테이퍼한 경우
> • 오버 프로세싱을 한 경우
> • 가는 로드를 선정하고 용액이 강한 경우
> • 텐션을 주지 않고 느슨하게 한 경우

16 퍼머넌트 웨이브가 잘 나오지 않은 경우가 <u>아닌</u> 것은?

① 와인딩 시 텐션을 주어 말았을 경우
② 사전 샴푸 시 비누와 경수로 샴푸하여 두발에 금속염이 형성된 경우
③ 두발이 저항모이거나 발수성모로 경모인 경우
④ 오버 프로세싱으로 시스틴이 지나치게 파괴된 경우

17 다음 중 비듬 제거 샴푸로서 가장 적당한 것은?

① 핫오일 샴푸 ② 드라이 샴푸
③ 댄드러프 샴푸 ④ 플레인 샴푸

> **해설**
> ① 핫오일 샴푸 : 두피, 모발에 유분을 공급하는 샴푸
> ② 드라이 샴푸 : 물을 사용하지 않는 샴푸
> ④ 플레인 샴푸 : 일반적으로 물을 묻혀 사용하는 샴푸

18 헤어 블리치제의 산화제로써 오일 베이스제는 무엇에 유황유가 혼합되는 것인가?

① 과붕산나트륨 ② 탄산마그네슘
③ 라놀린 ④ 과산화수소수

> **해설**
> 기름기 함유 성분으로 H_2O_2와 혼합 시 젤 형태가 되므로 모발 도포 시 사용하기가 쉽다.

19 브러시의 손질법으로 <u>부적당한</u> 것은?

① 보통 비눗물이나 탄산소다수에 담그고 부드러운 털은 손으로 가볍게 비벼 빤다.
② 털이 빳빳한 것은 세정 브러시로 닦아낸다.
③ 털이 위로 가도록 하여 햇볕에 말린다.
④ 소독방법으로 석탄산수를 사용해도 된다.

> **해설**
> 브러시는 털이 아래로 가게 하여 햇빛에 의해 형태가 틀어지지 않게 응달(그늘)에서 말려준다.

20 다음 샴푸 시술 시의 주의사항으로 <u>틀린</u> 것은?

① 손님의 의상이 젖지 않게 신경을 쓴다.
② 두발을 적시기 전에 물의 온도를 점검한다.
③ 손톱으로 두피를 문지르며 비빈다.
④ 다른 손님에게 사용한 타월은 쓰지 않는다.

> **해설**
> 샴푸 시 손톱을 짧게 깎아 고객의 두피에 손톱이 닿지 않도록 하며 지문 부분으로 문지른다.

21 법정 감염병 중 제3군 감염병에 속하는 것은?

① 후천성면역결핍증 ② 장티푸스
③ 일본뇌염 ④ B형간염

> **해설**
> 장티푸스는 제1군 감염병, 일본뇌염과 B형간염은 제2군 감염병에 속한다.

정답 10 ③ 11 ③ 12 ④ 13 ④ 14 ③ 15 ④ 16 ① 17 ③ 18 ④ 19 ③ 20 ③ 21 ①

22 하수오염이 심할수록 BOD는 어떻게 되는가?

① 수치가 낮아진다.
② 수치가 높아진다.
③ 아무런 영향이 없다.
④ 높아졌다 낮아졌다를 반복한다.

> **해설**
> 오염된 물일수록 생물학적 산소요구량(BOD)은 높아지고, 용존산소량(DO)은 낮아진다.

23 분뇨의 비위생적 처리로 오염될 수 있는 기생충과 가장 거리가 먼 것은?

① 회충
② 사상충
③ 십이지장충
④ 편충

> **해설**
> 말레이사상충, 사상충(토고숲모기) 등은 모기에 의해 전파된다.

24 대기오염에 영향을 미치는 기상조건과 가장 관계가 깊은 것은?

① 강우, 강설
② 고온, 고습
③ 기온역전
④ 저기압

> **해설**
> 기온역전은 하부기온보다 상부기온이 높은 경우 찬 공기 위에 따뜻한 공기가 존재하는 현상으로 대기오염에 큰 영향을 미친다.

25 다음 중 환자의 격리가 가장 중요한 관리방법이 되는 것은?

① 파상풍, 백일해
② 일본뇌염, 성홍열
③ 결핵, 한센병
④ 폴리오, 풍진

> **해설**
> 제3군 감염병에 속하는 결핵과 한센병은 환자의 격리가 가장 중요한 관리방법이다.

26 어류인 송어, 연어 등을 날로 먹었을 때 주로 감염될 수 있는 것은?

① 갈고리촌충
② 긴촌충
③ 폐디스토마
④ 선모충

> **해설**
> ① 돼지고기 감염
> ③ 제1중간숙주(다슬기), 제2중간숙주(가재, 게)
> ④ 돼지고기 감염

27 소음이 인체에 미치는 영향으로 가장 거리가 먼 것은?

① 불안증 및 노이로제
② 청력장애
③ 중이염
④ 작업능률 저하

> **해설**
> 중이염은 여러 가지 요소들이 작용해서 일어나지만 그 중 이관(유스타키오관)의 기능장애와 미생물에 의한 감염이 제일 중요한 원인이다.

28 음용수의 일반적인 오염지표로 사용되는 것은?

① 탁도
② 일반 세균 수
③ 대장균 수
④ 경도

29 한 국가나 지역사회 간의 보건 수준을 비교하는 데 사용되는 대표적인 3대 지표는?

① 영아사망률, 비례사망지수, 평균수명
② 영아사망률, 사인별 사망률, 평균수명
③ 유아사망률, 모성사망률, 비례사망지수
④ 유아사망률, 사인별 사망률, 영아사망률

30 산업피로의 본질과 가장 관계가 먼 것은?

① 생체의 생리적 변화
② 피로감각
③ 산업구조의 변화
④ 작업량 변화

> **해설**
> 산업피로의 원인으로는 생리적 변화, 피로감각, 작업량의 변화, 정신적 스트레스 등이 있으며 건강장애에 대한 경고반응이라고도 할 수 있다.

31 3% 소독액 1,000mL를 만드는 방법으로 옳은 것은? (단, 소독액 원액의 농도는 100%이다)

① 원액 300mL에 물 700mL를 가한다.
② 원액 30mL에 물 970mL를 가한다.
③ 원액 3mL에 물 997mL를 가한다.
④ 원액 3mL에 물 1,000mL를 가한다.

> **해설**
> $$농도(\%) = \frac{용질(소독액)}{용액(소독액 + 물)} \times 100$$

32 소독약에 대한 설명 중 적합하지 않은 것은?

① 소독시간이 적당한 것
② 소독대상물을 손상시키지 않는 소독약을 선택할 것
③ 인체에 무해하며 취급이 간편할 것
④ 소독약은 항상 청결하고 밝은 장소에 보관할 것

> **해설**
> 소독약은 냉암소에 보관하는 것이 좋다.

33 물리적 살균법에 해당되지 않는 것은?

① 열을 가한다.
② 건조시킨다.
③ 물을 끓인다.
④ 포름알데히드를 사용한다.

> **해설**
> 화학적 살균법 : 석탄산, 크레졸, 포름알데히드, 과산화수소, 생석회 등

34 비교적 가격이 저렴하고 살균력이 있으며 쉽게 증발되어 잔여량이 없는 살균제는?

① 알코올
② 요오드
③ 크레졸
④ 페놀

> **해설**
> 에틸알코올(에탄올)은 피부, 기구, 수지 등에 사용할 정도로 인체에 무해하며 독성이 없다. 휘발성이 있어 증발되는 성질이 있다.

정답 22 ② 23 ② 24 ③ 25 ③ 26 ② 27 ③ 28 ③ 29 ① 30 ③ 31 ② 32 ④ 33 ④ 34 ①

35 질병 발생의 역학적 삼각형 모형에 속하는 요인이 <u>아닌</u> 것은?

① 병인적 요인　　　　　② 숙주적 요인
③ 감염적 요인　　　　　④ 환경적 요인

36 다음 중 승홍수 사용 시 적당하지 <u>않은</u> 것은?

① 사기 그릇　　　　　　② 금속류
③ 유리　　　　　　　　④ 에나멜 그릇

> **해설**
> 승홍수는 0.1% 수용액을 사용하며 금속을 부식시키는 성질이 있기 때문에 금속 소독에는 적합하지 않다.

37 다음 미생물 중 크기가 가장 작은 것은?

① 세균　　　　　　　　② 곰팡이
③ 리케차　　　　　　　④ 바이러스

> **해설**
> 미생물의 크기
> 곰팡이 〉 효모 〉 세균 〉 리케차 〉 바이러스

38 방역용 석탄산의 가장 적당한 희석농도는?

① 0.1%　　　　　　　　② 0.3%
③ 3.0%　　　　　　　　④ 75%

> **해설**
> 석탄산의 농도
> • 방역용 : 약 3% 수용액
> • 손 소독용 : 2%

39 일광소독법은 햇빛 중의 어떤 영역에 의해 소독이 가능한가?

① 적외선　　　　　　　② 자외선
③ 가시광선　　　　　　④ 우주선

40 다음 소독방법 중 완전 멸균으로 가장 빠르고 효과적인 방법은?

① 유통증기법　　　　　② 간헐살균법
③ 고압증기법　　　　　④ 건열소독

> **해설**
> 고압증기멸균법은 포자형성균의 멸균에 최적이며 121℃에서 15~20분간 증기 열에 의해 멸균시키는 방법이다.

41 피부의 표피세포는 대략 몇 주 정도의 교체 주기를 가지고 있는가?

① 1주　　　　　　　　② 2주
③ 3주　　　　　　　　④ 4주

> **해설**
> 정상적인 사람의 피부 각화주기는 약 4주(28일 정도)이다.

42 자외선 B는 자외선 A보다 홍반 발생 능력이 몇 배 정도인가?

① 10배　　　　　　　　② 100배
③ 1,000배　　　　　　　④ 10,000배

> **해설**
> 자외선 B(UV B)는 일광화상(Sunburn) 현상을 일으키며, 자외선 A보다 홍반 발생 능력이 1,000배 가량 크다.

43 신체 부위 중 피부 두께가 가장 얇은 곳은?

① 손등 피부　　　　　　② 볼 부위
③ 눈꺼풀 피부　　　　　④ 둔부

> **해설**
> 눈꺼풀의 두께는 약 1mm로, 신체 중 가장 얇다.

44 다음 중 알레르기에 의한 피부의 반응이 <u>아닌</u> 것은?

① 화장품에 의한 피부염
② 가구나 의복에 의한 피부 질환
③ 비타민 과다에 의한 피부 질환
④ 내복한 약에 의한 피부 질환

> **해설**
> 알레르기의 원인으로는 꽃가루, 음식물, 세균, 염색제, 약물, 가구, 의복, 화장품 등을 들 수 있다.

45 다음 사마귀 종류 중 얼굴, 턱, 입 주위와 손등에 잘 발생하는 것은?

① 심상성 사마귀　　　　② 족저 사마귀
③ 첨규 사마귀　　　　　④ 편평 사마귀

> **해설**
> ① 심상성 사마귀 : 손가락, 발등 주변에 발생
> ② 족저 사마귀 : 손바닥, 발바닥에 발생
> ③ 첨규 사마귀 : 성기나 항문 주위에 발생

46 피부가 추위를 감지하면 근육을 수축시켜 털을 세우게 한다. 어떤 근육이 털을 세우게 하는가?

① 안륜근　　　　　　　② 입모근
③ 전두근　　　　　　　④ 후두근

> **해설**
> 입모근 : 기모근이라고도 하며 체온이 떨어지면 입모근이 수축하여 털을 세우고 체온 유지 역할을 해준다.

47 단백질의 최종 가수분해 물질은?

① 지방산　　　　　　　② 콜레스테롤
③ 아미노산　　　　　　④ 카노틴

> **해설**
> 단백질은 트립신이라는 단백질 분해효소에 의해 아미노산으로 최종 가수분해된다.

48 여드름 발생원인과 증상에 대한 것으로 <u>틀린</u> 것은?

① 호르몬의 불균형　　　② 불규칙한 식생활
③ 중년 여성에게만 나타남　④ 주로 사춘기 때 많이 나타남

> **정답**
> 35 ③　36 ②　37 ④　38 ③　39 ②　40 ③　41 ④　42 ③　43 ③　44 ③　45 ④
> 46 ②　47 ③　48 ③

49 케라토히알린(Keratohyaline)과립은 피부 표피의 어느 층에 주로 존재하는가?

① 과립층
② 유극층
③ 기저층
④ 투명층

해설
과립층 : 피부 방어 역할과 자외선을 흡수하는 역할을 하며 케라틴 단백질이 뭉쳐진 케라토히알린을 함유하고 있다.

50 자외선 차단지수를 무엇이라 하는가?

① FDA
② SPF
③ SCI
④ WHO

해설
SPF(Sun Protection Factor)는 실험실 내에서 측정되는 자외선 차단효과를 지수로 표시하는 단위이다. 자외선 B(UV B) 방어효과를 나타내는 지수로서 자외선 차단지수라 불린다.

51 이·미용사의 면허증을 대여한 때의 1차 위반 행정처분 기준은?

① 면허정지 3월
② 면허정지 6월
③ 영업정지 3월
④ 영업정지 6월

해설
이·미용사의 면허증을 대여한 때의 행정처분
• 1차 위반 : 면허정지 3월
• 2차 위반 : 면허정지 6월
• 3차 위반 : 면허취소

52 다음 중 이·미용사의 면허를 발급하는 기관이 아닌 것은?

① 서울시 마포구청장
② 제주도 서귀포시장
③ 인천시 부평구청장
④ 경기도지사

해설
이용사 또는 미용사가 되고자 하는 자는 보건복지부령이 정하는 바에 의하여 시장, 군수, 구청장의 면허를 받아야 한다.

53 공중위생업소가 의료법을 위반하여 폐쇄명령을 받았다. 최소한 어느 정도의 기간이 경과되어야 동일 장소에서 동일 영업이 가능한가?

① 3개월
② 6개월
③ 9개월
④ 12개월

해설
시장, 군수, 구청장은 공중위생영업자에게 6월 이내의 기간을 정하여 영업의 정지 또는 일부 시설의 사용중지를 명하거나 영업소 폐쇄 등을 명할 수 있다.

54 이·미용사 면허증을 분실하였을 때 누구에게 재교부 신청을 하여야 하는가?

① 보건복지부장관
② 시·도지사
③ 시장, 군수, 구청장
④ 협회장

해설
면허증의 재교부 신청을 하고자 하는 자는 신청서에 면허증 원본(기재사항이 변경되거나 헐어 못쓰게 된 경우), 최근 6개월 이내에 찍은 상반신 사진을 첨부하여 시장, 군수, 구청장에게 제출하여야 한다.

55 이·미용사가 면허증 재교부 신청을 할 수 없는 내용은?

① 면허증을 잃어버린 때
② 면허증 기재사항의 변경이 있는 때
③ 면허증이 못쓰게 된 때
④ 면허증이 더러운 때

해설
이용사 또는 미용사는 면허증의 기재사항에 변경이 있는 때, 면허증을 잃어버린 때 또는 면허증이 헐어 못쓰게 된 때에는 면허증의 재교부를 신청할 수 있다.

56 위생관리등급 공표사항으로 틀린 것은?

① 시장, 군수, 구청장은 위생서비스평가 결과에 따른 위생관리등급을 공중위생영업자에게 통보하고 공표한다.
② 공중위생영업자는 통보받은 위생관리등급의 표지를 영업소 출입구에 부착할 수 있다.
③ 시장, 군수, 구청장은 위생서비스평가 결과에 따른 위생관리등급 우수업소에는 위생감시를 면제할 수 있다.
④ 시장, 군수, 구청장은 위생서비스평가의 결과에 따른 위생관리등급 별로 영업소에 대한 위생감시를 실시하여야 한다.

해설
시·도지사 또는 시장, 군수, 구청장은 위생서비스평가의 결과 위생서비스의 수준이 우수하다고 인정되는 영업소에 대하여 포상을 실시할 수 있다.

57 다음 중 이용사 또는 미용사의 면허를 취소할 수 있는 대상에 해당하지 않는 자는?

① 정신질환자
② 감염병 환자
③ 피성년후견인
④ 당뇨병 환자

해설
피성년후견인, 정신질환자, 감염병(결핵) 환자, 약물 중독자는 면허를 받을 수 없는 결격사유에 해당된다.

58 공중위생영업을 하고자 하는 위생교육을 언제 받아야 하는가? (단, 예외 조항은 제외한다)

① 영업소 개설을 통보한 후에 위생교육을 받는다.
② 영업소를 운영하면서 자유로운 시간에 위생교육을 받는다.
③ 영업신고를 하기 전에 미리 위생교육을 받는다.
④ 영업소 개설 후 3개월 이내에 위생교육을 받는다.

해설
영업하고자 시설 및 설비를 갖추고 신고하고자 하는 자는 미리 위생교육을 받아야 한다.

59 과태료 처분에 불복이 있는 자는 그 처분의 고지를 받은 날부터 며칠 이내에 처분권자에게 이의를 제기할 수 있는가?

① 5일
② 10일
③ 15일
④ 60일

정답 49 ① 50 ② 51 ① 52 ④ 53 ② 54 ③ 55 ④ 56 ③ 57 ④ 58 ③ 59 ④

60 시·도지사 또는 시장, 군수, 구청장은 공중위생관리상 필요하다고 인정하는 때에 공중위생영업자 등에 대하여 필요한 조치를 취할 수 있다. 이 조치에 해당하는 것은?

① 보고   ② 청문
③ 감독   ④ 협의

해설

시·도지사 또는 시장, 군수, 구청장은 공중위생관리상 필요하다고 인정하는 때에는 공중위생영업자 및 공중이용시설의 소유자 등에 대하여 필요한 보고를 하게 할 수 있다.

정답 60 ①

제7회 국가기술자격 필기시험문제

	수험번호	성명

자격종목	시험기간	형별	
미용사(일반)	1시간		

*답안 카드 작성 시 시험문제지 형별누락, 마킹착오로 인한 불이익은 전적으로 수험자의 귀책사유임을 알려드립니다.

*각 문항은 4지택일형으로 질문에 가장 적합한 보기항을 선택하여 마킹하여야 합니다.

01 다음 중 콜드 퍼머넌트 웨이브 시술 시 두발에 부착된 제1액을 씻어 내는 데 가장 적합한 린스는?

① 에그 린스(Egg rinse)

② 산성 린스(Acid rinse)

③ 레몬 린스(Lemon rinse)

④ 플레인 린스(Plain rinse)

> **해설**
> 제1액을 중화시키기 위해 pH balance를 사용해야 하나 본 문항의 보기에는 pH balance가 빠져 있다. 따라서 플레인 린스는 일반적으로 물을 사용하여 씻어내는 방법으로 제1액을 씻어낼 때 가장 적합한 린스이다.

02 퍼머넌트 웨이브 시술 중 테스트 컬(Test curl)을 하는 목적으로 가장 적합한 것은?

① 2액의 작용 여부를 확인하기 위해서이다.

② 굵은 모발 혹은 가는 모발에 로드가 제대로 선택되었는지 확인하기 위해서이다.

③ 산화제의 작용이 미묘하기 때문에 확인하기 위해서이다.

④ 정확한 프로세싱 시간을 결정하고 웨이브 형성 정도를 조사하기 위해서이다.

> **해설**
> 테스트 컬이란 모발에 제1액을 도포한 뒤 작용 정도가 어느 정도인지 로드 아웃을 하여 알아보는 방법이다.

03 스트로크 커트(Stroke cut) 테크닉에 사용하기 가장 적합한 것은?

① 리버스 시저스(Reverse scissors)

② 미니 시저스(Mini scissors)

③ 직선날 시저스(Cutting scissors)

④ 곡선날 시저스(R-scissors)

> **해설**
> 곡선날 시저스는 스트로크 커트 시 사용되며 R가위라고도 한다. 모발 끝 커트나 세밀한 작업을 할 때 용이하다.

04 다음 중 가는 로드를 사용한 콜드 퍼머넌트 직후에 나오는 웨이브로 가장 가까운 것은?

① 내로우 웨이브(Narrow wave)

② 와이드 웨이브(Wide wave)

③ 섀도 웨이브(Shadow wave)

④ 호리즌탈 웨이브(Horizontal wave)

> **해설**
> 내로우 웨이브는 물결상이 많이 보이는 곱슬 웨이브로, 리지와 리지 간격이 좁다.

05 두발의 양이 많고, 굵은 경우 와인딩과 로드의 관계가 옳은 것은?

① 스트랜드를 크게 하고, 로드의 직경은 큰 것을 사용

② 스트랜드를 작게 하고, 로드의 직경은 작은 것을 사용

③ 스트랜드를 크게 하고, 로드의 직경은 작은 것을 사용

④ 스트랜드를 작게 하고, 로드의 직경은 큰 것을 사용

06 조선시대에 사람 머리카락으로 만든 가체를 얹은 머리형은?

① 큰머리 ② 쪽진머리

③ 귀밑머리 ④ 조짐머리

> **해설**
> **큰머리**
> 조선시대에 궁중에서 예복을 입을 때 머리 위에 얹은 커다란 장식용 머리이다. 가체의 크기가 클수록 높은 신분임을 나타내었다.

07 두발을 탈색한 후 초록색으로 염색하고 얼마 동안의 기간이 지난 후 다시 다른 색으로 바꾸고 싶을 때 보색 관계를 이용하여 초록색의 흔적을 없애려면 어떤 색을 사용하면 좋은가?

① 노란색 ② 오렌지색

③ 적색 ④ 청색

> **해설**
> 두발의 색을 바꾸고자 할 때는 보색 관계의 원리를 이용하면 되는데 초록색의 보색은 적색이다.

08 헤어 린스의 목적과 <u>관계없는</u> 것은?

① 두발의 엉킴 방지 ② 모발의 윤기 부여

③ 이물질 제거 ④ 알칼리성을 약산성화

> **해설**
> ③ 이물질 제거는 헤어 삼푸의 목적이다.

09 흑색과 녹색의 두 가지 색으로 윗 눈꺼풀에 악센트를 넣었으며, 붉은 찰흙에 샤프란(꽃 이름)을 조금씩 섞어서 볼에 붉게 칠하고 입술연지로도 사용한 화장법으로 알려진 시대는?

① 고대 그리스 ② 고대 로마

③ 고대 이집트 ④ 중국 당나라

> **해설**
> 이집트는 고대 미용의 발상지로서 화장품 제조, 헤나 사용, 퍼머넌트의 기원, 향수 제조 등 다양한 미용문화를 가지고 있다.

정답 01 ④ 02 ④ 03 ④ 04 ① 05 ④ 06 ① 07 ③ 08 ③ 09 ③

10 현대미용에 있어서 1920년대에 최초로 단발머리를 함으로써 우리나라 여성들의 머리형에 혁신적인 변화를 일으키게 된 계기가 된 사람은?

① 이숙종   ② 김활란

③ 김상진   ④ 오엽주

> **해설**
> ① 이숙종 : 높은머리(일명 다까머리)
> ③ 김상진 : 현대 미용학원 설립
> ④ 오엽주 : 화신백화점 내 화신미용원 개원

11 업 스타일을 시술할 때 백 코밍의 효과를 크게 하고자 세모난 모양의 파트로 섹션을 잡는 것은?

① 스퀘어 파트   ② 트라이앵귤러 파트

③ 카우릭 파트   ④ 렉탱귤러 파트

> **해설**
> ① 스퀘어 파트 : 위에서 두상을 보았을 때 두발을 사각형으로 나눈 형태로, 사이드 파트하여 두정부에서 수평으로 나눈 가르마이다.
> ③ 카우릭 파트 : 두정부에서 방사선 형태로 머리의 흐름에 따라 자연스럽게 나눈 가르마이다.
> ④ 렉탱귤러 파트 : 두상에서 양측두부와 후두부를 연결하여 두발을 직사각형 형태로 나눈 가르마이다.

12 원랭스 커트의 정의로 가장 적합한 것은?

① 두발의 길이에 단차가 있는 상태의 커트

② 완성된 두발을 빗으로 빗어 내렸을 때 모든 두발이 하나의 선상으로 떨어지도록 자르는 커트

③ 전체의 머리 길이가 똑같은 커트

④ 머릿결을 맞추지 않아도 되는 커트

> **해설**
> 원랭스 커트는 동일선상에서 커트하는 기법으로 스파니엘, 이사도라, 보브 스타일이 이에 속한다.

13 고객이 추구하는 미용의 목적과 필요성을 시각적으로 느끼게 하는 과정은 어디에 해당하는가?

① 소재   ② 구상

③ 제작   ④ 보정

> **해설**
> 제작 후 전체적인 헤어스타일을 본 후 수정할 곳이 있는지 확인하는 단계로서 고객에서 거울을 보여주어 만족여부를 확인한다.

14 플래트 컬의 특징을 가장 잘 표현한 것은?

① 컬의 루프가 두피에 대하여 0°로 평평하고 납작하게 형성된 컬을 말한다.

② 일반적 컬 전체를 말한다.

③ 루프가 반드시 90°로 두피 위에 세워진 컬로 볼륨을 내기 위한 헤어스타일에 주로 이용된다.

④ 두발의 끝에서부터 말아온 컬을 말한다.

> **해설**
> 플래트 컬은 컬의 루프가 두피에서 0°로 평평하고 납작하게 형성된 컬로, 종류에는 스컬프처 컬, 핀컬 등이 있다.

15 루프가 귓바퀴를 따라 말리고 두피에 90°로 세워져 있는 컬은?

① 리버스 스탠드업 컬   ② 포워드 스탠드업 컬

③ 스컬프처 컬   ④ 플래트 컬

> **해설**
> ① 리버스 스탠드업 컬 : 귓바퀴 반대 방향으로 말리고, 루프가 두피에서 90°로 세워진 컬
> ③ 스컬프처 컬 : 모발 끝이 컬의 중심으로 된 컬
> ④ 플래트 컬 : 루프가 두피에 0°로 평평하게 형성된 컬

16 완성된 두발선 위를 가볍게 다음에 커트하는 방법은?

① 테이퍼링(Tapering)   ② 틴닝(Thinning)

③ 트리밍(Trimming)   ④ 싱글링(Shingling)

> **해설**
> ① 테이퍼링 : 모발 끝을 점차 가늘게 커트하는 기법
> ② 틴닝 : 모발의 길이는 그대로 두면서 숱만 감소시키는 기법
> ④ 싱글링 : 빗에 가위를 대고 빠른 개폐동작으로 주로 남성커트에 사용

17 레이저(Razor)에 대한 설명 중 가장 거리가 먼 것은?

① 셰이핑 레이저를 이용하여 커팅하면 안정적이다.

② 초보자는 오디너리 레이저를 사용하는 것이 좋다.

③ 솜털 등을 깎을 때 외곡선상의 날이 좋다.

④ 녹이 슬지 않게 관리를 한다.

> **해설**
> 오디너리 레이저는 일상용 레이저로 숙련자에게 적합하다. 초보자는 날에 보호막이 있어 머리카락이 많이 잘려나갈 위험이 적은 초보자용 레이저인 셰이핑 레이저를 사용하는 것이 좋다.

18 마셀 웨이브 시 아이론의 온도로 가장 적당한 것은?

① 100~120℃   ② 120~140℃

③ 140~160℃   ④ 160~180℃

> **해설**
> 아이론의 적정온도는 120~140℃이다.

19 다공성 모발에 대한 설명 중 틀린 것은?

① 다공성모란 두발의 간충물질이 소실되어 두발 조직 중에 공동이 많고 보습작용이 적어져서 두발이 건조해지기 쉬우므로 손상모를 말한다.

② 다공성모는 두발이 얼마나 빨리 유액을 흡수하느냐에 따라 그 정도가 결정된다.

③ 다공성의 정도에 따라서 콜드 웨이빙의 프로세싱 타임과 웨이브 용제가 결정된다.

④ 다공성의 정도가 클수록 모발의 탄력이 감소하므로 프로세싱 타임을 길게 한다.

> **해설**
> 다공성모는 모발이 건조해지기 쉬운 손상모를 말한다. 그렇기 때문에 정상모보다 프로세싱 타임을 적게 두는 것이 모발 손상을 줄일 수 있다.

정답   10 ②   11 ②   12 ②   13 ④   14 ①   15 ②   16 ③   17 ②   18 ②   19 ④

20 헤어 커팅 시 두발의 양이 적을 때나 두발 끝을 테이퍼해서 표면을 정돈할 때 스트랜드의 1/3 이내의 두발 끝을 테이퍼하는 것은?

① 노멀 테이퍼(Normal taper)
② 엔드 테이퍼(End taper)
③ 딥 테이퍼(Deep taper)
④ 미디움 테이퍼(Medium taper)

> **해설**
> ① 노멀 테이퍼 : 스트랜드의 1/2 지점을 테이퍼 하는 것
> ② 엔드 테이퍼 : 스트랜드의 1/3 이내의 모발 끝을 테이퍼 하는 것
> ③ 딥 테이퍼 : 스트랜드의 2/3 지점에서 모발을 많이 쳐내는 것

21 다음 중 특별한 장치를 설치하지 아니한 일반적인 경우에 실내의 자연적인 환기에 가장 큰 비중을 차지하는 요소는?

① 실내외 공기 중 CO_2의 함량의 차이
② 실내외 공기의 습도 차이
③ 실내외 공기의 기온 차이 및 기류
④ 실내외 공기의 불쾌지수 차이

22 비타민 결핍증인 불임증 및 생식불능과 피부의 노화 방지작용 등과 가장 관계가 깊은 것은?

① 비타민 A
② 비타민 B 복합체
③ 비타민 E
④ 비타민 D

> **해설**
> 비타민 E는 항산화 작용, 노화 방지, 임신, 혈액순환을 촉진한다.

23 환경오염의 발생 요인인 산성비의 가장 주요한 원인과 산도는?

① 이산화탄소, pH 5.6 이하
② 아황산가스, pH 5.6 이하
③ 염화불화탄소, pH 6.6 이하
④ 탄화수소, pH 6.6 이하

> **해설**
> 약산성인 대기 중의 비가 산성인 아황산가스와 접촉하면서 산성비로 변하게 된다.

24 세계보건기구(WHO)에서 규정된 건강의 정의를 가장 적절하게 표현한 것은?

① 육체적으로 완전히 양호한 상태
② 정신적으로 완전히 양호한 상태
③ 질병이 없고 허약하지 않은 상태
④ 육체적, 정신적, 사회적 안녕이 완전한 상태

25 주로 7~9월 사이에 많이 발생되며, 어패류가 원인이 되어 발병, 유행하는 식중독은?

① 포도상구균 식중독
② 살모넬라 식중독
③ 보툴리누스균 식중독
④ 장염 비브리오 식중독

> **해설**
> ① 포도상구균 : 우유, 치즈, 버터, 크림 등이 원인이 된다.
> ② 살모넬라 : 어육류, 우유 등이 원인이 된다.
> ③ 보툴리누스균 : 통조림, 소시지 등이 원인이 된다.

26 돼지와 관련이 있는 질환으로 거리가 먼 것은?

① 유구조충
② 살모넬라증
③ 일본뇌염
④ 발진티푸스

> **해설**
> 발진티푸스는 이, 벼룩, 진드기 등과 관련이 있는 질환이다.

27 한 국가가 지역사회의 건강 수준을 나타내는 지표로 가장 대표적인 것은?

① 질병이환률
② 영아사망률
③ 신생아사망률
④ 조사망률

28 위생해충의 구제방법으로 가장 효과적이고 근본적인 방법은?

① 성충 구제
② 살충제 사용
③ 유충 구제
④ 발생원 제거

> **해설**
> 구충, 구서의 일반적 원칙은 구제대상 동물의 발생원 및 서식처를 제거하는 것이다.

29 파리에 의해 주로 전파될 수 있는 감염병은?

① 페스트
② 장티푸스
③ 사상충증
④ 황열

> **해설**
> 파리에 의한 감염병은 장티푸스, 파라티푸스, 이질, 콜레라, 결핵, 디프테리아 등이 있다.

30 기온 측정 등에 관한 설명 중 틀린 것은?

① 실내에서는 통풍이 잘 되는, 직사광선을 받지 않는 곳에 매달아 놓고 측정하는 것이 좋다.
② 평균기온은 높이에 비례하여 하강하는데 고도 11,000m 이하에서는 보통 100m당 0.5~0.7℃ 정도이다.
③ 측정할 때 수은주 높이와 측정자의 눈의 높이가 같아야 한다.
④ 정상적인 날의 하루 중 기온이 가장 낮을 때는 밤 12시 경이고 가장 높을 때는 오후 2시경이 일반적이다.

31 고압멸균기를 사용하여 소독하기에 가장 적합하지 않은 것은?

① 유리기구
② 금속기구
③ 약액
④ 가죽 제품

> **해설**
> 고압멸균기는 초자기구, 금속기구, 약액, 고무 제품, 거즈 등의 소독에 쓰인다.

정답 20 ② 21 ③ 22 ③ 23 ② 24 ④ 25 ④ 26 ④ 27 ② 28 ④ 29 ② 30 ④ 31 ④

32 다음 중 소독의 정의를 가장 잘 표현한 것은?

① 미생물의 발육과 생활을 제지 또는 정지시켜 부패 또는 발효를 방지할 수 있는 것

② 병원성 미생물의 생활력을 파괴 또는 멸살시켜 감염 또는 증식력을 없애는 조작

③ 모든 미생물의 생활력을 파괴 또는 멸살시키는 조작

④ 오염된 미생물을 깨끗이 씻어내는 작업

> **해설**
> 소독은 협의적 의미로서 병원 미생물의 생활력을 파괴하여 감염력을 없애는 것을 말한다. 광의적 의미로는 병원 또는 비병원성 미생물을 죽이거나 그의 감염력이나 증식력을 없애는 조작으로서 살균과 방부, 멸균을 포함한다.

33 병원성 미생물이 일반적으로 증식이 가장 잘 되는 pH의 범위는?

① 3.5~4.5   ② 4.5~5.5
③ 5.5~6.5   ④ 6.5~7.5

> **해설**
> 대부분의 미생물은 혈액의 pH와 같은 중성이나 약염기성(pH 6.8~7.4)에서 증식이 가장 잘 된다.

34 다음 중 일회용 면도기를 사용함으로써 예방이 가능한 질병은? (단, 정상적인 사용의 경우를 말한다)

① 옴(개선)병   ② 일본뇌염
③ B형간염   ④ 무좀

> **해설**
> B형간염을 예방하기 위해서는 개인위생에 철저해야 하며 침, 주사기, 면도날, 손톱깎이, 칫솔 등을 구별해서 사용해야 한다.

35 소독약의 살균력 지표로 가장 많이 이용되는 것은?

① 알코올   ② 크레졸
③ 석탄산   ④ 포름알데이드

> **해설**
> 소독제의 살균력을 평가하는 기준은 석탄산 계수이다. 석탄산은 일반적으로 3%의 수용액을 사용하며, 고온일수록 소독효과가 크다.

36 산소가 있어야만 잘 성장할 수 있는 균은?

① 호기성균   ② 혐기성균
③ 통기혐기성균   ④ 호혐기성균

> **해설**
> 호기성균은 산소가 있어야만 성장활동이 왕성해진다.

37 다음 중 화학적 살균법이라고 할 수 없는 것은?

① 자외선살균법   ② 알콜살균법
③ 염소살균법   ④ 과산화수소살균법

> **해설**
> 자외선살균법은 무가열멸균법에 해당된다.

38 소독약의 구비조건에 해당하지 않는 것은?

① 높은 살균력을 가질 것

② 인축에 해가 없어야 할 것

③ 저렴하고 구입과 사용이 간편할 것

④ 기름, 알코올 등에 잘 용해되어야 할 것

> **해설**
> 소독약은 용해성이 높고 안정성이 있어야 하며, 특히 물에 잘 용해되어야 한다.

39 다음 중 세균의 단백질 변성과 응고작용에 의한 기전을 이용하여 살균하고자 할 때 주로 이용되는 방법은?

① 가열   ② 희석
③ 냉각   ④ 여과

40 소독액을 표시할 때 사용하는 단위로 용액 100ml 속에 용질의 함량을 표시하는 수치는?

① 푼   ② 퍼센트
③ 퍼밀리   ④ 피피엠

41 피부의 구조 중 진피에 속하는 것은?

① 과립층   ② 유극층
③ 유두층   ④ 기저층

> **해설**
> 진피층에는 유두층과 망상층이 존재한다.

42 안면의 각질 제거를 용이하게 하는 것은?

① 비타민 C   ② 토코페놀
③ AHA   ④ 비타민 E

> **해설**
> AHA는 화학적 필링제에 속하며 각질 제거를 용이하게 하는 기능이 있다.

43 피부의 산성도가 외부의 충격으로 파괴된 후 자연 재현되는 데 걸리는 최소한의 시간은?

① 약 1시간 경과 후

② 약 2시간 경과 후

③ 약 3시간 경과 후

④ 약 4시간 경과 후

44 다음 중 결핍 시 피부 표면이 경화되어 거칠어지는 주된 영양물질은?

① 단백질과 비타민 A   ② 비타민 D
③ 탄수화물   ④ 무기질

> **해설**
> 단백질은 피부의 재생작용에 관여하며 부족 시 피부 탄력 저하, 잔주름 형성 등 의이상현상이 나타난다. 비타민 A는 피부 윤기, 건성피부에 좋지만 결핍 시 피부 각화현상이 일어날 수 있다.

정답   32 ②   33 ④   34 ③   35 ③   36 ①   37 ①   38 ④   39 ①   40 ②   41 ③   42 ③   43 ②   44 ①

45 화장품으로 인해 알레르기가 생겼을 때의 피부 관리방법으로 알맞은 것은?

① 민감한 반응을 보인 화장품의 사용을 중지한다.
② 뜨거운 타월로 피부 알레르기를 진정시킨다.
③ 비누를 사용하여 피부를 소독하듯이 자주 닦아 낸다.
④ 알레르기가 정상으로 회복될 때까지 두꺼운 화장을 한다.

해설
② 차가운 타월로 알레르기를 진정시킨다.
③ 알레르기를 더 악화시킬 수 있기 때문에 비누의 사용은 자제한다.
④ 두꺼운 화장은 피하도록 한다.

46 피부색소의 멜라닌을 만드는 색소형성세포는 어느 층에 위치하는가?

① 과립층 　　　　　② 유극층
③ 각질층 　　　　　④ 기저층

해설
기저층에는 색소형성(멜라닌)세포, 각질형성세포, 촉각(머켈)세포가 존재한다.

47 한선(땀샘)의 설명으로 틀린 것은?

① 체온을 조절한다.
② 땀은 피부의 피지막과 산성막을 형성한다.
③ 땀을 많이 흘리면 영양분과 미네랄을 잃는다.
④ 땀샘은 손·발바닥에는 없다.

해설
한선은 입술, 음부, 손·발톱을 제외한 모든 전신에 분포되어 있다.

48 다음 중 피부의 면역기능에 관계하는 것은?

① 각질형성세포 　　　② 랑게르한스세포
③ 말피기세포 　　　　④ 머켈세포

해설
표피의 유극층에는 면역기능을 담당하는 랑게르한스세포가 존재한다.

49 세포의 분열증식으로 모발이 만들어지는 곳은?

① 모모(毛母)세포 　　② 모유두
③ 모구 　　　　　　　④ 모소피

해설
모모세포 : 모발의 근원이며, 세포분열과 증식에 관여하여 새로운 모발을 만들어낸다.

50 세안용 화장품의 구비조건으로 부적당한 것은?

① 안정성 - 물이 묻거나 건조해지면 형과 질이 잘 변해야 한다.
② 용해성 - 냉수나 온탕에 잘 풀려야 한다.
③ 기포성 - 거품이 잘나고 세정력이 있어야 한다.
④ 자극성 - 피부를 자극시키지 않고 쾌적한 방향이 있어야 한다.

해설
안정성 : 화장품은 보관에 따른 산화, 변색, 변취 등 미생물의 오염이 없어야 한다.

51 이·미용사의 면허를 받을 수 없는 자는?

① 전문대학에서 이용 또는 미용에 관한 학과를 졸업한 자
② 교육부장관이 인정하는 이·미용고등학교를 졸업한 자
③ 교육부장관이 인정하는 고등기술학교에서 6개월 수학한 자
④ 국가기술자격법에 의한 이·미용사 자격취득자

해설
교육부장관이 인정하는 고등기술학교에서 1년 이상 이용 또는 미용에 관한 소정의 과정을 이수한 자가 면허를 받을 수 있다.

52 다음 중 이·미용업 영업자가 변경신고를 해야 할 때를 모두 고른 것은?

　ㄱ. 영업소의 소재지 변경
　ㄴ. 영업소 바닥의 면적의 3분의 1 이상의 증감
　ㄷ. 종사자의 변동
　ㄹ. 영업자의 재산변동

① ㄱ 　　　　　　　　② ㄱ, ㄴ
③ ㄱ, ㄴ, ㄷ 　　　　④ ㄱ, ㄴ, ㄷ, ㄹ

해설
변경신고를 해야 하는 사항
• 영업소의 명칭 또는 상호 변경 시
• 영업소의 소재지 변경 시
• 신고한 영업장 면적의 1/3 이상의 증감 시
• 대표자 성명 또는 생년월일

53 영업소 외에서의 이용 및 미용 업무를 할 수 없는 경우는?

① 관할 소재동 지역 내에서 주민에게 이·미용을 하는 경우
② 질병, 기타의 사유로 인하여 영업소에 나올 수 없는 자에 대하여 미용을 하는 경우
③ 혼례나 기타 의식에 참여하는 자에 대하여 그 의식의 직전에 미용을 하는 경우
④ 특별한 사정이 있다고 인정하여 시장, 군수, 구청장이 인정하는 경우

54 시장, 군수, 구청장이 영업정지가 이용자에게 심한 불편을 주거나 그 밖에 공익을 해할 우려가 있는 경우에 영업정지 처분에 갈음한 과징금을 부과할 수 있는 금액기준은?

① 1천만 원 이하
② 2천만 원 이하
③ 3천만 원 이하
④ 4천만 원 이하

해설
시장, 군수·구청장은 규정에 의한 영업정지가 이용자에게 심한 불편을 주거나 그밖에 공익을 해할 우려가 있는 경우에는 영업정지 처분에 갈음하여 3천만 원 이하의 과징금을 부과할 수 있다.

정답 45 ① 46 ④ 47 ④ 48 ② 49 ① 50 ① 51 ③ 52 ② 53 ① 54 ③

55 이·미용사 면허증을 분실하여 재교부를 받은 자가 분실한 면허증을 찾았을 때 취하여야 할 조치로 옳은 것은?

① 시·도지사에게 찾은 면허증을 반납한다.
② 시장, 군수에게 찾은 면허증을 반납한다.
③ 본인이 모두 소지하여도 무방하다.
④ 재교부 받은 면허증을 반납한다.

해설

면허증을 잃어버린 후 재교부 받은 자가 그 잃어버린 면허증을 찾은 때에는 지체 없이 이를 관할 시장, 군수, 구청장에게 반납해야 한다.

56 영업자의 지위를 승계한 자는 몇 월 이내에 시장, 군수, 구청장에게 신고를 하여야 하는가?

① 1월　　② 2월
③ 6월　　④ 12월

해설

공중위생영업자의 지위를 승계한 자는 1월 이내에 보건복지부령이 정하는 바에 따라 시장, 군수, 구청장에게 신고하여야 한다.

57 이용사 또는 미용사의 면허를 받지 아니한 자 중 이용사 또는 미용사 업무에 종사할 수 있는 자는?

① 이·미용 업무에 숙달된 자로 이·미용사 자격증이 없는 자
② 이·미용사로서 업무정지 처분 중에 있는 자
③ 이·미용업소에서 이·미용사의 감독을 받아 이·미용 업무를 보조하고 있는 자
④ 학원 설립·운영에 관한 법률에 의하여 설립된 학원에서 3월 이상 이용 또는 미용에 관한 강습을 받은 자

해설

이용사 또는 미용사의 면허를 받은 자가 아니면 이용업 또는 미용업에 종사할 수 없다. 다만, 이·미용사의 감독을 받아 보조업무를 행할 경우 그렇지 아니하다.

58 이·미용소의 조명시설은 얼마 이상이어야 하는가?

① 50룩스　　② 75룩스
③ 100룩스　　④ 125룩스

해설

미용업 영업장 안의 조명도는 75룩스 이상이 되도록 유지해야 한다.

59 다음 위법사항 중 가장 무거운 벌칙 기준에 해당하는 자는?

① 신고를 하지 아니하고 영업한 자
② 변경신고를 하지 아니하고 영업한 자
③ 면허정지 처분을 받고 그 정지 기간 중 업무를 행한 자
④ 관계 공무원 출입, 검사를 거부한 자

해설

신고를 하지 아니하고 영업한 자는 1년 이하의 징역 1천만 원 이하의 벌금에 처한다.

60 이·미용 영업자가 위생교육을 받지 아니한 때의 과태료 처분 기준은?

① 100만 원 이하의 과태료　　② 200만 원 이하의 과태료
③ 300만 원 이하의 과태료　　④ 500만 원 이하의 과태료

해설

200만 원 이하의 과태료
•규정을 위반하여 미용업소의 위생관리 의무를 지키지 아니한 자
•영업소 외의 장소에서 이용 또는 미용 업무를 행한 자
•위생교육을 받지 아니한 자

정답　55 ②　56 ①　57 ③　58 ②　59 ①　60 ②

제8회 국가기술자격 필기시험문제

자격종목	시험기간	형별	수험번호	성명
미용사(일반)	1시간			

＊답안 카드 작성 시 시험문제지 형별누락, 마킹착오로 인한 불이익은 전적으로 수험자의 귀책사유임을 알려드립니다.
＊각 문항은 4지택일형으로 질문에 가장 적합한 보기항을 선택하여 마킹하여야 합니다.

01 물에 적신 모발을 와인딩 한 후 퍼머넌트 웨이브 1제를 도포하는 방법은?

① 워터래핑
② 슬래핑
③ 스파이럴 랩
④ 크로키놀 랩

> **해설**
> 워터래핑(Water wrapping)이란 제1액을 바르지 않고 두발을 촉촉하게 해서 와인딩한 후 제1액을 도포하는 방법이다.

02 한국 현대 미용사에 대한 설명 중 옳은 것은?

① 경술국치 이후 일본인들에 의해 미용이 발달했다.
② 1933년 일본인이 우리나라에 처음으로 미용원을 열었다.
③ 해방 전 우리나라 최초의 미용교육기관은 정화고등기술학교이다.
④ 오엽주씨가 화신백화점 내에 미용원을 열었다.

> **해설**
> ① 경술국치 이후 외국으로 유학을 다녀온 한국인들에 의해 미용이 발달하였다.
> ② 1933년 오엽주 여사가 화신미용실을 개설하였다.
> ③ 해방 후 최초의 미용교육기관은 정화고등기술학교이다.

03 퍼머넌트 제1액 처리에 따른 프로세싱 중 언더 프로세싱의 설명으로 틀린 것은?

① 언더 프로세싱은 프로세싱 타임 이상으로 제1액을 두발에 방치한 것을 말한다.
② 언더 프로세싱일 때에는 두발의 웨이브가 거의 나오지 않는다.
③ 언더 프로세싱일 때에는 처음에 사용한 솔루션보다 약한 제1액을 다시 사용한다.
④ 제1액의 처리 후 두발의 테스트 컬로 언더 프로세싱 여부가 판명된다.

> **해설**
> 언더 프로세싱이란 프로세싱 타임 이하로 제1액을 두발에 방치한 것이다.

04 헤어 컬러링 기술에서 만족할 만한 색채효과를 얻기 위해서는 색채의 기본적인 원리를 이해하고 이를 응용할 수 있어야 하는데 색의 3속성 중의 명도만을 갖고 있는 무채색에 해당하는 것은?

① 적색
② 황색
③ 청색
④ 백색

> **해설**
> 흑색, 회색, 백색이 무채색에 해당한다.

05 아이론의 열을 이용하여 웨이브를 형성하는 것은?

① 마셀 웨이브
② 콜드 웨이브
③ 핑거 웨이브
④ 섀도 웨이브

> **해설**
> 마셀 웨이브 : 아이론의 열에 의해서 모발에 일시적인 변화를 주어 웨이브를 형성하는 것이다.

06 다음 중 산성 린스의 종류가 <u>아닌</u> 것은?

① 레몬 린스
② 비니거 린스
③ 오일 린스
④ 구연산 린스

> **해설**
> 오일 린스는 유성 린스에 속한다.

07 다음 중 블런트 커트와 같은 의미인 것은?

① 클럽 커트
② 싱글링
③ 클리핑
④ 트리밍

> **해설**
> 블런트 커트(Blunt cut)는 '뭉툭하게 자르다'로서 직선으로 커트하는 기법으로 클럽 커트와 같은 의미이다.

08 브러시 세정법으로 옳은 것은?

① 세정 후 털은 아래로 하여 양지에서 말린다.
② 세정 후 털은 아래로 하여 응달에서 말린다.
③ 세정 후 털은 위로 하여 양지에서 말린다.
④ 세정 후 털은 위로 하여 응달에서 말린다.

> **해설**
> 브러시는 세정 후 털을 아래로 하고 응달(그늘)에서 말려야 브러시의 변형이 없다.

09 콜드 퍼머넌트 시 제1액을 바르고 비닐캡을 씌우는 이유로 거리가 가장 <u>먼</u> 것은?

① 체온으로 솔루션의 작용을 빠르게 하기 위하여
② 제1액의 작용이 두발 전체에 골고루 행해지게 하기 위하여
③ 휘발성 알칼리의 휘산작용을 방지하기 위하여
④ 두발을 구부러진 형태대로 정착시키기 위하여

> **해설**
> 비닐캡을 씌우는 이유는 두피의 체온으로 솔루션(약액)의 작용을 빠르게 하여 두발 전체에 작용이 골고루 행해지고 알칼리제의 증발을 막아주기 위함이다.

10 미용의 특수성에 해당하지 않는 것은?

① 자유롭게 소재를 선택한다.
② 시간적 제한을 받는다.
③ 손님의 의사를 존중한다.
④ 여러 가지 조건에 제한을 받는다.

11 염모제로서 헤나를 처음으로 사용했던 나라는?

① 그리스 ② 이집트
③ 로마 ④ 중국

> **해설**
> 이집트는 고대미용의 발상지로서 천연식물염모제인 헤나를 최초로 사용하였다.

12 빗의 보관 및 관리에 관한 설명 중 옳은 것은?

① 빗은 사용 후 소독액에 계속 담가 보관한다.
② 소독액에서 빗을 꺼낸 후 물로 닦지 않고 그대로 사용해야 한다.
③ 증기소독은 자주 해주는 것이 좋다.
④ 소독액은 석탄산수, 크레졸 비누액 등이 좋다.

> **해설**
> 플라스틱류의 빗은 증기, 자비소독을 피하고 크레졸, 석탄산수, 포르말린수 등으로 소독한다.

13 유기합성 염모제에 대한 설명 중 틀린 것은?

① 유기합성 염모제 제품은 알칼리성의 제1액과 산화제인 제2액으로 나누어진다.
② 제1액은 산화염료가 암모니아수에 녹아있다.
③ 제1액의 용액은 산성을 띠고 있다.
④ 제2액은 과산화수소로서 멜라닌색소를 파괴하고 산화염료를 산화시켜 발색시킨다.

> **해설**
> 제1액은 알칼리제, 제2액은 산화제이다.

14 비듬이 없고 두피가 정상적인 상태일 때 실시하는 것은?

① 댄드러프 스캘프 트리트먼트
② 오일리 스캘프 트리트먼트
③ 플레인 스캘프 트리트먼트
④ 드라이 스캘프 트리트먼트

> **해설**
> ② 오일리 스캘프 트리트먼트 - 지성두피
> ③ 플레인 스캘프 트리트먼트 - 정상두피
> ④ 드라이 스캘프 트리트먼트 - 건성두피

15 땋거나 스타일링하기에 쉽도록 3가닥 혹은 1가닥으로 만들어진 헤어피스는?

① 웨프트 ② 스위치
③ 폴 ④ 위글렛

> **해설**
> 스위치란 웨이브 상태에 따라 땋거나 꼰 스타일을 만들어 부착하는 것이다.

16 다음 중 옳게 짝지어진 것은?

① 아이론 웨이브 - 1830년 프랑스의 무슈 끄로샤뜨
② 콜드 웨이브 - 1936년 영국의 스피크먼
③ 스파이럴 퍼머넌트 웨이브 - 1925년 영국의 조셉 메이어
④ 크로키놀식 웨이브 - 1875년 프랑스의 마셀 그라또우

> **해설**
> ① 1875년 마셀 그라또우
> ③ 1905년 찰스 네슬러
> ④ 1925년 조셉 메이어

17 헤어스타일 또는 메이크업에서 개성미를 발휘하기 위한 첫 단계는?

① 구상 ② 보정
③ 소재의 확인 ④ 제작

> **해설**
> 미용의 과정 : 소재 - 구상 - 보정 - 제작

18 두정부의 가마로부터 방사상으로 나눈 파트는?

① 카우릭 파트 ② 이어 투 이어 파트
③ 센터 파트 ④ 스퀘어 파트

> **해설**
> ② E.P(이어 포인트)에서 T.P(탑 포인트)를 지나 반대쪽 E.P까지 이어진 가르마
> ③ 중앙을 기점으로 하는 5:5 가르마
> ④ 이마의 양각에서 사이드 파트하여 사각형을 이루는 가르마

19 컬의 목적으로 가장 옳은 것은?

① 텐션, 루프, 스템을 만들기 위해
② 웨이브, 볼륨, 플러프를 만들기 위해
③ 슬라이싱, 스퀘어 베이스를 만들기 위해
④ 세팅, 뱅을 만들기 위해

20 위그 치수 측정 시 이마의 헤어라인에서 정중선을 따라 네이프의 움푹 들어간 지점까지를 무엇이라고 하는가?

① 두상 길이 ② 두상 둘레
③ 이마 폭 ④ 두상 높이

> **해설**
> ② 두상 둘레 : 페이스라인을 거쳐 귀 뒤 1cm 부분을 지나 네이프 미디움 위치까지의 둘레
> ③ 이마 폭 : 페이스 헤어라인의 양쪽 끝에서 끝까지의 길이
> ④ 두상 높이 : 왼쪽 이어 탑의 헤어라인에서 오른쪽 이어 탑 헤어라인까지의 길이

21 간흡충증(디스토마)의 제1중간숙주는?

① 다슬기 ② 쇠우렁
③ 피라미 ④ 게

> **해설**
> 간흡충증(디스토마)의 제1중간숙주는 우렁이, 제2중간숙주는 민물고기이다.

> **정답** 10 ① 11 ② 12 ④ 13 ③ 14 ③ 15 ② 16 ② 17 ① 18 ① 19 ② 20 ① 21 ②

22 납 중독과 가장 거리가 먼 증상은?

① 빈혈
② 신경마비
③ 뇌 중독 증상
④ 과다행동장애

해설
납 중독 증상으로는 식욕부진, 빈혈, 뇌 관련 증상, 신경마비, 복통, 체중 감소 등이 있다.

23 간헐적으로 유행할 가능성이 있어 지속적으로 그 발생을 감시하고 방역대책의 수립이 필요한 감염병은?

① 말라리아
② 콜레라
③ 디프테리아
④ 유행성이하선염

해설
말라리아는 제3군 감염병으로서 전 세계적으로 가장 많이 이환되는 급성 전염병이다. 양성 3일열 원충이 병원체로서 중국 얼룩날개모기가 전파한다.

24 수질오염의 지표로 사용하는 '생물학적 산소요구량'을 나타내는 용어는?

① BOD
② DO
③ COD
④ SS

해설
② DO : 용존산소량
③ COD : 생화학적 산소요구량
④ SS : 부유물질

25 국가의 건강 수준을 나타내는 지표로서 가장 대표적으로 사용하고 있는 것은?

① 인구증가율
② 조사망률
③ 영아사망률
④ 질병발생률

26 지역사회에서 노인층 인구에 가장 적절한 보건교육 방법은?

① 신문
② 집단교육
③ 개별접촉
④ 강연회

해설
노인층 인구의 보건교육은 개별접촉 방법이 가장 적절하다.

27 예방접종에서 생균제제를 사용하는 것은?

① 장티푸스
② 파상풍
③ 결핵
④ 디프테리아

해설
생균백신 : 두창, 탄저, 광견병, 결핵, 황열, 폴리오, 홍역

28 저온폭로에 의한 건강장애는?

① 동상 – 무좀 – 전신체온 상승
② 참호족 – 동상 – 전신체온 하강
③ 참호족 – 동상 – 전신체온 상승
④ 동상 – 기억력 저하 – 참호족

해설
참호족은 발을 오랜 시간동안 차가운 곳에 노출하였을 때 일어나는 장애이다.

29 다음 식중독 중에서 치명률이 가장 높은 것은?

① 살모넬라증
② 포도상구균 중독
③ 연쇄상구균 중독
④ 보툴리누스균 중독

해설
보툴리누스균은 균이 신경독소를 분비하며, 치사율이 최대 70%이고 원인식품으로는 통조림, 가공식품 등이 있다.

30 다음 중 파리가 전파할 수 있는 소화기계 감염병은?

① 페스트
② 일본뇌염
③ 장티푸스
④ 황열

해설
소화기계 감염병으로는 장티푸스, 파라티푸스, 세균성이질, 콜레라 등이 있다.

31 소독의 정의로서 옳은 것은?

① 모든 미생물 일체를 사멸하는 것
② 모든 미생물을 열과 약품으로 완전히 죽이거나 또는 제거하는 것
③ 병원성 미생물의 생활력을 파괴하여 죽이거나 또는 제거하여 감염력을 없애는 것
④ 균을 적극적으로 죽이지는 못하더라도 발육을 저지하고, 목적하는 것을 변화시키지 않고 보존하는 것

해설
소독은 협의적 의미에서 병원 미생물의 생활력을 파괴하여 감염력을 없애는 것을 말한다.

32 AIDS나 B형간염 등과 같은 질환의 전파를 예방하기 위한 이·미용기구의 가장 좋은 소독방법은?

① 고압증기멸균기
② 자외선소독기
③ 음이온 계면활성제
④ 알코올

해설
고압증기멸균법은 120℃에서 20분간 멸균하는 것으로 모든 미생물을 완전히 사멸시킬 수 있다.

33 일반적으로 사용되는 소독용 알코올의 적정 농도는?

① 30%
② 70%
③ 50%
④ 100%

해설
에탄올 70~80% 수용액은 피부, 기구(20분 이상 담가 두었다가 사용) 소독 또는 주사 부위 소독에 널리 이용된다. 가구 및 도구류 소독에는 70% 알코올을 사용한다.

정답 22 ④ 23 ① 24 ① 25 ③ 26 ③ 27 ③ 28 ② 29 ④ 30 ③ 31 ③ 32 ① 33 ②

34 다음 중 이·미용사의 손을 소독하려 할 때 가장 알맞은 것은?

① 역성비누액   ② 석탄산수
③ 포르말린수   ④ 과산화수소수

해설
역성비누 : 세정력은 약하나 무미, 무해, 무자극이고, 살균 침투력이 높아 손 소독이나 식품 소독에 사용되기도 한다.

35 다음 중 음용수 소독에 사용되는 약품은?

① 석탄산   ② 액체염소
③ 승홍   ④ 알코올

해설
액체염소는 냉각기로 냉각해 액화된 염소를 말하며, 염소는 물의 소독에 많이 사용되고 살균효과와 잔류효과가 좋다.

36 소독에 영향을 미치는 인자가 <u>아닌</u> 것은?

① 온도   ② 수분
③ 시간   ④ 풍속

해설
소독에 영향을 미치는 인자로는 온도, 습도, 시간, 자외선 등이 있다.

37 소독법의 구비 조건에 <u>부적합한</u> 것은?

① 장시간에 걸쳐 소독의 효과가 서서히 나타나야 한다.
② 소독대상물에 손상을 입혀서는 안 된다.
③ 인체 및 가축에 해가 없어야 한다.
④ 방법이 간단하고 비용이 적게 들어야 한다.

해설
소독약은 짧은 시간 안에 소독효과가 나타나야 한다.

38 소독제의 살균력 측정검사의 지표로 사용되는 것은?

① 알코올   ② 크레졸
③ 석탄산   ④ 포르말린

해설
소독제의 살균력을 평가하는 기준은 석탄산 계수이다. 석탄산은 일반적으로 3% 수용액을 사용하며 고온일수록 소독효과가 크다.

39 화장실, 하수도, 쓰레기통 소독에 가장 적합한 것은?

① 알콜   ② 연소
③ 승홍수   ④ 생석회

해설
생석회는 하수, 오물, 쓰레기통, 화장실 소독 등에 사용한다.

40 상처 소독에 적당하지 <u>않은</u> 것은?

① 과산화수소   ② 요오드딩크제
③ 승홍수   ④ 머큐로크롬

해설
승홍수는 맹독성이 있기 때문에 소량의 농도를 사용하며, 피부 점막에는 자극적이기 때문에 상처 소독에는 적합하지 않다.

41 생명력이 없는 상태의 무색, 무핵층으로서 손바닥과 발바닥에 주로 있는 층은?

① 각질층   ② 과립층
③ 투명층   ④ 기저층

해설
투명층 – 표피에 존재하며 손·발바닥에 분포되어 있다. 엘라이딘이라는 반유동적 단백질이 있어 빛을 차단하고 수분 침투를 방지한다.

42 천연보습인자(NMF)에 속하지 <u>않는</u> 것은?

① 아미노산
② 암모니아
③ 젖산염
④ 글리세린

해설
천연보습인자로는 아미노산, 암모니아, 젖산염, 요소, 염소, 칼륨, 마그네슘 등이 있다.

43 즉시 색소침착 작용을 하는 광선으로, 인공 선탠에 사용되는 것은?

① UV A   ② UV B
③ UV C   ④ UV D

해설
UV A는 장파장이므로 창문이나 커튼을 투과할 수 있으며 색소침착(Suntan) 반응이 있어 인공 선탠에 사용된다.

44 갑상선의 기능과 관계있으며 모세혈관 기능을 정상화시키는 것은?

① 칼슘   ② 인
③ 철분   ④ 요오드

해설
요오드는 갑상선호르몬의 구성 성분으로 모세혈관 기능 정상화, 탈모 예방 등의 기능이 있다.

45 피부의 생리작용 중 지각작용은?

① 피부 표면에 수증기가 발산된다.
② 피부에는 땀샘, 피지선 모근은 피부 생리작용을 한다.
③ 피부 전체에 퍼져 있는 신경에 의해 촉각, 온각, 냉각, 통각 등을 느낀다.
④ 피부의 생리작용에 의해 생긴 노폐물을 운반한다.

해설
피부의 생리작용 중 지각작용은 촉각, 통각, 냉각, 온각, 압각 등 감각기를 느끼는 것을 의미한다.

정답   34 ①   35 ②   36 ④   37 ①   38 ③   39 ④   40 ③   41 ③   42 ④   43 ①   44 ④   45 ③

46 교원섬유(Collagen)와 탄력섬유(Elastin)로 구성되어 있어 강한 탄력성을 지니고 있는 곳은?

① 표피
② 진피
③ 피하조직
④ 근육

해설
진피는 유두층과 망상층으로 이루어져 있으며 그 중 망상층은 교원섬유와 탄력섬유로 구성되어 있다.

47 자외선의 영향 중 부정적인 효과는?

① 홍반반응
② 비타민 D 형성
③ 살균효과
④ 강장효과

해설
자외선의 효과
• 긍정적 효과 : 비타민 D 합성, 살균작용, 신진대사 증진, 강장효과
• 부정적 효과 : 홍반반응, 색소침착, 기미 · 주근깨 증가

48 피부에서 땀과 함께 분비되는 천연 자외선 흡수제는?

① 우로칸산
② 글리콜산
③ 글루탐산
④ 레틴산

해설
우로칸산은 천연 자외선 흡수제로 자외선 B를 차단해준다.

49 광노화와 거리가 먼 것은?

① 피부 두께가 두꺼워진다.
② 섬유아세포수의 양이 감소한다.
③ 콜라겐이 비정상적으로 늘어난다.
④ 점다당질이 증가한다.

해설
광노화의 특징
① 피부 표면의 표피 두께가 두꺼워짐
② 랑게르한스세포 수 감소
③ 섬유아세포 수의 감소로 인하여 엘라스틴, 콜라겐이 감소

50 피지 분비와 가장 관계가 있는 호르몬은?

① 에스트로겐
② 프로게스트론
③ 인슐린
④ 안드로겐

해설
안드로겐은 남성호르몬이며 피지선을 자극시켜 피지를 분비하게 한다.

51 이 · 미용업 영업자의 지위를 승계한 자가 관계 기관에 신고를 해야 하는 기간은?

① 1년 이내
② 3월 이내
③ 6월 이내
④ 1월 이내

해설
공중위생영업자의 지위를 승계하는 자는 1월 이내에 보건복지부령이 정하는 바에 따라 시장, 군수, 구청장에게 신고하여야 한다.

52 이 · 미용업은 다음 중 어디에 속하는가?

① 공중위생영업
② 위생 관련 영업
③ 위생처리업
④ 건물위생관리업

해설
공중위생영업이란 다수인을 대상으로 하여 위생관리서비스를 제공하는 영업으로서 이 · 미용업, 세탁업, 목욕장업, 건물위생관리업을 말한다.

53 다음 ( ) 안에 알맞은 내용은?

> 이·미용업 영업자가 공중위생관리법을 위반하여 관계 행정기관의 장의 요청이 있는 때에는 ( ) 이내의 기간을 정하여 영업의 정지 또는 일부 시설의 사용중지 혹은 영업소 폐쇄 등을 명할 수 있다.

① 3월
② 6월
③ 1년
④ 2년

해설
시장, 군수, 구청장은 공중위생영업자에게 6월 이내의 기간을 정하여 영업의 정지 또는 일부 시설의 사용 중지를 명하거나 영업소 폐쇄 명령 등을 명할 수 있다.

54 이 · 미용업소 내 반드시 게시하여야 할 사항으로 옳은 것은?

① 요금표 및 준수사항만 게시하면 된다.
② 이 · 미용업 신고증만 게시하면 된다.
③ 이 · 미용업 신고증 및 면허증 사본, 최종지불요금표를 게시하여야 한다.
④ 이 · 미용업 신고증, 면허증 원본, 최종지불요금표를 게시하여야 한다.

55 다음 중 이 · 미용사의 면허정지를 명할 수 있는 자는?

① 행정자치부장관
② 시 · 도지사
③ 시장, 군수, 구청장
④ 경찰서장

해설
면허취소권자 또는 면허증 반납 및 보관자는 시장, 군수, 구청장이다.

56 이 · 미용 영업소에서 1회용 면도날을 손님 2인에게 사용한 때의 1차 위반 시 행정처분은?

① 시정명령
② 개선명령
③ 경고
④ 영업정지 5일

해설
1회용 면도날을 손님 2인에게 사용한 경우
• 1차 위반 시 경고
• 2차 위반 시 영업정지 5일
• 3차 위반 시 영업정지 10일
• 4차 위반 시 영업장 폐쇄명령

57 관련법상 이 · 미용사의 위생교육에 대한 설명 중 옳은 것은?

① 위생교육 대상자는 이 · 미용업 영업자이다.
② 위생교육 대상자에는 이 · 미용사의 면허를 가지고 이 · 미용업에 종사하는 모든 자가 포함된다.
③ 위생교육은 시장, 군수, 구청장만이 할 수 있다.
④ 위생교육 시간은 분기 당 4시간으로 한다.

정답 46 ② 47 ① 48 ① 49 ③ 50 ④ 51 ④ 52 ① 53 ② 54 ④ 55 ③ 56 ③ 57 ①

해설

위생교육
- 위생교육 시간은 3시간으로 한다.
- 위생교육 대상자는 이·미용업의 영업을 하거나 하려는 자이다.
- 위생교육을 실시하는 단체는 보건복지부장관이 고시한다.

58 다음 중 이·미용사의 면허를 받을 수 없는 자는?

① 전문대학의 이·미용에 관한 학과를 졸업한 자
② 교육부장관이 인정하는 고등기술학교에서 1년 이상 이·미용에 관한 소정의 과정을 이수한 자
③ 국가기술자격법에 의한 이·미용사의 자격을 취득한 차
④ 외국의 유명 이·미용학원에서 2년 이상 기술을 습득한 자

59 신고를 하지 않고 영업소 명칭(상호)을 바꾼 경우에 대한 1차 위반 시의 행정처분은?

① 주의
② 경고 또는 개선명령
③ 영업정지 15일
④ 영업정지1월

해설

신고를 하지 않고 영업소 명칭(상호)을 바꾼 경우
- 1차 위반 시 경고 또는 개선명령
- 2차 위반 시 영업정지 15일
- 3차 위반 시 영업정지 1월
- 4차 위반 시 영업장 폐쇄명령

60 다음 중 과태료 처분 대상에 해당하지 않는 자는?

① 관계 공무원의 출입·검사 등 업무를 기피한 자
② 영업소 폐쇄명령을 받고도 영업을 계속한 자
③ 이·미용업소 위생관리 의무를 지키지 아니한 자
④ 위생교육 대상자 중 위생교육을 받지 아니한 자

해설

영업소 폐쇄명령을 받고도 영업을 계속한 자는 1년 이하의 징역 또는 1천만 원 이하의 벌금형에 해당된다.

정답 58 ④ 59 ② 60 ②

제9회 국가기술자격 필기시험문제

자격종목	시험기간	형별	수험번호	성명
미용사(일반)	1시간			

＊답안 카드 작성 시 시험문제지 형별누락, 마킹착오로 인한 불이익은 전적으로 수험자의 귀책사유임을 알려드립니다.
＊각 문항은 4지택일형으로 질문에 가장 적합한 보기항을 선택하여 마킹하여야 합니다.

01 다음 용어의 설명으로 틀린 것은?

① 버티컬 웨이브(Vertical wave) : 웨이브 흐름이 수평
② 리세트(Reset) : 세트를 마무리하는 빗질
③ 호리존탈 웨이브(Horizontal wave) : 웨이브 흐름이 가로 방향
④ 오리지널 세트(Original set) : 기초가 되는 최초의 세트

> **해설**
> 버티컬 웨이브(Vertical wave)는 웨이브의 흐름이 수직인 것을 뜻한다.

02 핑거 웨이브(Finger wave)와 관계없는 것은?

① 세팅 로션, 물, 빗
② 크레스트(Crest), 리지(Ridge), 트로프(Trough)
③ 포워드 비기닝(Forward beginning), 리버스 비기닝(Reverse beginning)
④ 테이퍼링(Tapering), 싱글링(Shingling)

> **해설**
> • 테이퍼링 : 두발 끝을 점차 가늘게 커트하는 기법
> • 싱글링 : 주로 남성 커트에 이용하며 모발에 빗을 대고 가위의 개폐 동작을 빨리하여 위쪽으로 갈수록 길게 하는 커트 기법

03 스캘프 트리트먼트(Scalp treatment)의 시술 과정에서 화학적 방법과 관련 없는 것은?

① 양모제
② 헤어 토닉
③ 헤어 크림
④ 헤어 스티머

> **해설**
> 헤어 스티머는 미용기기에 속한다.

04 빗(Comb)의 손질법에 대한 설명으로 틀린 것은? (단, 금속 빗은 제외)

① 빗살 사이의 때는 솔로 제거하거나 심한 경우는 비눗물에 담근 후 브러시로 닦고 나서 소독한다.
② 증기소독과 자비소독 등 열에 의한 소독과 알코올소독을 해준다.
③ 빗을 소독할 때는 크레졸수, 역성비누액 등이 이용되며 세정이 바람직하지 않은 재질은 자외선으로 소독한다.
④ 소독 용액에 오랫동안 담가두면 빗이 휘어지는 경우가 있어 주의하고 끄집어낸 후 물로 헹구고 물기를 제거한다.

> **해설**
> 플라스틱 빗은 증기, 자비소독을 피하고 크레졸, 석탄산수, 포르말린수 등으로 소독한다.

05 다음 중 헤어 블리치에 관한 설명으로 틀린 것은?

① 과산화수소는 산화제이고 암모니아수는 알칼리제이다
② 헤어 블리치는 산화제의 작용으로 두발의 색소를 옅게 한다.
③ 헤어 블리치제는 과산화수소에 알칼리제를 더하여 사용한다.
④ 과산화수소에서 방출된 수소가 멜라닌색소를 파괴시킨다.

> **해설**
> 과산화수소는 분해 시 일어나는 산소에 의해 모피질의 멜라닌색소를 파괴하여 탈색을 일으키면서 산화염료의 발색이 일어난다.

06 원랭스 커트의 방법으로 틀린 것은?

① 동일선상에서 자른다.
② 커트라인에 따라 이사도라, 스파니엘, 패러럴 등의 유형이 있다.
③ 짧은 단발의 경우 손님의 머리를 숙이게 하고 정리한다.
④ 주로 짧은 두발에만 적용한다.

> **해설**
> 원랭스 커트는 단발뿐만 아니라 긴 두발에도 적용할 수 있다.

07 두발이 지나치게 건조해 있을 때나 두발의 염색에 실패했을 때 가장 적합한 샴푸는?

① 플레인 샴푸
② 에그 샴푸
③ 약산성 샴푸
④ 토닉 샴푸

> **해설**
> 에그 샴푸는 단백질 샴푸로서 모발에 영양을 주기 때문에 잦은 퍼머넌트, 염색에 의해 손상되거나 건조한 모발에 좋다.

08 미용의 과정이 바른 순서로 나열된 것은?

① 소재 → 구상 → 제작 → 보정
② 소재 → 보정 → 구상 → 제작
③ 구상 → 소재 → 제작 → 보정
④ 구상 → 제작 → 보정 → 소재

09 다음 중 커트를 하기 위한 순서로 가장 옳은 것은?

① 위그 → 수분 → 빗질 → 블로킹 → 섹션 → 스트랜드
② 위그 → 수분 → 빗질 → 블로킹 → 스트랜드 → 섹션
③ 위그 → 수분 → 섹션 → 빗질 → 블로킹 → 스트랜드
④ 위그 → 수분 → 스트랜드 → 빗질 → 블로킹 → 섹션

정답 01 ① 02 ④ 03 ④ 04 ② 05 ④ 06 ④ 07 ② 08 ① 09 ①

10 첩지에 대한 내용으로 틀린 것은?

① 첩지의 모양은 봉과 개구리 등이 있다.
② 첩지는 조선시대 사대부의 예장 때 머리 위 가르마를 꾸미는 장식품이다.
③ 왕비는 개구리첩지를 사용하였다.
④ 첩지는 내명부나 외명부의 신분을 밝혀주는 중요한 표시이기도 했다.

> **해설**
> 첩지는 머리 가르마에 얹어 치장하는 장신구로 왕비는 주로 봉 모양의 봉황첩지를 사용하였다.

11 레이어드 커트(Layered cut)의 특징이 아닌 것은?

① 커트라인이 얼굴 정면에서 네이프라인과 일직선인 스타일이다.
② 두피 면에서의 모발의 각도를 90° 이상으로 커트한다.
③ 머리형이 가볍고 부드러워 다양한 스타일을 만들 수 있다.
④ 네이프라인에서 탑 부분으로 올라가면서 모발의 길이가 점점 짧아지는 커트이다.

> **해설**
> 레이어드 커트는 모발의 길이가 탑(전두부)으로 올라갈수록 점차 짧아지는 커트이다.

12 두발 커트 시 두발 끝 1/3 정도를 테이퍼링 하는 것은?

① 노멀 테이퍼링
② 딥 테이퍼링
③ 앤드 테이퍼링
④ 보스 사이드 테이퍼

> **해설**
> • 앤드 테이퍼링 : 모발 길이 끝 부분에서 1/3 테이퍼링
> • 노멀 테이퍼링 : 모발 길이 끝 부분에서 1/2 테이퍼링
> • 딥 테이퍼링 : 모발 길이 끝 부분에서 2/3 테이퍼링

13 시스테인 펌제에 대한 설명으로 틀린 것은?

① 아미노산의 일종인 시스테인을 사용한 것이다.
② 환원제로 티오글리콜산염이 사용된다.
③ 모발에 대한 잔류성이 높아 주의가 필요하다.
④ 연모, 손상모의 시술에 적합하다.

> **해설**
> 일반적인 퍼머넌트 용액 1제(환원제)의 성분은 주로 티오글리콜산염이지만 시스테인 펌제는 아미노산의 일종을 사용하여 모발을 환원시킨다.

14 영구적 염모제에 대한 설명 중 틀린 것은?

① 제1액의 알칼리제로는 휘발성이라는 점에서 암모니아가 사용된다.
② 제2제인 산화제는 모피질 내로 침투하여 수소를 발생시킨다.
③ 제1제 속의 알칼리제가 모표피를 팽윤시켜 모피질 내 인공색소와 과산화수소를 침투시킨다.
④ 모피질 내의 인공색소는 큰 입자의 유색 염료를 형성하여 영구적으로 착색된다.

> **해설**
> 제2제(산화제)는 모피질 내로 침투하여 멜라닌색소를 파괴시키면서 산소를 발생시켜 탈색을 이루어지게 한다.

15 두피 타입에 알맞은 스캘프 트리트먼트(Scalp treatment)의 시술방법의 연결이 틀린 것은?

① 건성두피 – 드라이 스캘프 트리트먼트
② 지성두피 – 오일리 스캘프 트리트먼트
③ 비듬성 두피 – 핫오일 스캘프 트리트먼트
④ 정상두피 – 플레인 스캘프 트리트먼트

> **해설**
> 비듬성 두피에는 댄드러프 스캘프 트리트먼트가 적합하다.

16 샴푸제의 성분이 아닌 것은?

① 계면활성제
② 점증제
③ 기포증진제
④ 산화제

> **해설**
> 산화제는 퍼머넌트 용액의 제2액으로 사용된다.

17 논 스트리핑 샴푸제의 특징은?

① pH가 낮은 산성이며, 두발을 자극하지 않는다.
② 징크피리티온이 함유되어 비듬치료에 효과적이다.
③ 알칼리성 샴푸제로 pH가 7.5~8.5이다.
④ 지루성 두피에 적합하며, 유분 함량이 적고 탈지력이 강하다.

> **해설**
> **논 스트리핑 샴푸제**
> pH가 낮은 산성 샴푸이며 두발을 자극하지 않아 영구적 염색 또는 탈색한 두발의 색상이 제거되지 않게 한다.

18 가위에 대한 설명 중 틀린 것은?

① 양날의 견고함이 동일해야 한다.
② 가위의 길이나 무게가 미용사의 손에 맞아야 한다.
③ 가위 날이 반듯하고 두꺼운 것이 좋다.
④ 협신에서 날 끝으로 갈수록 약간 내곡선인 것이 좋다.

19 모발의 측쇄결합으로 볼 수 없는 것은?

① 시스틴결합(Cystine bond)
② 염결합(Salt bond)
③ 수소결합(Hydrogen bond)
④ 폴리펩티드결합(Polypeptide bond)

> **해설**
> 모발에 측쇄결합에는 시스틴결합, 염(이온)결합, 수소결합이 있다.

20 두발에서 퍼머넌트 웨이브의 형성과 직접 관련이 있는 아미노산은?

① 시스틴(Cystine)
② 알라닌(Alanine)
③ 멜라닌(Melanin)
④ 티로신(Tyrosin)

> **해설**
> 모발의 시스틴결합은 화학적인 반응을 받게 되면 절단되거나 결합되기 때문에 퍼머넌트 용액의 영향을 받게 된다.

정답 10 ③ 11 ① 12 ③ 13 ② 14 ② 15 ③ 16 ④ 17 ① 18 ③ 19 ④ 20 ①

21 수질오염을 측정하는 지표로서 물에 녹아있는 유리산소를 의미하는 것은?

① 용존산소(DO)
② 생물화학적산소요구량(BOD)
③ 화학적산소요구량 (COD)
④ 수소이온농도(pH)

> **해설**
> 물속에 용해되어 있는 산소량을 유리산소라 한다.

22 출생률보다 사망률이 낮으며 14세 이하 인구가 65세 이상 인구의 2배를 초과하는 인구구성형은?

① 피라미드형
② 종형
③ 항아리형
④ 별형

> **해설**
> 피라미드형 인구구성은 출생률은 높고 사망률이 낮으며, 주로 후진국에 해당하는 인구구성이다.

23 보건행정에 대한 설명으로 가장 올바른 것은?

① 공중보건의 목적을 달성하기 위해 공공의 책임하에 수행하는 행정활동
② 개인보건의 목적을 달성하기 위해 공공의 책임하에 수행하는 행정활동
③ 국가 간의 질병 교류를 막기 위해 공공의 책임하에 수행하는 행정활동
④ 공중보건의 목적을 달성하기 위해 개인의 책임하에 수행하는 행정활동

24 콜레라 예방접종은 어떤 면역방법인가?

① 인공수동면역
② 인공능동면역
③ 자연수동면역
④ 자연능동면역

> **해설**
> 인공능동면역은 예방접종에 의해 얻어지는 면역을 뜻한다.

25 기생충의 인체 내 기생 부위 연결이 잘못된 것은?

① 구충증 - 폐
② 간흡충증 - 간의 담도
③ 요충증 - 직장
④ 폐흡충증 - 폐

> **해설**
> 구충은 십이지장충이라고도 하며 경구감염 및 경피 침입을 통해 인체 내에 기생하게 된다.

26 다음 중 불량 조명에 의해 발생되는 직업병이 아닌 것은?

① 안정피로
② 근시
③ 근육통
④ 안구진탕증

27 주로 여름철에 발병하며 어패류 등에 생식이 원인이 되어 복통, 설사 등의 급성 위장염 증상을 나타내는 식중독은?

① 포도상구균 식중독
② 병원성 대장균 식중독
③ 장염 비브리오 식중독
④ 보툴리누스균 식중독

> **해설**
> ① 포도상구균 식중독 - 우유, 치즈, 버터, 크림 등의 유제품이 원인이다.
> ② 병원성 대장균 식중독 - 우유가 대표적이며, 채소, 샐러드 등이 원인이다.
> ④ 보툴리누스균 식중독 - 통조림, 소시지, 유제품 등이 원인이다.

28 다음 중 비타민(Vitamin)과 그 결핍증과의 연결이 틀린 것은?

① Vitamin B$_2$ - 구순염
② Vitamin D - 구루병
③ Vitamin A - 야맹증
④ Vitamin C - 각기병

> **해설**
> 비타민 C의 결핍증은 괴혈병, 비타민 B$_1$의 결핍증은 각기병이다.

29 일반적으로 돼지고기 생식에 의해 감염될 수 없는 것은?

① 유구조충
② 무구조충
③ 선모충
④ 살모넬라

> **해설**
> 무구조충은 소고기의 생식에 의해 감염된다.

30 실내에 다수인이 밀집한 상태에서 실내공기의 변화는?

① 기온 상승 - 습도 증가 - 이산화탄소 감소
② 기온 하강 - 습도 증가 - 이산화탄소 감소
③ 기온 상승 - 습도 증가 - 이산화탄소 증가
④ 기온 상승 - 습도 감소 - 이산화탄소 증가

31 고압증기 멸균법에서 20파운드(Lbs)의 압력에서는 몇 분간 처리하는 것이 가장 적절한가?

① 40분
② 30분
③ 15분
④ 5분

> **해설**
> • 10파운드 : 115.5℃에서 30분간
> • 15파운드 : 121.5℃에서 20분간
> • 20파운드 : 126.5℃에서 15분간

32 광견병의 병원체는 어디에 속하는가?

① 세균(Bacteria)
② 바이러스(Virus)
③ 리케차(Rickettsia)
④ 진균(Fungi)

> **해설**
> 바이러스가 병원체인 감염병으로는 광견병, 홍역, 인플루엔자, 유행성이하선염, 일본뇌염 등이 있다.

33 다음 중 열에 대한 저항력이 커서 자비소독법으로 사멸되지 않는 균은?

① 콜레라균
② 결핵균
③ 살모넬라균
④ B형간염 바이러스

정답 21 ① 22 ① 23 ① 24 ② 25 ① 26 ③ 27 ③ 28 ④ 29 ② 30 ③ 31 ③ 32 ② 33 ④

34 레이저(Razor) 사용 시 헤어살롱에서 교차 감염을 예방하기 위해 주의할 점이 <u>아닌</u> 것은?

① 매 고객에게 새로 소독된 면도날을 사용해야 한다.

② 면도날을 매번 고객마다 갈아 끼우기는 어렵지만, 하루에 한 번은 반드시 새것으로 교체해야만 한다.

③ 레이저 날이 한 몸체로 분리가 안 되는 경우 70% 알코올을 적신 솜으로 반드시 소독 후 사용한다.

④ 면도날을 재사용해서는 안 된다.

> **해설**
> 일회용 면도날은 손님 1인에 한하여 사용하고 재사용해서는 안 된다.

35 손 소독과 주사할 때 피부소독 등에 사용되는 에틸알코올(Ethyl alcohol)은 어느 정도의 농도에서 가장 많이 사용되는가?

① 20% 이하　　　　② 60% 이하

③ 70~80%　　　　④ 90~100%

36 이·미용업소에서 일반적 상황에서의 수건 소독법으로 가장 적합한 것은?

① 석탄산 소독　　　② 크레졸 소독

③ 자비소독　　　　④ 적외선 소독

> **해설**
> 자비소독법은 100℃의 끓는 물에 10분 이상 끓이는 방법이다.

37 이·미용업소에서 B형간염의 감염을 방지하려면 다음 중 어느 기구를 가장 철저히 소독하여야 하는가?

① 수건　　　　　　② 머리빗

③ 면도칼　　　　　④ 클리퍼(전동형)

38 소독제의 살균력을 비교할 때 기준이 되는 소독약은?

① 요오드　　　　　② 승홍

③ 석탄산　　　　　④ 알코올

> **해설**
> 석탄산은 3%의 수용액을 사용하고 살균력이 안정되어 사용 범위가 넓다. 소독제 살균력 평가의 지표이다.

39 3%의 크레졸 비누액 900ml를 만드는 방법으로 옳은 것은?

① 크레졸 원액 270ml 에 물 630ml를 가한다.

② 크레졸 원액 27ml에 물 873ml를 가한다.

③ 크레졸 원액 300ml에 물 600ml를 가한다.

④ 크레졸 원액 200ml에 물 700ml를 가한다.

> **해설**
> $$농도(\%) = \frac{용질(소독액)}{용액(소독액 + 물)} \times 100$$

40 소독약의 구비조건으로 <u>틀린</u> 것은?

① 값이 비싸고 위험성이 없다.

② 인체에 해가 없으며 취급이 간편하다.

③ 살균하고자 하는 대상물을 손상시키지 않는다.

④ 살균력이 강하다.

> **해설**
> 소독약은 경제적이며 사용이 용이해야 한다.

41 다음 중 피부의 각질, 털, 손톱, 발톱의 구성 성분인 케라틴을 가장 많이 함유한 것은?

① 동물성 단백질　　② 동물성 지방질

③ 식물성 지방질　　④ 탄수화물

42 노화피부의 특징이 <u>아닌</u> 것은?

① 노화피부는 탄력이 없고 수분이 없다.

② 피지 분비가 원활하지 못하다.

③ 주름이 형성되어 있다.

④ 색소침착 불균형이 나타난다.

43 피부 진균에 의하여 발생하며 습한 곳에서 발생빈도가 가장 높은 것은?

① 모낭염　　　　　② 족부백선

③ 붕소염　　　　　④ 티눈

> **해설**
> 족부백선은 일명 무좀이라 하며, 고온다습한 환경에서 발생빈도가 높다.

44 기미를 악화시키는 주요한 원인이 아닌 것은?

① 경구피임약의 복용　② 임신

③ 자외선 차단　　　④ 내분비 이상

> **해설**
> 기미의 원인으로는 자외선, 경구피임약 복용, 내분비 이상, 유전인자, 영양부족, 간 기능 이상 등이 있다.

45 다음 중 피지선과 가장 관련이 깊은 질환은?

① 사마귀　　　　　② 주사(Rosacea)

③ 한관종　　　　　④ 백반증

> **해설**
> 주사는 얼굴 전체에 염증성 병변과 홍조, 홍반이 동반되는 피부 염증이다.

46 박하(Peppermint)에 함유되어 시원한 느낌을 주는 혈액순환 촉진 성분은?

① 자일리톨(Xylitol)

② 멘톨(Menthol)

③ 알코올(Alcohol)

④ 마조람 오일(Majoram oil)

> **해설**
> 멘톨이 소량일 때에는 청량감이 나 의약품, 과자, 화장품 등에 첨가하며, 진통제나 가려움증을 멈추는 데에 사용된다.

정답　34 ②　35 ③　36 ③　37 ③　38 ③　39 ②　40 ①　41 ①　42 ①　43 ②　44 ③　45 ②　46 ②

47 다음 중 표피에 존재하며, 면역과 가장 관계가 깊은 세포는?

① 멜라닌세포
② 랑게르한스세포
③ 머컬세포
④ 섬유아세포

> **해설**
> 표피의 유극층에는 랑게르한스세포(면역 담당)가 존재한다.

48 다음 중 필수아미노산에 속하지 <u>않는</u> 것은?

① 트립토판
② 트레오닌
③ 발린
④ 알라닌

> **해설**
> 필수아미노산 : 루신, 아이소루신, 메티오닌, 트레오닌, 라이신, 발린, 페닐알라닌, 트립토판, 히스티딘 등

49 AHA(Alpha Hydroxy Acid)에 대한 설명으로 <u>틀린</u> 것은?

① 화학적 필링
② 글리콜산, 젖산, 주석산, 능금산, 구연산
③ 각질세포의 응집력 강화
④ 미백작용

> **해설**
> AHA는 화학적 필링으로서 각질세포의 응집력을 떨어뜨려 각질제거에 용이하며 미백효과도 있다.

50 다음 정유(Essential oil) 중에서 살균, 소독작용이 가장 강한 것은?

① 타임 오일(Thyme oil)
② 주니퍼 오일(Juniper oil)
③ 로즈마리 오일(Rosemary oil)
④ 클라리세이지 오일(Clarysage oil)

> **해설**
> 타임 오일은 살균, 소독작용을 한다.

51 영업신고를 하지 아니하고 영업소의 소재지를 변경한 때 행정처분은?

① 경고
② 면허정지
③ 면허취소
④ 영업장 폐쇄명령

> **해설**
> 1차 위반 시 영업장 폐쇄명령 처분을 받게 된다.

52 이 · 미용업에 있어 청문을 실시하여야 하는 경우가 <u>아닌</u> 것은?

① 면허취소 처분을 하고자 하는 경우
② 면허정지 처분을 하고자 하는 경우
③ 일부 시설의 사용중지 처분을 하고자 하는 경우
④ 위생교육을 받지 아니하여 1차 위반한 경우

> **해설**
> 청문을 실시하는 경우
> • 신고사항의 직권 말소
> • 이 · 미용사의 면허취소 또는 면허정지
> • 공중위생영업의 정지
> • 일부 시설의 사용중지 또는 영업소 폐쇄명령

53 이 · 미용업소에서의 면도기 사용에 대한 설명으로 가장 옳은 것은?

① 1회용 면도날만을 손님 1인에 한하여 사용
② 정비용 면도기를 손님 1인에 한하여 사용
③ 정비용 면도기를 소독 후 계속 사용
④ 매 손님에게 소독한 정비용 면도기로 교체 사용

54 부득이한 사유가 없는 한 공중위생영업소를 개설할 자는 언제 위생교육을 받아야 하는가?

① 영업개시 후 2월 이내
② 영업개시 후 1월 이내
③ 영업개시 전
④ 영업개시 후 3월 이내

> **해설**
> 위생교육은 원칙적으로 영업개시 전에 받아야 하지만 부득이한 사유로 받지 못한 경우에는 영업개시 후 보건복지부령이 정하는 기간 안에 받을 수 있다.

55 다음 중 공중위생영업을 하고자 할 때 필요한 것은?

① 허가
② 통보
③ 인가
④ 신고

> **해설**
> 공중위생영업을 하고자 하는 자는 공중위생영업의 종류별로 보건복지부령이 정하는 시설 및 설비를 갖추고 시장, 군수, 구청장에게 영업신고를 해야 한다.

56 공중위생영업자가 준수하여야 할 위생관리기준은 다음 중 어느 것으로 정하고 있는가?

① 대통령령
② 국무총리령
③ 고용노동부령
④ 보건복지부령

57 이용 또는 미용의 면허가 취소된 후 계속하여 업무를 행한 자에 대한 벌칙사항은?

① 6월 이하의 징역 또는 300만 원 이하의 벌금
② 500만 원 이하의 벌금
③ 300만 원 이하의 벌금
④ 200만 원 이하의 벌금

> **해설**
> **300만 원 이하의 벌금**
> • 면허의 취소 또는 정지 중에 미용업을 한 자
> • 면허를 받지 아니하고 미용업을 개설하거나 그 업무에 종사한 자

58 이 · 미용영업자에게 과태료를 부과 · 징수할 수 있는 처분권자에 해당되지 <u>않는</u> 자는?

① 보건복지부장관
② 시장
③ 경찰청장
④ 구청장

> **해설**
> 과태료는 대통령령이 정하는 바에 의하여 보건복지부장관 또는 시장, 군수, 구청장이 부과 · 징수한다.

정답 47 ② 48 ④ 49 ③ 50 ① 51 ④ 52 ④ 53 ① 54 ③ 55 ④ 56 ④ 57 ③ 58 ③

59 대통령령이 정하는 바에 의하여 관계 전문기관 등에 공중위생관리 업무의 일부를 위탁할 수 있는 자는?

① 시 · 도지사
② 시장, 군수, 구청장
③ 보건복지부장관
④ 보건소장

해설

위임 및 위탁
보건복지부장관은 이 법에 의한 권한의 일부를 대통령령이 정하는 바에 의하여 시 · 도지사(또는 시장, 군수, 구청장)에게 위임할 수 있다.

60 이 · 미용사의 면허증을 재교부 받을 수 있는 자는?

① 공중위생관리법의 규정에 의한 명령을 위반한 자
② 간질병자
③ 면허증을 다른 사람에게 대여한 자
④ 면허증이 헐어 못쓰게 된 자

해설

면허증의 재교부
• 면허증의 기재사항에 변경이 있을 때
• 면허증을 잃어버린 때
• 면허증이 헐어 못쓰게 된 때

정답 59 ③ 60 ④

제10회 국가기술자격 필기시험문제

자격종목	시험기간	형별	수험번호	성명
미용사(일반)	1시간			

*답안 카드 작성 시 시험문제지 형별누락, 마킹착오로 인한 불이익은 전적으로 수험자의 귀책사유임을 알려드립니다.

*각 문항은 4지택일형으로 질문에 가장 적합한 보기항을 선택하여 마킹하여야 합니다.

01 주로 짧은 헤어스타일의 헤어 커트 시 두부 상부에 있는 두발은 길고 하부로 갈수록 짧게 커트해서 두발의 길이에 작은 단차가 생기게 한 커트 기법은?

① 스퀘어 커트(Square cut)

② 원랭스 커트(One length cut)

③ 레이어 커트(Layer cut)

④ 그라데이션 커트(Gradation cut)

> **해설**
> ① 스퀘어 커트 : 사각형의 느낌으로 커트하고 두발의 길이를 연결시키게 커트하는 기법
> ② 원랭스 커트 : 동일선상에서 층을 주지 않고 커트하는 기법
> ③ 레이어 커트 : 90° 이상의 각도로 모발의 길이가 상부로 갈수록 짧아지는 커트 기법

02 한국의 고대 미용의 발달사를 설명한 것 중 틀린 것은?

① 헤어스타일(모발형)에 관해서 문헌에 기록된 고구려 벽화는 없었다.

② 헤어스타일(모발형)은 신분의 귀천을 나타냈다.

③ 헤어스타일(모발형)은 조선시대 때 쪽진머리, 큰머리, 조짐머리가 성행하였다.

④ 헤어스타일(모발형)에 관해서 삼한시대에 기록된 내용이 있다.

> **해설**
> 고구려 고분벽화에 나타난 그림을 통해 그 당시 여인들의 두발형태가 어땠는지 파악할 수 있다.

03 미용의 필요성으로 가장 거리가 먼 것은?

① 인간의 심리적 욕구를 만족시키고 생산의욕을 높이는 데 도움을 주므로 필요하다.

② 미용의 기술로 외모의 결점 부분까지도 보완하여 개성미를 연출해주므로 필요하다.

③ 노화를 전적으로 방지해주므로 필요하다.

④ 현대생활에서는 상대방에게 불쾌감을 주지 않는 것이 중요하므로 필요하다.

04 프라이머의 사용방법이 <u>아닌</u> 것은?

① 프라이머는 한 번만 바른다.

② 주요 성분은 메타크릴릭산(Methacrylic acid)이다.

③ 피부에 닿지 않게 조심해서 다루어야 한다.

④ 아크릴 볼이 잘 접착되도록 자연 손톱에 바른다.

> **해설**
> 프라이머는 한 번 바른 후, 마른 다음 다시 한 번 더 발라준다.

05 동물의 부드럽고 긴 털을 사용한 것이 많고 얼굴이나 턱에 붙은 털이나 비듬 또는 백분을 떨어내는 데 사용하는 브러시는?

① 포마드 브러시

② 쿠션 브러시

③ 페이스 브러시

④ 롤 브러시

> **해설**
> 포마드 브러시, 쿠션 브러시, 롤 브러시는 두발용으로 사용된다.

06 누에고치에서 추출한 성분과 난황 성분을 함유한 샴푸제로서 모발에 영양을 공급해주는 샴푸는?

① 산성 샴푸(Acid shampoo)

② 컨디셔닝 샴푸(Conditioning shampoo)

③ 프로테인 샴푸(Protein shampoo)

④ 드라이 샴푸(Dry shampoo)

07 전체적인 머리모양을 종합적으로 관찰하여 수정·보완시킴으로써 완전히 끝맺도록 하는 것은?

① 통칙

② 제작

③ 보정

④ 구상

> **해설**
> 미용의 과정
> 소재 → 구상 → 제작 → 보정

08 과산화수소(산화제) 6%의 설명이 맞는 것은?

① 10볼륨

② 20볼륨

③ 30볼륨

④ 40볼륨

> **해설**
> 과산화수소 6% = 20vol(볼륨)

09 헤어 세트용 빗의 사용과 취급방법에 대한 설명 중 틀린 것은?

① 두발의 흐름을 아름답게 매만질 때는 빗살이 고운 살로 된 세트빗을 사용한다.

② 엉킨 두발을 빗을 때는 빗살이 얼레살로 된 얼레빗을 사용한다.

③ 빗은 사용 후 브러시로 털거나 비눗물에 담가 브러시로 닦은 후 소독하도록 한다.

④ 빗의 소독은 손님 약 5인에게 사용했을 때 1회씩 하는 것이 적합하다.

> **해설**
> 빗의 소독법 : 석탄산수, 크레졸수 등을 이용하여 소독하고 물기를 닦아 자외선 소독기에 넣어 보관한다.

> **정답** 01 ④ 02 ① 03 ③ 04 ① 05 ③ 06 ③ 07 ③ 08 ② 09 ④

10 마셀 웨이브 시술에 관한 설명 중 틀린 것은?

① 프롱은 아래쪽, 그루브는 위쪽을 향하도록 한다.

② 아이론의 온도는 120~140℃를 유지시킨다.

③ 아이론을 회전시키기 위해서는 먼저 아이론을 정확하게 쥐고 반대쪽에 45°로 위치시킨다.

④ 아이론의 온도가 균일할 때 웨이브가 일률적으로 완성된다.

> **해설**
> 웨이브 스타일을 연출하기 위해 아이론의 프롱은 위쪽, 그루브는 아래쪽으로 향하도록 하여 사용한다.

11 모발의 결합 중 수분에 의해 일시적으로 변형되며, 드라이어의 열을 가하면 다시 재결합되어 형태가 만들어지는 결합은?

① S-S결합

② 펩타이드결합

③ 수소결합

④ 염결합

> **해설**
> ① S-S 결합 : 단백질의 구조 형성에 기여하며 시스테인 2개가 결합된 상태로 매우 견고하고 단단하다.
> ② 펩타이드 결합 : 가장 강한 결합력을 가지며, 모발 시술 시나 모발 관리를 할 때 중요한 결합이다.
> ④ 염결합 : 아미노산 사슬의 양전하와 음전하 사이의 결합으로 형성되는 결합이다.

12 다음 중 염색 시술 시 모표피의 안정과 염색의 퇴색을 방지하기 위해 가장 적합한 것은?

① 샴푸(Shampoo)

② 플레인 린스(Plain rinse)

③ 알칼리 린스(Alkali rinse)

④ 산성균형 린스(Acid balanced rinse)

> **해설**
> 모발의 pH는 4.5~5.5 정도로 모발의 pH와 유사한 산성 린스를 사용하면 모발 손상과 염색의 퇴색을 방지할 수 있다.

13 원형 얼굴을 기본형에 가깝도록 하기 위한 각 부위의 화장법으로 맞는 것은?

① 얼굴의 양 관자놀이 부분을 화사하게 해 준다.

② 이마와 턱의 중간부는 어둡게 해 준다.

③ 눈썹은 활 모양이 되지 않도록 약간 치켜 올린듯하게 그린다.

④ 콧등은 뚜렷하고 자연스럽게 뻗어 나가도록 어둡게 표현한다.

14 두부 라인의 명칭 중에서 코를 중심으로 통해 두부 전체를 수직으로 나누는 선은?

① 정중선

② 측중선

③ 수평선

④ 측두선

> **해설**
> ② 측중선 : 귀 뒷뿌리를 수직으로 나눈 선
> ③ 수평선 : E.P 높이를 수평으로 두른 선
> ④ 측두선 : 눈 끝을 수직으로 세운 머리 앞쪽에서 측중선까지 이은 선

15 다음 중 스퀘어 파트 설명으로 가장 가까운 것은?

① 이마의 양쪽은 사이드 파트를 하고, 두정부 가까이에서 얼굴의 두발이 난 가장자리와 수평이 되도록 모나게 가르마를 타는 것

② 이마의 양각에서 나누어진 선이 두정부에서 함께 만난 세모꼴의 가르마를 타는 것

③ 사이드(Side) 파트로 나눈 것

④ 파트의 선이 곡선으로 된 것

16 헤어 샴푸의 목적과 가장 거리가 먼 것은?

① 두피와 두발에 영양을 공급

② 헤어 트리트먼트를 쉽게 할 수 있는 기초

③ 두발의 건전한 발육 촉진

④ 청결한 두피와 두발을 유지

> **해설**
> 샴푸의 목적 : 미용 시술의 기초로서 두피의 피지와 노폐물을 제거함으로써 청결함을 유지하여 건강한 발육을 촉진하는 데 있다.

17 건강한 모발의 pH 범위는?

① pH 3~4

② pH 4.5~5.5

③ pH 6.5~7.5

④ pH 8.5~9.5

> **해설**
> 건강한 모발의 pH는 4.5~5.5로 약산성이다.

18 옛 여인들의 머리모양 중 뒤통수에 낮게 두발을 땋아 틀어 올리고 비녀를 꽂은 머리모양은?

① 민머리

② 얹은머리

③ 풍기명식머리

④ 쪽진머리

> **해설**
> 풍기명식머리는 사이드에 모발의 일부를 늘어뜨린 형태이다.

19 다음은 모발의 구조와 성질을 설명한 내용이다. 맞지 <u>않는</u> 것은?

① 모발의 형태 구조는 모표피, 모피질, 모수질 등으로 이루어졌으며, 성분은 탄력성이 풍부한 단백질이다.

② 모발 케라틴은 다른 단백질에 비하여 유황의 함유량이 많은데, 황(S)은 시스테인과 메타오닌에 함유되어 있다.

③ 시스틴결합(S-S)은 알칼리에는 강한 저항력을 갖고 있으나 물, 알코올, 약산성이나 소금류에 대해서는 약하다.

④ 케라틴의 폴리펩타이드는 쇠사슬 구조로서 두발의 장축방향(長軸方向)으로 배열되어있다.

> **해설**
> 시스틴결합은 매우 견고하고 단단한 결합이지만 화학적 반응에는 절단이 되며 다시 결합할 수 있다.

20 퍼머넌트 제2액의 취소산염류의 농도로 맞는 것은?

① 1~2%

② 3~5%

③ 6~7.5%

④ 8~9.5%

> **정답** 10 ① 11 ③ 12 ④ 13 ③ 14 ① 15 ① 16 ① 17 ② 18 ④ 19 ③ 20 ②

21 고기압 상태에서 올 수 있는 인체 장애는?

① 안구진탕증
② 잠함병
③ 레이노이드병
④ 섬유증식증

> **해설**
> ① 안구진탕증 - 불량 조명
> ② 잠함병 - 고기압 환경
> ③ 레이노이드병 - 국소진동
> ④ 섬유증식증 - 분진

22 접촉자의 색출 및 치료가 가장 중요한 질병은?

① 성병
② 암
③ 당뇨병
④ 일본뇌염

> **해설**
> 감염병의 관리는 전파의 예방, 숙주의 면역 증강, 예방되지 않은 환자의 관리가 중요하다.

23 다음 기생충 중 산란과 동시에 감염능력이 있으며, 건조에 저항성이 커서 집단감염이 가장 잘되는 기생충은?

① 회충
② 십이지장충
③ 광절열두조충
④ 요충

> **해설**
> 요충은 불청결한 손을 통해 경구침입을 하는데 감염능력이 커서 집단감염이 잘 발생하므로 예방법으로는 개인위생 철저, 집단적 구충, 전 가족 치료 등이 있다.

24 보건행정의 정의에 포함되는 내용과 가장 거리가 먼 것은?

① 국민의 수명 연장
② 질병 예방
③ 공적인 행정활동
④ 수질 및 대기보전

25 생물학적산소요구량(BOD)과 용존산소량(DO)의 값은 오염된 물과 어떤 관계가 있는가?

① BOD와 DO는 무관하다.
② BOD가 낮으면 DO는 낮다.
③ BOD가 높으면 DO는 낮다.
④ BOD가 높으면 DO도 높다.

> **해설**
> • 오염된 물 : BOD가 높고 DO는 낮다.
> • 깨끗한 물 : BOD가 낮고 DO는 높다.

26 장티푸스, 결핵, 파상풍 등의 예방접종은 어떤 면역인가?

① 인공능동면역
② 인공수동면역
③ 자연능동면역
④ 자연수동면역

> **해설**
> ① 인공능동면역 : 예방접종으로 인하여 얻어지는 면역
> ② 인공수동면역 : 감마글로불린 등의 인공제를 인체에 투입하여 잠정적으로 질병에 대한 방어를 할 수 있도록 하는 것
> ③ 자연능동면역 : 각종 질환에 이환된 후 형성되는 면역
> ④ 자연수동면역 : 모체로부터 태반이나 수유를 통해서 얻는 면역

27 식품을 통한 식중독 중 독소형 식중독은?

① 포도상구균 식중독
② 살모넬라균에 의한 식중독
③ 장염 비브리오 식중독
④ 병원성 대장균 식중독

> **해설**
> • 독소형 식중독 : 포도상구균, 보툴리누스균, 웰치균
> • 감염형 식중독 : 살모넬라, 장염 비브리오, 병원성 대장균

28 야간작업의 폐해가 아닌 것은?

① 주야가 바뀐 부자연스런 생활
② 수면 부족과 불면증
③ 피로회복 능력 강화와 영양 저하
④ 식사시간, 습관의 파괴로 인한 소화불량

29 일반적으로 이·미용업소의 실내 쾌적습도 범위로 가장 알맞은 것은?

① 10~20%
② 20~40%
③ 40~70%
④ 70~90%

> **해설**
> • 실내 적정온도 : 18±2℃
> • 실내 적정습도 : 40~70%

30 다음 중 환경보전에 영향을 미치는 공해 발생원인으로 관계가 먼 것은?

① 실내의 흡연
② 산업장 폐수 방류
③ 공사장의 분진 발생
④ 공사장의 굴착작업

31 소독과 멸균에 관련된 용어 해설 중 틀린 것은?

① 살균 : 생활력을 가지고 있는 미생물을 여러 가지 물리·화학적 작용에 의해 급속히 죽이는 것을 말한다.
② 방부 : 병원성 미생물의 발육과 그 작용을 제거하거나 정지시켜서 음식물의 부패나 발효를 방지하는 것을 말한다.
③ 소독 : 사람에게 유해한 미생물을 파괴시켜 감염의 위험성을 제거하는 비교적 강한 살균작용으로 세균의 포자까지 사멸하는 것을 말한다.
④ 멸균 : 병원성 또는 비병원성 미생물 및 포자를 가진 것을 전부 사멸 또는 제거하는 것을 말한다.

> **해설**
> 소독은 병원성 미생물의 생활력을 파괴하여 감염 및 증식력을 없애는 것이다.

32 이상적인 소독제의 구비조건과 거리가 먼 것은?

① 생물학적 작용을 충분히 발휘할 수 있어야 한다.
② 빨리 효과를 내고 살균 소요시간이 짧을수록 좋다.
③ 독성이 적으면서 사용자에게도 자극성이 없어야 한다.
④ 원액 혹은 희석된 상태에서 화학적으로는 불안정된 것이어야 한다.

> **해설**
> 소독제는 살균력이 강하고 물품에 대한 부식성, 표백성이 없으며 용해성이 높고 안정성이 있어야 한다.

33 소독약 10mL를 용액(물) 40mL에 혼합시키면 몇 %의 수용액이 되는가?

① 2%
② 10%
③ 20%
④ 50%

> **해설**
> 농도(%) = $\dfrac{용질(소독약)}{용액(물 + 소독약)}$ = $\dfrac{10mL}{10mL + 40mL}$ × 100 = 20%

34 건열멸균법에 대한 설명 중 틀린 것은?

① 드라이 오븐(Dry oven)을 사용한다.
② 유리 제품이나 주사기 등에 적합하다.
③ 젖은 손으로 조작하지 않는다.
④ 110~130℃에서 1시간 내에 실시한다.

> **해설**
> 건열멸균법 : 건열멸균기(Dry oven)에서 170℃에 1~2시간 처리하는 방법

35 이 · 미용업소에서 종업원이 손을 소독할 때 가장 보편적이고 적당한 것은?

① 승홍수
② 과산화수소
③ 역성비누
④ 석탄수

36 살균력이 좋고 자극성이 적어서 상처 소독에 많이 사용되는 것은?

① 승홍수
② 과산화수소
③ 포르말린
④ 석탄산

> **해설**
> 과산화수소는 3% 수용액을 사용하며 자극성이 적어서 구내염, 인두염, 입 안 세척 등에 사용한다.

37 다음 중 음용수의 소독에 사용되는 소독제는?

① 표백분
② 염산
③ 과산화수소
④ 요오드팅크

> **해설**
> 음용수 소독에는 염소, 표백분을 사용한다.

38 다음 중 음료수의 소독방법으로 가장 적당한 방법은?

① 일광소독
② 자외선등 사용
③ 염소소독
④ 증기소독

39 이 · 미용실의 기구(가위, 레이저) 소독으로 가장 적당한 약품은?

① 70~80%의 알코올
② 100~200배 희석 역성비누
③ 5% 크레졸 비누액
④ 50%의 페놀액

> **해설**
> 이 · 미용실에서 사용하는 알코올은 에틸알코올로서 약 70%의 수용액을 사용하며 손, 피부, 미용기구 소독에 적합하다.

40 소독작용에 영향을 미치는 요인에 대한 설명으로 틀린 것은?

① 온도가 높을수록 소독효과가 크다.
② 유기물질이 많을수록 소독효과가 크다.
③ 접속시간이 길수록 소독효과가 크다.
④ 농도가 높을수록 소독효과가 크다.

41 다음 중 탄수화물, 지방, 단백질의 3가지 지칭하는 것은?

① 구성영양소
② 열량영양소
③ 조절영양소
④ 구조영양소

> **해설**
> 열량영양소 : 탄수화물, 지방, 단백질

42 다음 중 기초화장품의 주된 사용목적에 속하지 않는 것은?

① 세안
② 피부 정돈
③ 피부 보호
④ 피부 채색

> **해설**
> 기초 화장품의 기능으로는 세정, 정돈, 보호, 영양공급 작용 등이 있다.

43 상피조직의 신진대사에 관여하며 각화정상화 및 피부 재생을 돕고 노화방지에 효과가 있는 비타민은?

① 비타민 C
② 비타민 E
③ 비타민 A
④ 비타민 K

> **해설**
> ① 비타민 C : 콜라겐 합성, 항산화, 미백효과, 피부 · 힘줄 · 뼈의 기본 형성물질
> ② 비타민 E : 항산화, 피부 노화 방지, 임신 관여
> ④ 비타민 K : 혈액응고 작용

44 다음 중 일반적으로 건강한 모발의 상태는?

① 단백질 10~20%, 수분 10~15%, pH 2.5~4.5
② 단백질 20~30%, 수분 70~80%, pH 4.5~5.5
③ 단백질 50~60%, 수분 25~40%, pH 7.5~8.5
④ 단백질 70~80%, 수분 10~15%, pH 4.5~5.5

45 다음 중 글리세린의 가장 중요한 작용은?

① 소독작용
② 수분 유지작용
③ 탈수작용
④ 금속염 제거작용

> **해설**
> 보습제 : 글리세린, 솔비톨, 히알루론산, 천연보습인자 등

46 다음 중 멜라닌색소를 함유하고 있는 부분은?

① 모표피
② 모피질
③ 모수질
④ 모유두

> **해설**
> 모발 구조 중 모피질은 약 80~85%를 차지하며, 멜라닌색소를 함유하고 있다.

> **정답**
> 33 ③ 34 ④ 35 ③ 36 ② 37 ① 38 ③ 39 ① 40 ② 41 ② 42 ④ 43 ③ 44 ④
> 45 ② 46 ②

47 피지선의 활성을 높여주는 호르몬은?

① 안드로겐   ② 에스트로겐
③ 인슐린   ④ 멜라닌

> **해설**
> • 피지선 활성 : 안드로겐   • 피지선 활성 저하 : 에스트로겐

48 다음 중 식물성 오일이 <u>아닌</u> 것은?

① 아보카도 오일   ② 피마자 오일
③ 올리브 오일   ④ 실리콘 오일

> **해설**
> 실리콘 오일은 광물성 오일에 속한다.

49 피부의 기능이 <u>아닌</u> 것은?

① 피부는 강력한 보호작용을 한다.
② 피부는 체온의 외부발산을 막고 외부온도 변화가 내부로 전해지는 작용을 한다.
③ 피부는 땀과 피지를 통해 노폐물을 분비, 배설한다.
④ 피부도 피부호흡한다.

50 여러 가지 꽃 향의 혼합된 세련되고 로맨틱한 향으로 아름다운 꽃다발을 안고 있는 듯 화려하면서도 우아한 느낌을 주는 향수의 타입은?

① 싱글 플로럴(Single floral)   ② 플로럴 부케(Floral boupuet)
③ 우디(Woody)   ④ 오리엔탈(Oriental)

51 공중위생관리법에서 규정하고 있는 공중위생영업의 종류에 해당하지 <u>않는</u> 것은?

① 이 · 미용업   ② 건물위생관리업
③ 학원 영업   ④ 세탁업

> **해설**
> 공중위생영업 : 숙박업, 목욕장업, 이용업, 미용업, 세탁업, 건물위생관리업

52 영업소 외의 장소에서 이 · 미용 업무를 행할 수 있는 경우가 <u>아닌</u> 것은?

① 질병으로 영업소에 나올 수 없는 경우
② 결혼식 등의 의식 직전인 경우
③ 손님의 간곡한 요청이 있을 경우
④ 시장, 군수, 구청장이 인정하는 경우

53 영업자의 지위를 승계한 자로서 신고를 하지 아니하였을 경우 해당하는 처벌 기준은?

① 1년 이하의 징역 또는 1천만 원 이하의 벌금
② 6월 이하의 징역 또는 500만 원 이하의 벌금
③ 200만 원 이하의 벌금
④ 100만 원 이하의 벌금

> **해설**
> 6월 이하의 징역 또는 500만 원 이하의 벌금
> • 규정에 의해 변경신고를 하지 아니한 자
> • 지위를 승계한 자로서 신고를 하지 아니한 자
> • 공중위생영업자가 준수하여야 할 사항을 준수하지 아니한 자

54 공익상 또는 선량한 풍속유지를 위하여 필요하다고 인정하는 경우에 이 · 미용업의 영업시간 및 영업 행위에 관한 필요한 제한을 할 수 있는 자는?

① 관련 전문기관 및 단체장
② 보건복지부장관
③ 시 · 도지사
④ 시장, 군수, 구청장

55 다음 중 이 · 미용사 면허를 취득할 수 <u>없는</u> 자는?

① 면허 취소 후 1년 경과자
② 독감환자
③ 마약중독자
④ 전과기록자

> **해설**
> 면허 결격사유 : 피성년후견인, 정신질환자, 보건복지부령이 정한 감염병(결핵) 환자, 마약 기타 대통령령으로 정하는 약물중독자, 면허가 취소된 후 1년이 경과되지 않은 자

56 처분 기준이 2백만 원 이하의 과태료가 <u>아닌</u> 것은?

① 규정을 위반하여 영업소 이외 장소에서 이 · 미용 업무를 행한 자
② 위생교육을 받지 아니한 자
③ 위생관리 의무를 지키지 아니한 자
④ 관계 공무원의 출입 · 검사 · 기타 조치를 거부 · 방해 또는 기피한 자

> **해설**
> ④ 300만 원 이하의 과태료에 해당되는 사항이다.

57 다음 중 이 · 미용사 면허를 받을 수 없는 경우에 해당하는 것은?

① 전문대학 또는 동등 이상의 학력이 있다고 교육부장관이 인정하는 학교에서 이용 또는 미용에 관한 학과 졸업자
② 교육부장관이 인정하는 인문계 학교에서 1년 이상 이 · 미용에 관한 과정을 이수한 자
③ 국가기술자격법에 의한 이 · 미용사 자격을 취득한 자
④ 교육부장관이 인정한 고등기술학교에서 1년 이상 이 · 미용에 관한 소정의 과정을 이수한 자

> **해설**
> 교육부장관이 인정하는 고등기술학교에서 1년 이상 이용 또는 미용에 관한 소정의 과정을 이수한 자가 면허를 받을 수 있다.

58 이 · 미용기구의 소독 기준 및 방법을 정한 것은?

① 대통령령
② 보건복지부령
③ 환경부령
④ 보건소령

> **정답**   47 ①   48 ④   49 ②   50 ②   51 ③   52 ③   53 ②   54 ③   55 ③   56 ④   57 ②   58 ②

59 이·미용업자의 준수사항 중 틀린 것은?

① 소독한 기구와 하지 아니한 기구는 각각 다른 용기에 넣어 보관할 것

② 조명은 75룩스 이상 유지되도록 할 것

③ 신고증과 함께 면허증 사본을 게시할 것

④ 1회용 면도날은 손님 1인에 한하여 사용할 것

해설

업소 내에 미용업 신고증, 개설자의 면허증 원본 및 최종지불요금표를 게시하여야 한다.

60 공중위생관리법상의 위생교육에 대한 설명 중 옳은 것은?

① 위생교육 대상자는 이·미용업 영업자이다.

② 위생교육 대상자는 이·미용사이다.

③ 위생교육 시간은 매년 8시간이다.

④ 위생교육은 공중위생관리법 위반자에 한하여 받는다.

해설

위생교육 시간은 매년 3시간으로 한다.

정답 59 ③ 60 ①

제 3 편

상시대비
복원문제

01 미용사의 사명이 <u>아닌</u> 것은?

① 새로운 유행만을 창출한다.
② 공중위생에 만전을 기한다.
③ 시대에 맞는 건전한 풍속과 문화를 유도한다.
④ 손님이 만족하는 개성미를 만들어낸다.

해설

미용사의 사명
- 미적 측면
  - 손님이 만족할 수 있는 개성미의 연출로서, 미에 대한 욕구는 본능적이며 이에 손님의 요구에 맞는 만족스러운 개성미를 창출한다.
- 문화적 측면
  - 시대에 알맞은 건전한 풍속과 문화를 유도한다.
  - 손님의 불건전한 요구를 수용하거나 유행으로 유도하지 말아야 한다.
- 위생적 측면
  - 미용실은 공공장소뿐 아니라 신체에 직접 시술함으로써 손과 시술도구의 위생에 특히 주의한다.
  - 공중위생상 안전유지로서 채광, 조명, 실내 환기 등에 주의한다.

02 두개골의 영역과 유두돌기와 연계가 <u>잘못된</u> 것은?

① 전두골 – 전두융기
② 두정골 – 두정융기
③ 측두골 – 측두융기
④ 후두골 – 후두융기

해설

두상에서의 융기는 볼록한 공간(Occupied space)인 융기와 오목한 공간인 공간체를 가진 구형을 나타낸다. 볼록한 공간인 측두융기, 두정융기, 후두융기는 부피 또는 볼륨을 나타낸다.

03 다음 중 1920년대 단발머리를 유행시킨 여성은?

① 김상진
② 김활란
③ 권정희
④ 이숙종

해설

1920년대에는 김활란의 단발머리, 이숙종의 높은 머리(일명 다까머리)가 혁신적인 변화를 가져다주었다.

04 중국 고대 미용에 관한 설명 중 틀린 것은?

① 2200년경 하나라 때 분이 사용되었다.
② 십미도는 열 가지 눈썹 모양이며 진하고 넓게 눈썹을 그렸다.
③ 액황은 입술에 바르고 홍장은 이마에 발랐다.
④ 희종, 소종(서기 874~890년)때에는 붉은 입술을 미인이라 평가했다.

해설

중국의 고대미용
- B.C 2200년경 하(夏)나라 때에는 이미 분(粉)이 사용되었다.
- B.C 1150년경 은(殷)나라 주왕 때 연지화장을 하였다.
- B.C(246~210년) 진시황시대 아방궁 삼천궁녀들은 백분, 연지, 눈썹화장이 성행하였다.
- 당나라 시대는 높이 치켜 올리거나 내리는 머리형태를 하였다.
  - 액황(額黃)이라 하여 이마에 발라 약간의 입체감을 나타내었다.
  - 홍장(紅粧)이라 하여 백분을 바른 후에 연지를 덧바른 화장을 하였으며 수하미인도(樹下美人圖)의 인물상은 홍장의 예이다.
- 당 현종(713~755년) 때에는 십미도(十眉圖)라 하여 10가지 눈썹 모양을 소개하였다.

05 미용도구 취급 시 주의사항에 대한 설명으로 <u>잘못된</u> 것은?

① 미용실은 공중을 대상으로 시술이 행하여지는 곳으로 공중위생에 철저해야 한다.
② 손님에게 사용되었던 도구는 감염성 질환의 매개물이 되지 않도록 소독에 주의한다.
③ 용구의 보관은 반드시 청결하고 위생상 안전한 케이스나 소독장에 정리한다.
④ 고객 1인마다 소독된 기구(도구)를 사용해야 하며 소독된 것과 소독되지 않은 것은 따로 보관하지 않아도 된다.

해설

취급 시 주의사항
- 미용실은 공중을 대상으로 시술이 행하여지는 곳으로서 공중위생에 철저해야 한다. 따라서 미용사가 되기 위해서는 필수교과로 공중보건학, 소독학, 공중위생법규 등을 이수하여 공중의 소독과 관련된 지식을 갖추어야 한다.
- 손님에게 접촉되거나 사용되었던 용구는 감염성 질환의 매개물이 되지 않도록 소독에 주의한다.
- 용구에 묻은 물기나 화장품류 등은 매번 청결하게 닦아내고 재질의 변질을 막을 수 있도록 충분히 손질해야 한다.
- 용구의 보관은 반드시 청결하게 위생상 안전한 케이스(Case)나 소독장에 정리한다.
- 미용사 법에 제시된 소독방법을 준수하며, 고객 1인마다 소독된 기구나 도구를 사용하며 소독된 것과 소독되지 않은 것을 따로 보관한다.

06 여드름 치료에 사용되며 비타민 D를 생성시키는 미안용 기기는?

① 적외선등
② 자외선등
③ 바이브레이터
④ 갈바닉 전류미안기

해설

자외선등
- 피부의 노폐물 배설을 촉진하고 비타민 D를 생성하며, 파장 220~320nm의 살균작용이 강한 화학선(도르노선)이라고도 한다.
- 전원, 전압 조절기, 자외선 조사부 등으로 이루어져 있다.
- 자외선등의 조사 시 자외선으로부터 눈을 보호하기 위해 미용사는 자외선 보호안경을 쓰고 손님에게는 아이패드(Eyepad)를 사용함으로써 자외선으로부터 눈을 보호한다.
- 사용 후 잊고 스위치를 끄지 않으면 발광관이 소멸될 뿐만 아니라 변환기의 과열로 화재의 원인이 된다.
- On, Off를 빈번하게 하면 발광관과 그 부속 부분이 소모되기 쉽다.

07 패러디 전류와 관련된 내용이 <u>아닌</u> 것은?

① 피부에 도포된 팩의 건조를 촉진시킨다.
② 혈액순환과 신진대사를 왕성하게 한다.
③ 단속적인 전류를 이용하여 인체에 자극을 준다.
④ 신경에 미치는 자극작용에 의해서 근육의 수축운동을 일으킨다.

해설

패러디 전류의 역할
- 단속적인 전류를 이용하여 인체에 자극작용을 준다.
- 혈액순환과 신진대사를 왕성하게 한다.
- 신경에 미치는 자극작용에 의해서 근육의 수축운동을 일으킨다.

정답 01① 02① 03② 04③ 05④ 06② 07①

08 다음 중 샴푸에 가장 적당한 물과 온도는?

① 36~38℃ 연수
② 20~25℃ 경수
③ 36~38℃ 경수
④ 40~45℃ 연수

> **해설**
> 체온과 비슷한 36~38℃의 연수(수돗물)를 사용한다.

09 헤어 트리트먼트의 목적으로 바르게 설명한 것은?

① 비듬을 제거하고 방지한다.
② 두피의 생리기능을 높여준다.
③ 두발의 모표피를 단단하게 하며 적당한 수분함량을 원상태로 회복시킨다.
④ 두피를 청결하게 하며 두피의 성육을 조장한다.

> **해설**
> **트리트먼트의 역할**
> • 트리트먼트제는 두피의 생리기능 정상화와 혈행을 촉진시켜 탈모를 방지하는 역할을 한다.
> • 모발 트리트먼트제는 모발 등전대가를 유지시켜 모발을 보호하며 더 이상 손상되지 않도록 하는 데 그 목적이 있다.
> • 손상을 받은 모표피는 단백질 성분의 흡착성을 이용함으로써 손상을 최저로 방지하여 회복한다.
> • 헤어 트리트먼트는 모발에서의 마찰력을 낮추고, 정전기의 충전을 방지함으로써 다른 임상 서비스를 받아들일 수 있는 기반 상태를 만든다.

10 롱 헤어스타일에서 무거움을 느낄 때 두발의 끝을 가볍게 다듬어 줄 수 있는 도구로 가장 적합한 것은?

① 틴닝가위
② 레이저
③ 바리깡
④ 클리퍼

> **해설**
> **틴닝가위 기법**
> • 틴닝가위를 사용하여 모발 숱(모량)을 감소시키는 기법으로서 모발의 길이는 짧게 하지 않는다.
> • 커트스타일 완성 후 질감처리를 위해 사용한다.
> • 어느 한쪽에 모량이 지나치게 많을 경우 이를 조절할 때 사용한다.
> • 지나치게 많은 모량은 형태선을 만들기 전에 적당하게 조절한다.

11 웨트 커트에 대한 설명으로 옳은 것은?

① 손상모를 손쉽게 추려낼 수 있다.
② 웨이브나 컬이 심한 모발에 적합한 방법이다.
③ 커트 시 형태가 더 선명하게 드러나며 길이 변화를 많이 주지 않을 때 이용한다.
④ 두상의 모양을 정확하게 볼 수 있으며 두발의 손상을 최소화할 수 있다.

> **해설**
> **웨트 커트**
> • 커트 시술 전에는 반드시 세발(Wet shampoo)을 해야 하나 시험(검정형) 시에는 물분무기(Water spray)로 마네킹의 모근 부위에 물이 충분히 분무한 뒤 커트를 해야 하며, 커트를 끝냈을 때까지 두발에 물기가 젖어 있어야 한다.
> • 두발에 당김을 주지 않는다.
> • 정확한 가이드라인이 형성된다.
> • 두발 자체에 손상을 덜 준다.

12 커트 시술 시 두부(頭部)를 5등분으로 나누었을 때 <u>관계없는</u> 명칭은?

① 톱(Top)
② 사이드(Side)
③ 헤드(Head)
④ 네이프(Nape)

> **해설**
> 헤드는 머리(Head)로서 얼굴(안두개), 두상(뇌두개), 목(경추)을 포함한다.

13 펌에서 로드 제거(Rod out) 후 사용되는 린스는?

① 에그린스
② 산성린스
③ 크림린스
④ 플레인린스

> **해설**
> **산성린스**
> • 펌에 의해 팽윤된(열려있는) 모발의 모표피를 닫아준다.
> • 펌에 의해 알칼리화 된 모발을 약산성(pH 4.5~5.5) 상태로 돌려준다.

14 다음 내용 중 웨이브 펌을 위한 시술(본처리)로서 거리가 먼 것은?

① 셰이핑
② 와인딩
③ 블로킹
④ 중간 린스

> **해설**
> 펌 시술(본처리) 과정 : 1제 도포하기 → 블로킹 및 직경 만들기 → 로드 와인딩 → 터번 사용하기 → 1제 도포 및 스틱 꽂기 → 비닐 캡 씌우기 → 상온 방치 또는 열처리하기 → 프로세싱 타임 → 테스트 컬 → pH Balance 도포하기 → 2제 도포하기 → 로드 제거 → 헹구기

15 웨이브 펌 전처리 과정에서 타월건조가 불충분하였을 때 본처리 시 나타날 수 있는 현상은?

① 두발에 수분이 많이 남아 있으면 탈모증의 원인이 될 수 있다.
② 두발에 수분이 많이 남아 있으면 피부병의 원인이 될 수 있다.
③ 두발에 수분이 많이 남아 있으면 펌제의 농도가 묽어진다.
④ 두발에 수분이 많이 남아 있으면 산화작용이 급속히 촉진된다.

> **해설**
> 모발 내 물기가 제대로 제거되지 않으면 제1제 도포 시 용액의 농도가 묽어진다.

16 고객의 두피로부터 약 몇 cm 떨어져 헤어 스프레이를 분사시키는 것이 가장 좋은가?

① 30~40cm
② 10~12cm
③ 15~20cm
④ 7~8cm

> **해설**
> 헤어스타일 마무리 고정용으로 사용되는 스프레이는 15~20cm 거리에서 분사한다.

정답 08 ① 09 ③ 10 ① 11 ④ 12 ③ 13 ② 14 ① 15 ③ 16 ③

17 컬의 와인딩 기법 중 바렐 컬에 대한 설명인 것은?

① 나선형 핀컬로서 롱 헤어에 웨이브를 주고자 할 때 사용된다.
② 원통형 핀컬로서 후두부 중앙 부위에 볼륨을 주고자 할 때 사용된다.
③ 모근 쪽에서 모간 끝 쪽으로 말리므로 모근으로 갈수록 탄력도가 크다.
④ 모근 쪽에서 모간 끝 쪽으로 말리므로 루프 직경은 커진다.

> **해설**
> 컬의 와인딩 기법은 바렐 핀컬과 스파이럴 핀컬로 분류된다. 바렐 컬(Barrel curl)은 원통형 핀컬로서 모간 끝에서 모근 쪽을 향해 컬리스되며 모발 끝으로 갈수록 탄력도가 크다.

18 가르마 가까이에 작게 만든 뱅(Bang)은?

① 플러프 뱅
② 프렌치 뱅
③ 프린지 뱅
④ 웨이브 뱅

> **해설**
> 프린지(Fringe) 뱅은 가르마 가까이에 작게 만든 애교머리이다.

19 두발 상태가 건조하며 길이로 가늘게 갈라지듯 부서지는 증세는?

① 원형 탈모증
② 결절 열모증
③ 결발성 탈모증
④ 비강성 탈모증

> **해설**
> 두발이 길이로 갈라지는 현상을 결절 열모증이라 한다. 모발이 부분적으로 손상되어 매듭처럼 얽혀 있으며 부서진다. 건조하여 쉽게 부스러지는 상태로서 브러시처럼 펼쳐져 보인다.

20 스캘프 트리트먼트의 목적이 <u>아닌</u> 것은?

① 비듬생성 예방
② 혈액순환 촉진
③ 원형 탈모증 치료
④ 두피 및 모발을 건강하고 아름답게 유지

> **해설**
> **스캘프 트리트먼트(두피 관리)의 목적**
> • 두피에 발생하는 다양한 문제점을 올바르게 파악하여 효과적인 관리를 한다.
> • 노화된 각질이나 피지 산화물 등을 제거한다.
> • 각화주기를 정상화시켜 모공 내 제품 침투력을 높인다.
> • 마사지를 통하여 혈액순환을 촉진시킨다.

21 멜라닌색소를 탈색(산화)시키는 산화제는?

① 비타민 C
② 과산화수소
③ 파라페닐렌다이아민
④ 하이드로퀴논

> **해설**
> 과산화수소는 모발색을 구성하는 유 또는 페오멜라닌색소를 산화(Oxy)시킨다 ($H_2O_2 \rightarrow H_2O + O \uparrow$).

22 100% 흰 모발을 커버할 수 있는 염모제는?

① 비산화 염모제
② 반영구적 염모제
③ 일시적 염모제
④ 영구적 염모제

> **해설**
> 백모염색은 과산화수소를 사용하는 산화 염모제인 영구적 염모제를 사용한다.

23 헤어 블리치 시술에 관한 사항 중 <u>틀린</u> 것은?

① 블리치 시술 후 일주일 이상 경과된 뒤에 헤어 펌을 하는 것이 좋다.
② 블리치 시술 후 케라틴 등의 유출로 다공성 모발이 되므로 애프터 케어가 필요하다.
③ 블리치제 조합은 사전에 정확히 배합해 두고 사용 후 남은 블리치제는 공기가 들어가지 않도록 밀폐시켜 사용한다.
④ 블리치제는 직사광선이 들지 않는 서늘하고 건조한 곳에 보관한다.

> **해설**
> 탈색제는 사용 직전에 혼합하여 사용하며, 사용 후 남은 용제는 재사용 할 수 없다.

24 헤어 피스의 종류에 대한 연관된 설명으로 맞는 것은?

① 폴 - 짧은 모발을 긴 모발로 변화시킨다.
② 스위치 - 한 가닥으로 길게 땋은 스타일이다.
③ 치그논 - 20cm 이상의 모발 길이로서 1~3가닥으로 이루어져 있다.
④ 브레이드 - 탑 부분에 높이와 볼륨을 주기 위해 컬이 있는 상태 그대로 사용한다.

> **해설**
> ②는 치그논, ③은 스위치, ④는 위글렛에 대한 설명이다.

25 다음 금속 중 알레르기성 접촉 피부염을 가장 많이 일으키는 것은?

① 금
② 동
③ 백금
④ 니켈

> **해설**
> **접촉성 피부염**
> 알레르겐과 접촉에 의한 표재성 염증에 의해 발생되는 습진은 발적, 가려움, 삼출, 가피, 소구진 등의 증상 후 낙설하여 태선화되고 색소침착이 생긴다. 니켈은 금속 알레르기로 접촉성 피부염을 유발하게 한다.

26 희로애락의 감정이 민감하게 반영되는 피부작용은?

① 표정작용
② 지각작용
③ 보호작용
④ 호흡작용

> **해설**
> 피부의 안면근육에 의해 희로애락에 관련된 표정작용이 형성된다.

27 피부에 좋은 영양 성분을 농축해 만든 것으로, 소량의 사용만으로도 큰 효과를 볼 수 있는 것은?

① 에센스
② 로션
③ 스킨
④ 화장수

> **해설**
> **에센스**
> 고농축 보습 성분과 고영양 성분을 첨가하여 피부 보호와 영양을 공급한다. 로션 또는 화장수 등에 특정 목적을 위한 유효 성분을 첨가시킨 것으로, 흡수가 빠르고 사용감이 가볍다. 보습제, 알코올, 점증제, 유연제, 비이온 계면활성제, 향료, 기타 등이 에센스의 주요 성분이다.

정답 17② 18③ 19② 20③ 21② 22④ 23③ 24① 25④ 26① 27①

28 피부 내 피하지방 조직이 가장 얇은 부위는?

① 배　　　　　　　　　② 눈

③ 등　　　　　　　　　④ 대퇴

> **해설**
> 표피의 두께는 0.03~1mm, 진피의 두께는 약 2~3mm이며 눈꺼풀과 고막의 두께는 0.5mm, 손·발바닥의 두께는 6mm 정도의 범위를 갖는다.

29 모발에서의 가장 안정된 pH의 범위는?

① pH 1~2　　　　　　② pH 4~5

③ pH 7~9　　　　　　④ pH 10~12

> **해설**
> 모발의 pH는 4.5~5.5로서 모발 등전가 또는 등전대, 등전점이라 한다.

30 다음 중 항산화제에 속하지 <u>않는</u> 것은?

① 비타민 E

② 비타민 F

③ 베타-카로틴(β-carotene)

④ 수퍼옥사이드 디스뮤타제(SOD)

> **해설**
> 비타민 F는 피부의 저항력을 증강시켜 건조하고 생기 잃은 피부에 영양을 준다. 또한 결핍 시 손·발톱이 약해지고 습진, 피부염 등이 잘 생기며 호두, 땅콩, 해바라기씨 등 견과류에 풍부하게 함유되어 있다.
> 비타민 E, C는 항산화제이며 β-카로틴은 비타민 A이며, SOD는 세포를 산화적 손상으로부터 보호하는 작용을 한다.

31 피부가 두껍고 모공이 크며 화장이 쉽게 지워지는 피부 타입은?

① 건성피부　　　　　　② 중성피부

③ 지성피부　　　　　　④ 민감성 피부

> **해설**
> ① 건성피부는 표피가 얇고 모공이 작으며, 눈 주위에 잔주름과 세안 후 당김이 있다. 여드름이 잘 나지 않고 화장이 잘 받지 않는다.
> ② 중성피부는 피부결이 매끄럽고 세안 후 당기거나 번들거림이 없으며, 수분과 피지의 분비가 균형을 이룬다. 기미, 주근깨, 여드름, 잡티가 없고 피부 탄력성이 좋다.
> ③ 민감성 피부는 피부조직이 섬세하고 얇다. 피부가 건조하고 당김과 색소침착이 쉽게 생기고, 환경이나 온도에 민감하다.

32 피부에 알칼리성 비누 사용 시 알칼리 피부가 되었다가 약산성으로 되돌아오는 작용은?

① 환원작용　　　　　　② 알칼리 중화능

③ 산화작용　　　　　　④ 산성 중화능

> **해설**
> 알칼리성 비누 사용 시 피부의 pH 4.5~5.5(약산성)가 일시적으로 알칼리화되었다가 피부의 자정작용에 의해 피부의 등전가인 약산성 상태로 되돌아오는 것을 피부의 알칼리 중화능이라 한다.

33 살균작용에 의한 여드름 발생원인과 증상에 대한 것으로 틀린 것은?

① 호르몬의 불균형　　　② 불규칙한 식생활

③ 중년 여성에게만 나타남　④ 주로 사춘기 때 많이 나타남

> **해설**
> 여드름의 발생원인
> • 유전적 원인은 여드름의 80% 이상이 유전에 의해 발생될 수 있다.
> • 후천적 원인은 스트레스, 변비, 음주, 수면 부족, 위장장애, 고온다습한 기후, 환경 오염물질과 위생불결, 적합하지 않는 화장품이나 의약품 등의 사용으로 발생할 수 있다.
> • 일반적으로 사춘기에 나타나며, 30대 이후까지 나타나기도 한다.

34 단체 활동을 통한 보건교육방법 중 브레인스토밍에 관련된 설명은?

① 여러 사람의 전문가가 자기입장에서 어떤 일정 주제에 관하여 발표하는 방법

② 제한된 연사가 제한된 시간에 발표를 하게 하여 짧은 시간과 적은 인원으로 진행하는 방법

③ 몇 명의 전문가가 청중 앞에서 자기들끼리 대화를 진행하는 형식으로 사회자가 이야기를 진행, 정리해 나아감으로써 내용을 파악하고, 이해할 수 있게 하는 방법

④ 특별한 문제를 해결하기 위한 단체의 협동적 토의 방법으로 문제점을 중심으로 폭넓게 검토하여 구성원 스스로 해결해 나감으로써 최선책을 강구해가는 방법

> **해설**
> 브레인스토밍은 특별한 문제를 해결하기 위한 단체의 협동적 토의방법이다.

35 상수 수질오염의 대표적 지표로 사용하는 것은?

① 이질균

② 일반 세균

③ 대장균

④ 플랑크톤

> **해설**
> 대장균 100㎖에서 미검출되어야 한다. 대장균군 검출은 수질오염지표로서 미생물이나 분변에 오염된 것을 추측할 수 있으며 검출 방법이 간단하다.

36 인체에서 연탄가스 중독현상을 일으키는 주된 물질은?

① 일산화탄소

② 이산화탄소

③ 탄산가스

④ 메탄가스

> **해설**
> 일산화탄소(CO)
> • 일산화탄소가 호흡을 통해 흡입되면 혈액 내 헤모글로빈과 결합(Hb-CO)한다. 헤모글로빈과의 친화성이 산소에 비해 250~300배 강하며 최대 허용량(서한량)은 8시간 기준으로 100ppm(0.01%)이다.
> • 무색, 무취, 무자극성 기체이며 독성이 크고, 비중 0.976으로 공기보다 가벼우며 불완전연소 시 다량 발생한다(불에 타기 시작할 때 또는 꺼질 무렵 다량 발생).
> • 일산화탄소 중독(산소결핍증) : 헤모글로빈(Hb)의 산소결합 능력을 빼앗아 혈중 산소(O_2) 농도를 저하시킨다.
>
> 일산화탄소(CO) 농도에 따른 증상
> • 10%(Hb-CO) – 공기 중에 10% 미만으로 존재해야 한다.
> • 30~40%(Hb-CO) – 심한 두통, 구토 현상
> • 50~60%(Hb-CO) – 혼수, 경련, 가사 상태
> • 80% 이상(Hb-CO) – 즉사

정답 28② 29② 30② 31③ 32② 33③ 34④ 35③ 36①

37 소음과 건강장애와 관련된 요인으로 가장 옳은 것은?

① 소음의 크기, 주파수, 방향에 따라 다르다.
② 소음의 크기, 주파수, 내용에 따라 다르다.
③ 소음의 크기, 주파수, 폭로 기간에 따라 다르다.
④ 소음의 크기, 주파수, 발생지에 따라 다르다.

해설

소음
• 소음은 주관적 입장에서 '원하지 않는 소리'로 볼 수 있다. 같은 소리라고 해도 개인에 따라 차이가 많다.
• 환경정책 기본법에서는 소음을 기구, 기계 등에서 발생되는 강한 음으로 제한하고 있다.
• 소음은 잠행성 오염물로서 심리적, 정신적인 면에서 영향을 미친다.
• 소음은 물체가 진동할 때 음의 세기인 크기와 진동수(주파수)로 볼 수 있다.

38 합성세제에 의한 환경오염은 무엇인가?

① 수질오염 ② 중금속오염
③ 토양오염 ④ 대기오염

해설

합성세제는 계면활성제를 중심으로 수질오염을 야기한다.

39 폐결핵에 관한 설명 중 잘못된 것은?

① 호흡기계 감염병이다. ② 병원체는 세균이다.
③ 예방접종은 PPD로 한다. ④ 제3군 법정 감염병이다.

해설

폐결핵은 BCG 접종을 한다.

40 다음 중 공중보건의 인구 범위에서 제외되는 내용은?

① 환경위생 향상
② 개인위생에 관한 보건교육
③ 질병의 조기발견
④ 질병의 치료방법 개발

해설

질병의 치료방법 및 개발은 의료 분야이다.

41 다음 내용 중 미용업소에서 시술과정을 통하여 감염될 수 있는 질병은?

① 뇌염, 소아마비
② 피부병, 발진티푸스
③ 결핵, 트라코마
④ 결핵, 장티푸스

해설

결핵은 호흡기, 트라코마 개달물에 의해 감염될 수 있어 미용업소에서 감염될 수 있다.

42 다음 중 일산화탄소 중독 시 증상이나 후유증이 아닌 것은?

① 정신장애 ② 무균성 괴사
③ 신경장애 ④ 의식소실

해설

심한 두통, 구토 현상, 혼수, 경련, 가사 상태, 즉사 등의 증상을 나타낸다.

43 고압증기멸균법의 대상물로 가장 적당하지 않은 것은?

① 의료기구 ② 의류
③ 고무제품 ④ 음용수

해설

고압증기멸균법의 대상물은 수술기구 등의 금속 제품, 린넨류, 실험용 기자재, 액체약병, 면포나 종이에 싼 고무장갑, 주사기, 봉합사, 고무재료 등이다. 음용수는 염소소독이 적합하다.

44 피부의 상처 부위나 구내염 등의 소독 시 가장 적당한 소독제는?

① 승홍수 ② 크레졸수
③ 과산화수소 ④ 메틸알코올

해설

과산화수소(2.5~3.5%)는 상처 소독에 많이 사용되며 구강세척 시 4~5배로 희석하여 사용한다.

45 70% 희석 알코올 2ℓ를 만드려면 무수알코올(알코올 원액) 몇 ㎖가 필요한가?

① 700㎖ ② 1,400㎖
③ 1,600㎖ ④ 1,800㎖

해설

$농도(\%) = \frac{용질}{용액} \times 100$

$70 = \frac{X}{2,000} \times 100$

$X = 1,400$

46 저온소독법에 적용되는 온도와 시간은?

① 50~55℃, 1시간 ② 62~63℃, 30분
③ 65~68℃, 1시간 ④ 80~84℃, 30분

해설

저온살균법
• 우유(63℃에서 30분간 처리), 아이스크림 원료(80℃에서 30분간), 건조과실(72℃에서 30분간), 포도주(55℃에서 10분간 소독함)등에 적용된다.
• 저온살균법은 62~63℃의 온도에서 30분 정도 적용한다.

47 결핵 환자가 사용한 침구류 및 의류의 간편한 소독방법은?

① 일광 소독 ② 자비소독
③ 석탄산 소독 ④ 크레졸

해설

일광소독
• 태양광선 내 자외선으로서 최단 파장인 2,600~2,800Å에서 약간의 살균작용이 있다.
• 한낮의 태양열에 건조시킴으로써 의류, 침구류, 거실 등의 소독한다.

결핵(폐결핵)
• 감염병 중 가장 많이 감염되는 질병이다.
• 결핵균을 병원체로 호흡기(환자 기침) 객담에 의해 전파된다.
• 피로감, 발열, 각혈, 기침, 흉통, 체중감소 등의 증상을 나타낸다.
 - 예방접종 : 생후 4주 이내에 BCG를 접종한다.
 - 결핵검사방법(PPD 반응검사) : X-선 간접촬영, X-선 직접촬영
 - 객담검사 실시 후 등록관리

정답 37③ 38① 39③ 40④ 41③ 42② 43④ 44③ 45② 46② 47①

48 소독제의 요건이 아닌 것은?

① 안정성이 높아야 한다. ② 독성이 낮아야 한다.

③ 부식성이 강해야 한다. ④ 용해성이 높아야 한다.

> **해설**
>
> 소독제의 구비조건
> • 인체 무해·무독하며 환경오염을 발생시키지 않아야 한다.
> • 용해성과 안정성에 의해 부식성과 표백성이 없어야 한다.
> • 소독 범위가 넓고 냄새가 없어야 하며 탈취력이 있어야 하고 살균력이 강해야 한다.
> • 경제적이고 사용이 간편하며 높은 석탄산 계수를 가져야 한다.

49 다음 소독제 중 석탄산수의 장점인 것은?

① 안정성이 높고 화학 변화가 적다.

② 바이러스에 대한 효과가 크다.

③ 피부 및 점막에 자극을 주지 않는다.

④ 살균력이 크레졸 비누액 보다 3배 정도 높다.

> **해설**
>
> 석탄산
> • 3% 수용액을 사용한다.
> • 저온에서는 살균력이 떨어지며, 고온일수록 효과가 크다.
> • 안정된 살균력이 있어 소독약의 살균을 비교하는 석탄산 계수, 즉 살균력의 상대적 표시법으로 사용된다.
> • 토사물이나 배설물 등의 유기물에 살균력이 있다.
> • 금속 부식성과 취기, 독성이 강하며 피부, 점막 등에 자극이 있다.

50 미용실에 사용하는 타월의 소독방법은?

① 포르말린 ② 석탄산

③ 건열소독 ④ 증기 또는 자비소독

> **해설**
>
> 자비소독법
> • 100℃ 끓는 물에 15~20분간 처리한다.
> • 내열성이 강한 미생물은 완전 멸균할 수 없다.
> • 식기류, 도자기류, 주사기, 의류 소독 등에 사용한다.
> • 소독효과를 높이기 위하여 석탄산(5%) 또는 크레졸(3%), 탄산나트륨, 붕산 등을 첨가한다.

51 예방접종(Vaccine)으로 획득되는 면역의 종류는?

① 인공능동면역 ② 인공수동면역

③ 자연능동면역 ④ 자연수동면역

> **해설**
>
> ② 면역혈청인공제제를 접종하여 얻게 되는 면역
> ③ 감염병에 감염된 후 생기는 면역
> ④ 모체로부터 태반이나 수유를 통해 받는 면역

52 미용사 면허증을 분실한 경우 누구에게 재교부 신청을 하여야 하는가?

① 시장, 군수, 구청장 ② 보건소소장

③ 시·도지사 ④ 보건복지부장관

> **해설**
>
> 미용사의 면허(제6조 제1항)
> 미용사가 되고자 하는 자는 보건복지부령이 정하는 바에 의하여 시장, 군수, 구청장이 발부하는 면허를 받아야 한다.

53 이·미용업소가 폐쇄명령을 받았을 경우 동일 장소에서 동일 영업을 할 때 몇 개월이 지나야 하는가?

① 2개월 ② 6개월

③ 10개월 ④ 12개월

> **해설**
>
> 같은 종류의 영업금지(제11조의4)
> 「성매매 알선 등 행위의 처벌에 관한 법률 등」이외의 법률을 위반하여 폐쇄명령을 받은 자
> • 폐쇄명령을 받은 후 1년이 경과하지 아니한 때에는 같은 종류의 영업을 할 수 없다.
> • 폐쇄명령을 받은 후 6개월이 경과하지 아니한 때에는 누구든지 그 폐쇄명령이 이루어진 영업장소에서 같은 종류의 영업을 할 수 없다.

54 이·미용 영업에 있어 청문을 실시하여야 할 대상이 되는 행정처분 내용은?

① 경고 ② 개선

③ 시정명령 ④ 영업정지

> **해설**
>
> 청문(제12조)
> 보건복지부장관 또는 시장, 군수, 구청장은 다음 처분을 하려면 청문을 해야 한다.
> • 신고사항의 직권 말소
> • 미용사의 면허취소 또는 면허정지
> • 영업정지 명령, 일부 시설의 사용중지 명령 또는 영업소 폐쇄명령

55 영업장 폐쇄의 행정처분을 한 때의 당해 영업소에 대한 조치는?

① 행정처분 내용을 행정처분대장에 기록, 보관만 하면 된다.

② 행정처분 내용을 통보만 한다.

③ 언제든지 폐쇄 여부 확인만 하면 된다.

④ 영업장 폐쇄의 행정처분을 받은 업소임을 알리는 게시물 등을 부착한다.

> **해설**
>
> 영업자가 영업장 폐쇄명령을 받고도 계속 영업을 한 때에 할 수 있는 조치
> • 당해 영업소의 간판 기타 영업표지물의 제거
> • 영업을 위하여 필수 불가결한 기구 또는 시설물을 사용할 수 없게 하는 봉인
> 영업소의 폐쇄(제11조 제1항)
> 시장, 군수, 구청장은 공중위생영업자가 영업소 폐쇄명령을 받고도 계속하여 영업을 하는 때에는 관계공무원으로 하여금 당해 영업소를 폐쇄하기 위하여 다음의 조치를 할 수 있다.
> • 당해 영업소의 간판 기타 영업표지물의 제거
> • 당해 영업소가 위법한 영업소임을 알리는 게시물 등의 부착
> • 영업을 위하여 필수불가결한 기구 또는 시설물을 사용할 수 없게 하는 봉인

56 이·미용사의 면허정지를 명할 수 있는 자는?

① 시·도지사

② 경찰서장

③ 시장, 군수, 구청장

④ 행정자치부장관

정답 48③ 49① 50④ 51① 52① 53② 54④ 55④ 56③

해설

면허의 취소(제7조 제1항)
시장, 군수, 구청장은 미용사 면허를 취소하거나 6월 이내의 기간을 정하여 면허를 정지할 수 있다.
• 면허결격사유(피성년후견인, 마약 기타 대통령령으로 정하는 약물 중독자)에 해당하게 된 때
• 면허증을 다른 사람에게 대여한 때
• 「국가기술자격법」에 따라 자격이 취소된 때
• 「국가기술자격법」에 따라 자격정지 처분을 받은 때
• 이중으로 면허를 취득한 때
• 면허정지 처분을 받고도 그 정지 기간 중에 업무를 한 때
• 「성매매 알선 등 행위의 처벌에 관한 법률」이나 「풍속영업의 규제에 관한 법률」을 위반하여 관계 행정기관의 장으로부터 그 사실을 통보받은 때

57 이 · 미용사의 면허증을 다른 사람에게 대여한 때의 2차 위반 행정처분 기준은?

① 면허정지 6월
② 면허정지 12월
③ 100만 원 이하의 과태료
④ 면허취소

해설

면허증을 다른 사람에게 대여한 때(법 제7조 제1항)
면허정지 3월(1차 위반), 면허정지 6월(2차 위반), 면허취소(3차 위반)

58 크림(유성) 파운데이션의 기능이 <u>아닌</u> 것은?

① 피부에 퍼짐성이 좋다.
② 피부에 부착성이 좋다.
③ 유연효과가 좋아 하절기에 적당하다.
④ 심한 기미나 주근깨 등의 피부 반점을 커버하기에 좋다.

해설

파운데이션
균일한 피부색과 피부 결점(기미, 주근깨, 흉터)을 보완하여 얼굴 윤곽을 수정해주며 부분 화장을 돋보이게 한다. 외부자극(건조, 추위, 자외선 등)으로부터 피부를 보호해 준다.
크림 파운데이션
유분을 함유하고 있어 피부 커버력이 뛰어나고 땀이나 물에 화장이 잘 지워지지 않는다.

59 다음 중 광물성 오일이 <u>아닌</u> 것은?

① 올리브유
② 바셀린
③ 실리콘 오일
④ 유동파라핀

해설

광물성 오일(탄화수소류)
• 산패 또는 변질의 우려가 없는 석유에서 추출함으로써 유성감은 높으나 피부 호흡을 방해하므로 식물성 오일과 혼합하여 사용한다.
• 유동파라핀(미네랄 오일) : 정제가 쉽고 무색, 무취로서 화학적으로 안정하며 가격이 저렴하여 사용감 향상(메이크업의 부착성)을 목적으로 사용한다. 피부 표면의 수분 증발을 억제시키므로 클렌징, 마사지 제품 등에 사용한다.
• 실리콘 오일(디메치콘, 디메치콘폴리올, 페닐트리메콘 등) : 안정성, 내수성, 발수성이 높아 끈적거림이 없으며 사용감이 가볍다.
• 바셀린 : 무취하며 화학적으로 안정하여 크림, 립스틱, 메이크업 제품 등에 사용한다. 피부에 유막을 형성하여 수분 증발을 억제하며 외부 자극으로부터 피부를 보호한다.
• 올리브유는 식물성 오일이다. 이는 수분 증발 억제 및 촉감 향상에 효과적이며 피부 흡수가 좋다. 선탠 크림, 에몰리엔트 크림 등에 사용된다.

60 다음 중 건성피부 손질로 가장 적당한 것은?

① 비타민 복용
② 적절한 일광욕
③ 카페인 섭취 줄임
④ 적절한 수분과 유분 공급

해설

건성피부의 특징
• 모공이 좁고 피부결이 얇으며 탄력 저하와 주름 발생이 쉬워 노화 현상이 빨리 온다.
• 유 · 수분의 분비기능이 저하된 건성화로 이마, 볼 주위 피부에 당김 현상이 있다.
• 작은 각질과 가려움을 동반하며 기온 또는 일광, 자극성 화장품에 의해 피부가 얼룩져 붉게 보인다.

미용사(일반) CBT 문제풀이

수험번호:

수험자명:

 제한시간: 60분

---

01 미용 시술 시 작업자세로 적당하지 <u>않은</u> 것은?

① 일어서서 하는 작업 자세의 경우 25~30cm 거리를 유지한다.

② 작업대상은 시술자의 심장 높이와 평행하도록 한다.

③ 작업 시 안정된 자세란 수직성이 양다리를 둘러싼 영역 내이다.

④ 앉은 자세에서는 25~30cm 거리를 유지한다.

> **해설**
> **미용 시술 시 작업자세**
> • 작업대상과의 명시 거리는 약 25cm 정도 유지한다.
> • 시작부터 마무리까지 균일한 동작을 위하여 힘의 배분을 고려한다.
> • 샴푸 작업 시 어깨 너비 정도로 발을 벌리고 등을 곧게 펴도록 한다.
> • 앉아서 시술할 때는 의자에 똑바로 앉아 상체를 약간 앞으로 굽혀 시술한다.
> • 실내의 조도는 약 75lux로 유지해야 하고, 정밀 작업 시에는 약 100lux가 요구된다.
> • 작업대상의 높이는 자신의 심장 높이와 평행하게 맞추어 주는 것이 좋다.

02 두상에서의 융기에 대한 설명으로 맞는 것은?

① 머리의 영역으로 볼록한 공간인 융기를 나타낸다.

② 두정, 후두, 측두융기 등은 오목한 공간을 나타낸다.

③ 함몰에 따른 유선으로 융기 부분을 연결시켜 준다.

④ 기하학적인 모양 또는 머리형태의 근간이 된다.

> **해설**
> 머리의 영역은 볼록한 공간(Occupied space)인 융기와 오목한 공간인 공간체를 가진 구형을 나타낸다.
> • 볼록한 공간 : 두정융기, 후두융기, 측두융기 등은 부피 또는 볼륨을 나타낸다.
> • 오목한 공간 : 융기 부분을 연결시켜주는 함몰에 따른 유선으로 기하학적인 모양 또는 머리형태(Hairdo)의 근간이 된다.

03 다음 중 가장 늦게 발표된 방식은?

① 찰스 네슬러 – 스파이럴식 펌

② 스피크먼 – 콜드 웨이브

③ 조셉 메이어 – 크로키놀식 펌

④ 마셀 그라또우 – 마셀 웨이브

> **해설**
> • 1875년 프랑스인 마셀 그라또우에 의해 일시적인 마셀 웨이브 스타일이 창안되었다.
> • 1905년 영국의 찰스 네슬러(Charles Nessler)에 의해 웨이브 펌이 고안되었다.
> • 1925년 독일의 조셉 메이어에 의해 크로키놀(Cropuignole)식의 열펌이 고안되었다. 스파이럴식의 단점을 보충함과 동시에 능률 향상에도 공헌하였다.
> • 1936년 영국의 스피크먼(J.B. Speakman)에 의해 콜드 펌으로서 화학 제품 작용에 의한 웨이브 펌이 성공되었다.

04 우리나라 고대 미용사에 대한 설명 중 <u>틀린</u> 것은?

① 고구려 여인의 머리형태는 다양하였다.

② 신라의 귀부인들은 금은주옥으로 꾸민 가체를 사용하였다.

③ 백제에서는 기혼녀는 틀어 올리고 미혼녀는 땋아 내렸다.

④ 신분이나 계급에 상관없이 부인들의 머리형태는 모두 같았다.

> **해설**
> 우리나라 미용의 역사적 고찰은 유적지의 유물이나 고분출토물의 벽화, 서적 등을 통하여 살펴볼 수 있으며 고대의 머리형태는 신분 또는 계급을 표시하였다.

05 천연재질의 브러시의 단점이 <u>아닌</u> 것은?

① 물기와 열에 강하지 않다.

② 빗살 끝이 마모가 잘된다.

③ 모량이 많은 모발에서의 사용은 적합하지 않다.

④ 열에 잘 견디지 못한다.

> **해설**
> ②는 합성재질 브러시의 단점이다.
> **천연재질의 브러시**
> • 모발이 가지런하고 곱게 빗질된다.
> • 빗살 사이가 넓으면 넓을수록 빗질이 쉽게 된다.
> • 빗질 시 모발과의 마찰이 적으며, 정전기를 방지해주고 광택을 준다.
> • 물기와 열에 강하지 않고, 모량이 많은 모발에서의 사용은 적합하지 않다.

06 헤어 스티머 선택 시 고려할 사항이 <u>아닌</u> 것은?

① 증기로 분무되는 입자는 각각 다른 크기여야 한다.

② 증기의 입자가 세밀하여야 한다.

③ 분무 증기의 온도 및 입자는 균일하여야 한다.

④ 사용 시 증기의 조절이 가능해야 한다.

> **해설**
> **헤어 스티머의 선택방법**
> • 내부의 분무 증기입자가 균일하게 고루 퍼질 수 있어야 한다.
> • 증기입자는 조밀해야 한다.
> • 사용 시 증기의 조절이 될 수 있어야 한다.
> • 분무된 증기의 온도는 균일해야 한다.
> • 충분한 증기가 나올 때 사용하여야 한다.
> • 제조회사 설명서 지시에 따라 온도와 시간 관계에 주의해야 한다.

07 블로 드라이 스타일에 대한 작업의 역할이 <u>아닌</u> 것은?

① 한 번의 작업으로 오리지널 세트와 리세트가 이루어진다.

② 젖은 모발을 건조시키거나 모양을 내는 퀵 살롱 서비스이다.

③ 스타일을 고정 또는 건조시키거나 빗질 시 소비되는 시간을 절약한다.

④ 120~140℃의 열을 모발에 가함으로써 볼륨, 텐션, 컬, 웨이브 등을 형성시킨다.

> **해설**
> 퀵 살롱 서비스(Quick salon service)라 불리는 블로 드라이 스타일링은 한 번의 작업(오리지널·리세트)으로 젖은 모발을 건조(Drying)시키고 모양을 내는(Styling) 기술이다. 이 기술은 고정(Setting), 건조(Drying), 빗질(Combing) 시 소비되는 시간이 절약되며 헤어스타일의 기본 구조를 창조해 준다.

정답 01 ④ 02 ① 03 ② 04 ④ 05 ② 06 ① 07 ④

08 특수 린스가 <u>아닌</u> 것은?

① 자외선 차단 린스   ② 오일 린스

③ 대전 방지 린스   ④ 컬러 린스

> **해설**
>
> 특수 린스는 자외선 차단 린스, 대전 방지 린스, 약용 린스, 컬러 린스 등이 있다.

09 헤어 컨디셔너제의 기능이 <u>아닌</u> 것은?

① 손상된 두발을 회복시켜 준다.

② 이미 손상된 두발을 보완해 준다.

③ 모발이 자라지 않도록 억제해 준다.

④ 모발이 더 이상 손상되지 않도록 도와준다.

> **해설**
>
> 컨디셔너제의 역할
> • 모발에 대한 보완 기능을 가진다.
> • 손상된 모발의 외관을 윤기나게 하며 코팅막을 형성시켜 촉감, 풍부감, 매끄러움을 향상시킨다.
> • 모발 고유의 건강한 상태로 회복 또는 유지시킨다.

10 다음 중 레이어드형의 특징에 해당하는 것은?

① 블로킹은 주로 4등분으로 한다.

② 두발 절단면은 일자로 형성된다.

③ 전체적으로 층이 골고루 나타난다.

④ 사선 45°로 파팅하여 직선으로 자른다.

> **해설**
>
> 레이어드형 커트의 특징
> • 두상에 대해 90° 이상의 시술각에 의해 자른다.
> • 세로 섹션으로 온더 베이스로 자른다.
> • 응용 범위가 넓어 두상의 악조건을 커버한다.
> • 폭넓은 연령층에 적용되는 신속 정확한 기법이다.
> • 두상 곡면을 따라 모발의 겹쳐짐이 없으므로 무게감 없는 거친 질감이 된다.

11 스트로크 기법에 적합한 가위는?

① 리버스 시저스   ② 미니 시저스

③ 블런트 시저스   ④ R-시저스

> **해설**
>
> 스트로크 기법에 적합한 R-scissors(Curve blade scissors)는 협신부가 R자로 휘어져 스트로크 기법에 특히 적합하며, 두상의 프론트, 네이프, 사이드 등의 세밀한 부분 수정에 사용된다.

12 두상의 상부에 있는 두발은 길고 하부로 갈수록 짧게 함으로써 두발의 길이에 작은 단차가 생기는 커트 기법은?

① 레이어 커트   ② 원랭스 커트

③ 스퀘어 커트   ④ 그래듀에이션 커트

> **해설**
>
> 그래듀에이션 커트는 외측(Exterior)에서 내측(Interior)으로 갈수록 두발 길이가 길어지며 후두융기 아래에 무게선이 생긴다.

13 시스테인 펌제에 대한 설명 중 옳은 것은?

① 알칼리제인 염은 모발을 팽윤시키는 작용을 하는 펌제이다.

② 시스테인 펌제는 모발의 아미노산 성분과 동일하다.

③ 환원제로 티오글리콜산 또는 시스테인을 이용하는 퍼머넌트제이다.

④ 암모니아를 알칼리제로 암모니아 또는 아민 대신 계면활성제를 사용한다.

> **해설**
>
> 티오글리콜산 또는 시스테인은 모발 내 시스틴결합(14~18%)을 환원 절단(개열)시킬 수 있는 환원제이다. 모발구조를 화학적으로 변성시킬 수 있는 가소성의 성질을 이용한다. 주성분에 첨가되는 염(Salt)은 알칼리제로서 암모니아 또는 아민계가 사용된다.

14 웨이브 펌 시 두발 끝이 자지러지는 원인이 아닌 것은?

① 제1액의 방치시간이 길었다.

② 프리 커트 시 너무 테이퍼링하였다.

③ 프리 커트 시 블런트로 커팅하였다.

④ 너무 가는 로드를 사용하였다.

> **해설**
>
> 과도한 펌 시술 과정에 의해 머리결이 거칠어진 경우
> • 모질과 용제의 조합 비율이 맞지 않은 경우이다.
> • 1제의 진행 시간을 길게(Over processing time) 방치했을 경우 모발 끝 부분이 자지러진다.
> • 2제의 진행 시간이 불충분하였을 때 웨이브는 형성되지 않고 모발은 거칠어진다.
> • 모질과 로드 선정이 잘못되었을 경우이다.
> • 와인딩 시 모다발에 무리한 빗질을 한 경우이다.

15 로드(Rod)를 말기 쉽도록 두상의 영역을 구획하는 작업은?

① 블로킹   ② 와인딩

③ 베이스   ④ 스트랜드

> **해설**
>
> 두상을 구획하여 영역화하는 것을 블로킹이라 하며 블로킹은 사용되는 로드의 직경, 감는 방법에 따라 베이스의 크기 및 종류가 달라진다. 베이스 종류는 감는 방식(몰딩)인 수평, 수직, 사선 등의 파팅에 따라 삼각, 사각, 직각 등의 베이스 모양을 만든다.

16 핑거 웨이브의 3대 요소가 아닌 것은?

① 리지   ② 섹션

③ 트로프   ④ 크레스트

> **해설**
>
> 섹션(Section)은 헤어 커트 시 블로킹된 영역을 잘게 나누는 파트에 대한 단위이다.
> ① 리지(Ridge)는 트로프와 크레스트를 연결하는 융기선이다.
> ③ 트로프(Through)는 골짜기라는 의미로서 가장 오목한 지점을 나타낸다.
> ④ 크레스트(Crest)는 정상이라는 의미로서 가장 볼록한 지점을 나타낸다.

17 스탠드 업 컬의 핀닝 시 루프에 대한 핀의 각도로 가장 적당한 것은?

① 120°   ② 90°

③ 45°   ④ 10°

> **해설**
>
> 90°로 볼륨을 준 루프에 대해 핀 각도는 90°로 고정시키며 루프 모양의 고리가 두상의 전두 부위에 컬리스 되는 포워드 또는 리버스 스탠드 업 컬로 구분된다. 탄력성이 강한 볼륨과 웨이브를 나타낸다. 이는 귀 중심 또는 귓바퀴 반대 방향의 모류를 나타내며 90° 이상의 각도로 말아 놓은 컬 모양이다.

정답 08② 09③ 10③ 11④ 12④ 13② 14③ 15① 16② 17②

18 헤어 컬링 시 전두부의 두발에 많이 사용하는 베이스 종류는?

① 호형 베이스
② 삼각형 베이스
③ 정방형 베이스
④ 쌍방형 베이스

> **해설**
> • 정방형 베이스는 전두면에 주로 사용되는 베이스 종류이다.
> • 삼각형 베이스는 두상 전체 또는 영역과 영역을 연결지을 때 응용된다.
> • 호형은 아크 베이스로서 C.P 또는 후두부의 N.S.C.P 등에 사용되는 베이스 종류이다.

19 모발 손상의 원인으로만 짝지어진 것은?

① 자외선, 염색, 탈색
② 브러싱, 헤어 세팅, 헤어 팩
③ 두피 마사지, 염색제, 백 코밍
④ 드라이어의 장시간 이용, 크림 린스, 오버 프로세싱

> **해설**
> 모발 손상의 물리적 원인으로는 자외선, 화학적 원인으로는 염색, 탈색, 펌 등이 있다.

20 탈모의 원인으로 볼 수 없는 것은?

① 과도한 스트레스로 인한 경우
② 여성호르몬의 분비가 많은 경우
③ 다이어트와 불규칙한 식사로 인해 영양부족인 경우
④ 땀, 피지 등의 노폐물이 모공을 막고 있는 경우

> **해설**
> **탈모의 원인**
> • 두피의 혈액순환 장애
> • 다이어트나 불규칙한 식사 등으로 인한 영양부족
> • 스트레스, 과로나 고열, 냉증, 빈혈 등에 의한 경우
> • 과각화 현상에 의해 모공이 막히거나 좁아져 있는 경우
> • 지나친 자극이나 압력으로 인한 모낭 손상
> • 세발을 자주하지 않거나 자극적인 샴푸나 비누를 사용한 경우
> • 임신에 따른 호르몬 변화
> • 폐경기 이후 에스트로겐 호르몬이 감소하고 테스토스테론 호르몬의 증가

21 탈색제(Bleach agent)에 사용되는 암모니아수의 작용이 아닌 것은?

① 과산화수소의 분해 촉진
② 모발을 단단하게 강화시킴
③ 발생기 산소의 발생 촉진
④ 색소 형성에 필요한 pH를 조절

> **해설**
> **알칼리제 특성**
> • 알칼리제(암모니아)는 보력제 또는 촉진제(가속제), 활성제라고도 한다.
> • 알칼리제는 촉진제(가속제)로서 과산화수소가 분해할 수 있도록 pH를 조절한다.
> • 알칼리제는 모발을 팽윤시켜 모표피를 열어줌으로써 용제의 침투를 도와준다.
> • 알칼리제는 탈색 명도를 더욱 크게 할 수는 없으나 좀 더 빠른 시간 안에 결과상을 볼 수 있게 한다.
> • 알칼리제의 농도가 높을수록 2제의 분해를 더욱 촉진시켜 탈색속도를 높인다.

22 산화 염모제의 일반적인 형태가 아닌 것은?

① 식물성 염료
② 금속성 염료
③ 동물성 염료
④ 유기합성 염료

> **해설**
> **영구적 염모제**
> 산화 염모제 또는 알칼리 염모제라고도 하며 한 번의 염색과정에서 탈색과 동시에 착색시킬 수 있다. 식물성(헤나, 카모밀레), 금속성(광물성), 혼합성, 유기합성(알칼리 염모제) 염료 등으로 분류된다.

23 다음 보기의 기여(바탕)색소 중 밝은 순서대로 연결된 것은?

㉠ 주황색	㉡ 황금색
㉢ 적색	㉣ 적보라색
㉤ 황금빛 주황색	㉥ 붉은 빛 주황색
㉦ 진한 노란색	

① ㉢ → ㉣ → ㉠ → ㉥ → ㉡ → ㉤ → ㉦
② ㉦ → ㉤ → ㉡ → ㉠ → ㉥ → ㉣ → ㉢
③ ㉦ → ㉡ → ㉤ → ㉠ → ㉥ → ㉣ → ㉢
④ ㉣ → ㉢ → ㉥ → ㉠ → ㉤ → ㉡ → ㉦

> **해설**
> **바탕(기여)색소 10등급**
> 검정색(1등급) → 적보라색(2등급) → 적색(3등급) → 붉은 빛 주황색(4등급) → 주황색(5등급) → 황금빛 주황색(6등급) → 황금색(7등급) → 진한 노란색(8등급) → 노란색(9등급) → 흐린 노란색(10등급)

24 폭포수처럼 풍성하고 긴 머리형태를 원할 때 사용되는 헤어 피스의 종류는?

① 폴
② 치그논
③ 브래이드
④ 캐스케이드

> **해설**
> **헤어 피스의 종류**
> • 폴(Fall) : 짧은 길이의 헤어스타일을 일시적으로 중간 또는 긴 두발의 머리형태로 변화시키고 싶을 때 사용한다.
> • 스위치(Switch) : 모발의 길이는 대개 20cm 이상으로서 1~3가닥으로 땋거나 스타일링을 하기 쉽도록 이루어져 있다. 땋거나 늘어트리는 부분 가발로서 여성스러움을 강조할 수 있다. 가장 실용적이고 시술이 용이한 것은 3가닥으로 구성된다.
> • 위글렛(Wiglet) : 두상의 어느 한 부위(탑 부분)에 높이와 볼륨을 주기 위하여 컬이 있는 상태 그대로를 사용한다.
> • 캐스케이드(Cascade) : 폭포수처럼 풍성하고 긴 머리형태를 원할 때 사용한다.
> • 치그논(Chignon) : 한 가닥으로 길게 땋은 스타일이다.
> • 브레이드(Braids) : 모발을 여러 가닥으로 땋은 스타일이다.

25 수분 증발을 억제하여 피부 표면을 부드럽게 해주는 물질은?

① 알코올
② 미백제
③ 유연제
④ 자외선 차단제

> **해설**
> 강한 보습효과를 갖는 유연제는 피부를 촉촉하게 하는 물질로서 흡습능력과 수분 보유능력, 피부 친화성이 있어야 한다.
> ① 알코올은 피부에 살균, 소독작용을 한다.
> ② 미백제는 색소침착, 기미, 주근깨를 예방한다.
> ④ 자외선 차단제는 자외선 차단 및 화상을 방지한다.

정답 18③ 19① 20② 21② 22③ 23④ 24④ 25③

26 투명층이 가장 많이 존재하는 신체 부위는?

① 이마　　　　　　　② 얼굴
③ 손바닥　　　　　　④ 팔·다리

해설
투명층
• 무색, 무핵의 납작하고 투명한 3~4개의 층의 상피세포로 구성된다.
• 손·발바닥에 다수 존재하며 엘라이딘이라는 반유동성 물질로서 체내에 필요한 물질이 체외로 나가는 것을 막는 역할을 한다.

27 피부 구조에서 색소형성세포가 있는 세포층은?

① 표피의 과립층　　　② 표피의 기저층
③ 진피의 유극층　　　④ 진피의 망상층

해설
표피는 기저, 과립, 유극, 각질층으로 구성된 중층상피세포로서 표피의 줄기세포인 기저층에는 색소형성세포(Melanocyte), 각질형성세포(Keratinocte), 촉각세포(Markel cell), 랑게르한스세포(Langerhan's cell) 등이 부속기관으로 존재한다.

28 감각 중에서 가장 예민한 감각기관은?

① 통각　　　　　　　② 냉각
③ 촉각　　　　　　　④ 압각

해설
피부 감각기관이 갖는 예민도는 통각 〉 압각 〉 촉각 〉 냉각 〉 온각 순서이다.

29 모발 케라틴을 구성(80~85%)하는 영양소는?

① 비타민　　　　　　② 지방
③ 단백질　　　　　　④ 탄수화물

해설
모발은 케라틴이라는 경단백질로 구성되어 있으며, 단백질은 생명체 단위인 세포를 만드는 에너지 공급(4Kcal/1g)원으로서 모발, 피부, 근육 등의 신체조직을 형성한다. 단백질의 마지막 분해산물인 아미노산을 공급하며, pH 평행 유지, 피부 세포의 재생작용, 효소 및 호르몬 합성, 면역세포와 항체를 형성한다.

30 무기질의 설명으로 틀린 것은?

① 신체기능 조절작용을 한다.
② 수분과 산, 염기의 평형조절을 한다.
③ 생존상 필수불가결의 영양소다.
④ 화학적 에너지 공급원으로 이용된다.

해설
무기질은 화학적 에너지는 없으나 신체의 기능조절에 중요한 역할을 하며, 생존에 필수불가결한 조절 영양소이다. 효소, 호르몬의 구성 성분으로서 체액의 산, 알칼리기의 평형 조절에 관여하며 신경자극 전달과 신체의 골격 및 치아 등을 형성시킨다.

31 자외선 B는 자외선 A보다 홍반 발생 능력이 몇 배 정도 강한가?

① 10배　　　　　　　② 100배
③ 1,000배　　　　　④ 10,000배

해설
자외선 B는 자외선 A(UV A 또는 PA로 표기하며 PA+, PA++, PA+++로서 숫자가 많을수록 차단 효과 우수)에 비해 홍반 발생능력이 약 1,000배 가량 더 높다. 자외선 B(UV B) 방어효과를 나타내는 지수로서 자외선차단지수(SPF)라 불린다. SPF 1은 10분 내에 홍반이 나타남을 수치화한 것으로 SPF 18은 SPF 18×10 = 180분(3시간)으로서 SPF 30(5시간) 정도면 적당하다.

32 피부 발진 중 일시적인 부종으로 붉거나 창백하며 가려움증을 동반하는 피부질환은?

① 농포　　　　　　　② 팽진
③ 수포　　　　　　　④ 홍반

해설
팽진은 원발진에 속하며 두드러기 또는 담(심)마진이라 하며, 다양한 크기로 부어올랐다가 사라지기도 한다.
① 농포는 고름(농)을 포함한 1cm 미만의 크기로 돌출되어 있으며 황백색의 병변으로 여드름에서 볼 수 있다.
③ 수포는 원발진에 해당되며 1cm 미만의 소수포와 1cm 이상의 대수포로 나누어진다.
④ 홍반은 모세혈관 확장과 염증성 출혈에 의해 편평하거나 둥글게 솟아오른 붉은 형태이다.

33 홍반, 부종, 통증뿐 아니라 수포성 화상을 야기하는 것은?

① 제1도 화상　　　　② 제2도 화상
③ 제3도 화상　　　　④ 괴사성 화상

해설
• 제1도 화상 : 표피층의 손상으로 홍반반응이 나타난다.
• 제2도 화상 : UV B(중파장)에 의해 발생되며, 피부가 검어지고 칙칙해지며 표피는 두꺼워지며 심한 경우 피부가 벗겨지고 염증, 오한, 발열, 물집 등이 발생한다.
• 제3, 4도 화상 : 진피층까지 손상된 상태이다.

34 우리나라의 국세조사는 몇 년마다 실시하는가?

① 3년　　　　　　　② 5년
③ 7년　　　　　　　④ 10년

해설
정부가 전 국민에 대해 시행하는 인구의 통계조사로, 5년마다 실시하여 발표한다. 인구의 동정과 이에 관계되는 항목을 일제히 조사하여 국제시를 명백히 하는 것이 목적이다. 조사 결과는 행정 및 재정 등 국정 일반에 이용된다.

35 보건행정의 정의로서 가장 거리가 먼 내용은?

① 국민의 수명 연장　　② 질병 예방
③ 공적인 행정 활동　　④ 수질 및 대기 보전

해설
보건행정이란 국민이 심신의 건강을 유지함과 동시에 적극적으로 건강증진을 도모하도록 돕는 보건정책을 목표로 하는 행정을 말한다. 구체적으로는 영·유아 및 성인에서 노인까지의 보건대책, 성인병이나 감염병을 포함한 각종 질병 대책, 정신 위생 대책 등을 그 내용으로 한다. 보건행정은 시·도 보건소 및 보건 치료소와 시, 군, 구가 각각 역할분담하에 행하고 건강교육, 건강진단에서 치료, 재활에 이르기까지 종합적으로 행하기 위해 의료기관과 주민조직의 긴밀한 연계를 필요로 한다.

정답　26 ③　27 ②　28 ①　29 ③　30 ④　31 ③　32 ②　33 ②　34 ②　35 ④

36 WHO의 정의로서 보건행정 범위가 <u>아닌</u> 것은?

① 산업발전
② 모자보건
③ 환경위생
④ 감염병 관리

해설

보건복지부장관이 통괄하는 것으로서 국민 영양개선과 식품위생, 환경위생과 산업보건, 학교보건과 구강위생, 의료사업의 감독지도, 보건에 관한 실험, 검사, 감염병 예방과 진료, 모자보건, 그 밖의 국민보건 향상에 관한 일체의 업무를 관장하는 행위이다.

37 직업병과 직업이 옳게 연결된 것은?

① 근시안 – 식자공
② 규폐증 – 용접공
③ 열사병 – 채석공
④ 잠함병 – 방사선 기사

해설

② 규폐증 – 석영, 규소 등 흡입
③ 열사병 – 고열에 노출되는 직업
④ 잠함병 – 공군비행사, 잠수부

38 다음에 주어진 영아사망률 계산식에서 (A)에 들어갈 내용으로 알맞은 것은?

$$영아사망률 = \frac{(A)}{연간\ 출생아\ 수} \times 1,000$$

① 연간 생후 28일까지의 사망자 수
② 연간 생후 1년 미만 사망자 수
③ 연간 1~4세 사망자 수
④ 연간 임신 28주 이후 사산 + 출생 1주 이내 사망자 수

해설

영아사망률이란 한 국가의 보건 수준을 나타내는 가장 대표적인 지표로, 연간 출생아 1,000명 중에 생후 1년 미만 사망자 수를 나타낸다.

39 장티푸스에 대한 설명인 것은?

① 식물 매개 감염병이다.
② 우리나라에서는 제2군 법정 감염병이다.
③ 대장점막에 궤양성 병변을 일으킨다.
④ 일종의 열병으로 경구침입 감염병이다.

해설

장티푸스는 제1군 감염병으로 살모넬라균의 경구침입으로 전파된다. 우리나라 여름철 대표적인 수인성 질환으로서 고열, 식욕 감퇴, 피부 발진 등의 증상이 나타난다.

40 다음 중 음용수에서 대장균 검출을 하는 가장 큰 의미는?

① 수질오염의 지표
② 감염병 발생 예고
③ 음용수의 부패 상태 파악
④ 비병원성

해설

음용수의 수질검사
• 대장균균 검출은 미생물이나 분변에 오염된 것을 추출할 수 있으며, 검출방법이 간단하여 수질오염지표가 된다.
• 맛, 냄새, 탁도, 색도, 수소이온농도, 잔류염소검사는 매일(1회 이상) 해야 한다.
• 대장균, 일반 세균, 질산성질소, 과망간산칼륨, 증발잔류물, 총대장균군, 암모니아성 질소 등은 매주(1회 이상) 해야 한다.
전 항목의 수질기준은 매월(1회 이상) 검사해야 한다.

41 카드뮴(Cd) 중독의 3대 증상이 <u>아닌</u> 것은?

① 단백뇨
② 빈혈
③ 폐기종
④ 신장기능 장애

해설

이따이이따이병은 카드뮴 중독에 의한 질병으로 뼈가 물러지며 조금 움직이는 것만으로도 골절이 일어나서 '아프다, 아프다'라는 의미를 갖는다. 이의 3대 증상은 폐기종, 단백뇨, 신장기능 장애 등이다.

42 법정 감염병 중 가장 많이 발생하며 대개 1~5년을 간격으로 유행하는 감염병은?

① 백일해
② 홍역
③ 유행성 이하선염
④ 폴리오

해설

홍역
• 소아성 감염병 중 발생률이 가장 높으며 호흡기 분비물로 인한 간접접촉인 공기로 감염되거나 환자와 직접접촉으로 전파된다.
• 열, 전신발진 등의 증상이 있으나 완쾌 후에는 영구면역이 된다.
• 제2군 감염병 중 가장 많이 발생되는 급성 감염병으로 강한 바이러스성 질환이다.
• 2~3년 간격으로 주기적으로 유행한다.
• 1~2세에 많이 감염되며, 전신에 열과 발진이 생긴다.

43 살균력은 강하지만 취기가 있으며 상수 또는 하수의 소독에 주로 이용되는 것은?

① 알코올
② 염소
③ 승홍
④ 요오드

해설

염소소독
• 상수소독제는 액화염소 또는 이산화염소를 주로 사용한다.
• 독성과 강한 취기가 있으며 바이러스는 사멸시키지 못하나 잔류효과가 크고 조작이 간편하며 적은 비용으로 살균효과가 우수하며 가장 많이 이용된다.

44 석탄산의 소독작용이 <u>아닌</u> 것은?

① 균체 단백질 응고작용
② 균체의 가수분해작용
③ 균체의 삼투압 변화작용
④ 균체효소의 불활성화작용

해설

석탄산의 살균작용 기전으로서 세포 용해작용, 균체 단백질 응고와 변성, 균체효소의 불활성화, 균체 삼투 변화작용 등을 통해 소독이 이루어진다.

45 다음 소독제 중 독성이 가장 낮은 것은?

① 석탄산
② 승홍수
③ 에틸알코올
④ 포르말린

해설

에틸알코올(Ethanol)
• 독성이 가장 낮고, 70~80% 농도의 용액으로 손, 피부 및 기구소독에 주로 사용된다.
• 무아포균의 소독에 효과가 있고, 피부 및 기구소독에 살균력이 강하다.
• 아포균 또는 소독대상에 유기물이 있으면 소독효과가 떨어진다.

정답 36 ① 37 ① 38 ② 39 ④ 40 ① 41 ② 42 ② 43 ② 44 ② 45 ③

46 소독제인 석탄산, 알코올, 포르말린 등의 소독기전은 무엇인가?

① 균체원형질 중의 수분 변성

② 균체원형질 중의 지방질 변성

③ 균체원형질 중의 단백질 변성

④ 균체원형질 중의 탄수화물 변성

> **해설**
> 석탄산, 알코올, 포르말린, 승홍수 등의 소독제는 균체 단백질 응고와 변성작용을 통하여 그 기능을 상실시키는 소독제의 살균기제에 의한 소독방법이다.

47 고압증기멸균법에 해당하는 것은?

① 비경제적이다.

② 멸균 물품에 잔류독성이 많다.

③ 많은 물품을 한꺼번에 처리할 수 없다.

④ 포자를 사멸시키는 시간이 짧다.

> **해설**
> **고압증기멸균법의 장점**
> • 멸균된 상태에서 잔류독성이 없다.
> • 포자를 사멸시키는 소요시간이 짧다.
> • 비용이 저렴하다.
> • 멸균 진행과정을 볼 수 있다.
> • 많은 소독대상들을 한꺼번에 처리할 수 있다.
> • 수증기의 투과성에 따라 멸균효과가 일정하다.

48 소독에 대한 설명으로 가장 적합한 것은?

① 소독은 무균 상태를 말한다.

② 소독은 포자를 가진 것 전부를 사멸하는 것을 말한다.

③ 병원 미생물의 성장을 억제하거나 파괴하여 감염의 위험성을 없애는 것이다.

④ 소독은 병원성 미생물의 발육과 그 작용을 제지 및 정지시키며 특히 부패 및 발효를 방지시키는 것이다.

> **해설**
> 소독은 협의적 의미로서 병원 미생물의 생활력을 파괴하여 감염력을 없애는 것을 말한다. 광의적 의미로는 병원 또는 비병원성 미생물을 죽이거나 그의 감염력이나 증식력을 없애는 조작으로서 살균과 방부, 멸균을 포함한다. 따라서 소독은 병원성 미생물을 파괴해 감염의 위험성을 제거시키는 약한 살균작용이다.

49 다음 중 도자기류의 소독방법으로 가장 적당한 것은?

① 염소소독

② 승홍수소독

③ 자비소독

④ 생석회소독

> **해설**
> 자비소독이란 대상물을 끓는 물에 넣어 미생물을 사멸시키는 방법이다. 영양형 세포는 수 초~분 이내에 사멸하며 식기류, 도자기류, 주사기, 의류 등의 소독에 사용한다.

50 멸균소독으로서 가장 빠르고 완전하게 할 수 있는 방법은?

① 유통증기법

② 간헐살균법

③ 고압증기법

④ 건열멸균소독

> **해설**
> **고압증기 멸균법**
> • 현재 가장 널리 이용되는 멸균법으로, 고온고압의 수증기를 미생물과 포자 등과 접촉시켜 사멸시키는 방법이다.
> • 대상물은 수술기구 등의 금속 제품, 린넨류, 실험용 기자재, 액체약병, 면포나 종이에 싼 고무장갑, 주사기, 봉합사, 고무재료 등이다.
> • 소독방법은 120~135℃의 온도에 15~20분간 방치한다.

51 균체의 단백질 응고작용과 관계가 가장 적은 소독약은?

① 석탄산

② 크레졸

③ 알코올

④ 과산화수소수

> **해설**
> 균체 단백질 응고와 변성작용에 효력이 있는 소독제는 알코올, 석탄산, 크레졸, 승홍수, 포르말린수 등이다.
> **과산화수소**
> • 3% 수용액으로서 미생물을 살균소독제로서 상처 소독에 2.5~3.5% 수용액을 사용한다.
> • 무아포균을 살균하면 자극성이 적다.
> • 실내 공간 살균, 식품의 살균이나 보존과 구내염, 인두염, 상처, 입 안 소독 등에 이용된다.

52 위생교육을 실시한 전문기관 또는 단체가 교육에 관한 기록을 보관·관리하여야 하는 기간은?

① 3월

② 6월

③ 1년

④ 2년

> **해설**
> 위생교육 실시 단체는 교육교재를 편찬하여 교육대상자에게 제공하여야 하며, 위생교육 실시 단체의 장은 다음 사항을 실시하여야 한다.
> • 위생교육을 수료한 자에게 수료증 교부
> • 교육실시 결과를 교육 후 1개월 이내에 시장, 군수, 구청장에게 통보
> • 수료증 교부대장 등 교육에 관한 기록을 2년 이상 보관·관리

53 공중위생감시원을 둘 수 없는 곳은?

① 광역시, 도

② 특별시

③ 시, 군, 구

④ 읍, 면, 동

> **해설**
> 공중위생감시원(제15조 제1항)에 관계 공무원의 업무를 행하기 위하여 특별시, 광역시, 도 및 시, 군, 구에 공중위생감시원을 둔다.

54 다음 중 이용사 또는 미용사의 업무 범위에 관해 필요한 사항을 정한 것은?

① 대통령령

② 국무총리령

③ 보건복지부령

④ 노동부령

> **해설**
> 미용의 업무는 영업소 외의 장소에서는 행할 수 없다(제8조 제2항 및 제3항). 다만, 보건복지부령이 정하는 특별한 사유가 있는 경우에는 행할 수 있다.

정답 46 ③ 47 ④ 48 ③ 49 ③ 50 ③ 51 ④ 52 ④ 53 ④ 54 ③

55 공중위생영업자 단체의 설립에 관한 설명 중 관계가 먼 것은?

① 영업의 종류별로 설립한다.

② 영업의 단체 이익을 위하여 설립한다.

③ 전국적인 조직을 갖는다.

④ 국민보건 향상의 목적을 갖는다.

> **해설**
> 공중위생영업자 단체의 설립(제16조)에 영업자는 공중위생과 국민보건의 향상을 기하고 그 영업의 건전한 발전을 도모하기 위하여 영업의 종류별로 전국적인 조직을 갖는 영업자 단체를 설립할 수 있다고 명시되어 있다.

56 다음 중 공중위생관리법상 이·미용 영업자가 변경신고를 해야하는 경우가 아닌 것은?

① 영업소의 소재지 변경　② 영업소의 명칭 또는 상호 변경

③ 영업정지 명령이행　④ 업종 간 변경

> **해설**
> 변경신고를 해야 할 경우(시행규칙 제3조의2)
> • 영업소의 명칭 또는 상호 변경 시
> • 영업소의 소재지 변경 시
> • 신고한 영업장 면적의 3분의 1 이상 증감 시
> • 대표자의 성명 또는 생년월일 변경 시
> • 업종 간 변경 시
> 변경신고 시 제출서류(시행규칙 제3조의2)
> • 영업신고증
> • 변경사항을 증명하는 서류

57 이·미용 영업소에서 1회용 면도날을 2인 이상의 손님에게 사용한 때의 1차 위반 시 행정처분 기준은?

① 경고　② 개선명령

③ 영업정지 5일　④ 영업정지 10일

> **해설**
> 소독을 한 기구와 소독을 하지 아니한 기구를 각각 다른 용기에 넣어 보관하거나 1회용 면도날을 2인 이상의 손님에게 사용한 때(법 제4조 제4항) 1차 위반 시 경고, 2차 위반 시 영업정지 5일, 3차 위반 시 영업정지 10일, 4차 위반 시 영업장 폐쇄명령이 부과된다.

58 다음 중 식물성 오일이 아닌 것은?

① 아보카도유　② 파마자유

③ 올리브유　④ 실리콘 오일

> **해설**
> 식물성 오일
> 식물의 꽃, 잎, 열매, 껍질 및 뿌리 등에서 추출한 성분으로 피부에 대한 자극은 없으나 단점으로 피부 내로 흡수가 더디고 부패하기 쉬우며 올리브유, 아몬드유, 맥아유, 파마자유, 아보카도유, 살구씨유, 월견초(달맞이꽃)유 등이 있다.

59 화장품의 4대 요건과 연계성으로 잘못 연결된 것은?

① 안전성 – 피부　② 안정성 – 제품

③ 유용성 – 효과　④ 도포성 – 성분

> **해설**
> • 안전성(피부) : 피부에 대한 자극, 알레르기, 특성 등이 없어야 한다.
> • 안정성(제품) : 보관에 따른 파손, 변질, 변색, 성분에서의 이물질 혼입에 따른 미생물의 오염 등이 없어야 한다.
> • 사용성(사용감, 편리성, 기호성) : 피부의 친화성, 촉촉함, 부드러움, 제품의 크기, 중량, 기능, 휴대, 기호에 따른 디자인, 색, 향기 등이 적절해야 한다.
> • 유용성(효과) : 보습, 수렴, 혈액순환, 노화 억제, 자외선 차단, 미백, 세정, 색채 증감 등의 효과가 있어야 한다.

60 화장품 사용 시 주의사항이 아닌 것은?

① 손을 청결히 한 후 제품을 덜어 사용한다.

② 주걱으로 덜어 사용한 제품이 남았을 시 다시 넣어 보관한다.

③ 화장품 도포 시 최소량으로 덜어 사용한다.

④ 유아들이 만지지 못하도록 보관한다.

> **해설**
> 화장품 사용 시
> • 손을 청결히 한 후 제품을 사용하며, 덜어 쓸 때는 주걱을 이용한다.
> • 화장품 선택 시 최소한 필요량만 구입한다.
> • 손에 덜어 사용 후 남은 제품을 용기에 다시 넣을 시 미생물에 의해 용기 내 제품이 변질될 수 있다.
> • 유아들이 만지지 못하도록 보관한다.

정답　55 ②　56 ③　57 ①　58 ④　59 ④　60 ②

메모

제4편

상시대비 적중문제

제1회 상시대비 적중문제

01 미용사로서 많은 지식과 경험 속에서 새로운 기술을 연구·창작하는 기본 단계는?

① 소재
② 구상
③ 보정
④ 제작

02 두개골 중 가장 넓은 영역으로 곡을 포함한 전발, 양빈, 포의 경계 부분을 갖는 곳은?

① 전두골
② 두정골
③ 측두골
④ 후두골

03 우리나라 고대미용에서 고려시대의 특징을 잘 표현한 것은?

① 가체를 사용하였으며 머리형으로 신분과 지위를 나타냈다.
② 슬슬전대모빗, 자개장식빗, 대모빗 등을 사용하였다.
③ 머리다발 중간에 틀어 삼홍색의 갑사로 만든 댕기로 묶어 쪽진머리와 비슷한 모양을 하였다.
④ 밑 화장은 참기름을 바르고 볼에는 연지, 이마에는 곤지를 찍었다.

04 화학약품만의 작용에 의한 콜드 웨이브를 처음으로 성공시킨 사람은?

① 마셀 그라또우
② 조셉 메이어
③ J.B. 스피크먼
④ 찰스 네슬러

05 빗의 역할이 <u>아닌</u> 것은?

① 모발을 분배하고 조정한다.
② 모발을 떠올려 각도나 볼륨을 만든다.
③ 모발을 곱게 빗거나 매만져 가지런하게 한다.
④ 열과 화학제에 대한 내구성으로서 내열성이 좋아야 한다.

06 아이론 기구의 사용 또는 손질법으로 <u>틀린</u> 것은?

① 정기적으로 아이론 표면을 닦아둔다.
② 사용 후 전기코드를 빼고 열이 식은 후에 보관한다.
③ 아이론 손질 시 자외선등을 이용하여 기구에 묻은 헤어스타일 제품을 제거한다.
④ 감전 예방을 위해 물 묻은 손으로 만지거나 물에 닿지 않도록 한다.

07 세트 시 컬을 고정시키거나 웨이브를 갖출 때 사용되는 도구와 종류가 <u>아닌</u> 것은?

① 닫힌 핀(Grip)
② 열린 핀(U핀)
③ 클립(Clip)
④ 클리퍼(Clipper)

08 펌 시술 전의 프리(사전처리) 샴푸제로 적당한 것은?

① 산성 샴푸제
② 중성 샴푸제
③ 알칼리성 샴푸제
④ 하이라이팅 샴푸제

09 유성 린스에서 정전기를 방지하고 빗질을 쉽게 하기 위하여 첨가되는 것은?

① 구연산
② 칼륨염
③ 나트륨염
④ 제4급 암모늄염

10 블런트 커팅의 기법으로서 거리가 가장 <u>먼</u> 것은?

① 원랭스 커트
② 스퀘어 커트
③ 그래듀에이션 커트
④ 스트로크 커트

11 전체적으로 두발의 숱을 감소시키는 커팅 기법은?

① 페더링
② 틴닝
③ 클리핑
④ 트리밍

12 다음 글의 (　) 안에 들어갈 수 <u>없는</u> 것은?

> 커트할 때 모발을 적시고 블로킹을 하여 섹션으로 파팅하여 (　)을/를 쥐고 자른다.

① 판넬
② 모다발
③ 스트랜드
④ 스캘프

13 콜드 펌에서 제2액의 성분 및 작용에 관한 설명 중 <u>틀린</u> 것은?

① 제1액에 의하여 부드럽게 환원된 두발에 작용하여 시스틴을 재결합시킨다.
② 우리나라에서는 흔히 중화제라고 하나 일명 정착(고정)제라고도 한다.
③ 제2액을 바르면 두발의 구조는 2~3%만 제외하고 환원 이전의 상태로 되돌린다.
④ 우리나라에서는 취소산 염류라 하며 과산화수소, 브롬산나트륨, 브롬산칼륨 등을 일컫는다.

14 일시적 또는 영구적 웨이브를 개발한 사람의 연대 순서는?

① 찰스 네슬러 → 스피크먼 → 조셉 메이어 → 마셀 그라또우
② 마셀 그라또우 → 찰스 네슬러 → 조셉 메이어 → 스피크먼
③ 마셀 그라또우 → 찰스 네슬러 → 스피크먼 → 조셉 메이어
④ 찰스 네슬러 → 조셉 메이어 → 스피크먼 → 마셀 그라또우

15 일반적으로 웨이브 형성 시 펌제의 침투력이 가장 약한 모발은?

① 염색모
② 다공성모
③ 흡수성모
④ 발수성모

16 다음 중 헤어 컬링의 목적과 가장 관계가 <u>적은</u> 것은?

① 볼륨
② 웨이브
③ 플랩(Flap)
④ 세이핑

17 스킵 웨이브에 대한 설명 중 타당하지 <u>않은</u> 것은?

① 웨이브와 웨이브 사이에 플래트 컬과 핀컬을 조합하여 구성한다.

② 퍼머넌트 웨이브가 너무 지나치게 되거나 너무 가는 두발에는 효과가 별로 없다.

③ 핑거 웨이브와 컬이 교차된 것으로 핑거 웨이브의 방향이 서로 다르게 되어 있다.

④ 폭이 넓고 부드럽게 흐르는 웨이브를 만드려고 할 때 좋다.

18 핑거 웨이브의 설명으로 가장 알맞은 것은?

① 길이 중첩

② 웨이브와 핀컬의 교차

③ 웨이브의 폭이 넓고 부드러움

④ 세트 로션에 의해 손과 빗으로 웨이브 형성

19 두발이 손상되는 원인이 <u>아닌</u> 것은?

① 헤어 드라이어로 급속하게 건조시킨 경우

② 지나친 브러싱과 백 코밍 시술을 한 경우

③ 스캘프 매니플레이션과 브러싱을 한 경우

④ 해수욕 후 염분이나 풀장의 소독용 표백분이 두발에 남아 있을 경우

20 스캘프 트리트먼트의 시술과정에서 화학적 방법과 관련 <u>없는</u> 것은?

① 양모제

② 헤어 토닉

③ 헤어 크림

④ 헤어 스티머

21 헤어 틴트 시 패치 테스트를 반드시 해야 하는 염모제는?

① 글리세린이 함유된 염모제

② 합성왁스가 함유된 염모제

③ 파라페닐렌다이아민이 함유된 염모제

④ 과산화수소가 함유된 염모제

22 염모제에 대한 설명 중 <u>틀린</u> 것은?

① 제1액의 알칼리제로는 휘발성이라는 점에서 암모니아가 사용된다.

② 염모제 제1액은 제2액 산화제(과산화수소)를 분해하여 발생기 수소를 발생시킨다.

③ 과산화수소는 모발의 색소를 분해하여 탈색한다.

④ 과산화수소는 산화염료를 산화해서 발색시킨다.

23 다음 중 헤어 블리치에 관한 설명으로 <u>틀린</u> 것은?

① 과산화수소는 산화제이고 암모니아수는 알칼리제이다.

② 헤어 블리치는 산화제의 작용으로 두발의 색소를 옅게 한다.

③ 헤어 블리치제는 과산화수소에 암모니아수 소량을 더하여 사용한다.

④ 과산화수소에서 방출된 수소가 멜라닌색소를 파괴시킨다.

24 익스텐션에 관한 설명이 <u>아닌</u> 것은?

① 헤어 커트스타일을 변화시키기 위해 덮어쓴다.

② 커트스타일에 인모 또는 인조모를 붙인다.

③ 모량과 볼륨, 길이 등을 변화시킨다.

④ 모발 길이를 다양하게 변화시키기 위해 섞어 짜는 기술이다.

25 헤모글로빈 결합물로써 피부의 혈색과 관련되며, 결핍 시 빈혈을 유발하는 것은?

① 철분(Fe)

② 칼슘(Ca)

③ 요오드(I)

④ 마그네슘(Mg)

26 표피성 종양인 사마귀(우종)의 원인균은?

① 세균

② 진균

③ 리케차

④ 바이러스

27 비타민 C 결핍 시 어떤 증상이 주로 일어날 수 있는가?

① 피부가 촉촉해진다.

② 색소 기미가 생긴다.

③ 여드름이 발생된다.

④ 피지 분비가 많아진다.

28 피지 분비의 과잉을 억제하고 피부를 수축시켜 주는 것은?

① 소염 화장수

② 수렴 화장수

③ 세안 화장수

④ 유연 화장수

29 자외선 B는 자외선 A보다 홍반 발생 능력이 몇 배 정도 강한가?

① 10배

② 100배

③ 1,000배

④ 10,000배

30 안면의 각질 제거에 사용되는 것은?

① 비타민 C

② 비타민 D

③ AHA

④ 비타민 E

31 다음 중 결핍 시 피부 표면이 건조하고 거칠어지는 주된 영양소와 비타민은?

① 단백질과 비타민 A

② 비타민 D와 E

③ 탄수화물과 비타민 C

④ 무기질과 비타민

32 피부의 생리작용 중 감각작용은?

① 피부 표면에 수증기가 발생한다.

② 피부에는 땀샘, 피지선 모근은 피부 생리작용을 한다.

③ 피부 전체에 퍼져 있는 신경에 의해 촉각, 온각, 냉각, 통각 등을 느낀다.

④ 피부의 생리작용에 의해 생긴 노폐물을 운반한다.

33 광노화와 거리가 <u>먼</u> 것은?

① 표피 두께가 두꺼워진다.

② 섬유아세포의 양이 감소한다.

③ 콜라겐이 비정상적으로 늘어난다.

④ 랑게르한스세포 수가 감소된다.

34 산업보건에서 작업조건의 합리화를 위한 노력으로 옳은 것은?

① 작업강도를 강화시켜 단시간에 끝낸다.
② 작업속도를 최대한 빠르게 한다.
③ 운반방법을 가능한 범위에서 개선한다.
④ 근무시간은 가능하면 전일제로 한다.

35 다음 중 체온 조절기능에 대한 설명인 것은?

① 인체는 화학적 조절기능으로 체내에서 열 생산을 한다.
② 피부는 열 방산 기능보다 열 생산 기능이 더 활발하다.
③ 신체는 신진대사만으로 열을 생산한다.
④ 신체와 환경과의 열 교환현상은 없다.

36 우리나라 보건행정의 말단 지방 행정기관으로 국민건강 증진 및 감염병 예방관리 사업 등을 하는 기관명은?

① 의원   ② 보건소
③ 종합병원   ④ 보건기관

37 절지동물에 의해 매개되는 감염병이 <u>아닌</u> 것은?

① 탄저   ② 페스트
③ 발진티푸스   ④ 유행성 일본뇌염

38 불완전 연소 시 발생되며, 혈중 헤모글로빈과의 친화력이 약 250~300배 정도인 화학물질은?

① 질소   ② 일산화탄소
③ 아황산가스   ④ 이산화탄소

39 한 나라의 건강 수준을 다른 국가들과 비교할 수 있는 지표로 세계보건기구가 제시한 내용은?

① 의료 시설, 평균수명, 주거 상태
② 평균수명, 조사망율, 국민소득
③ 영아사망률, 조사망율, 평균수명
④ 인구증가율, 평균수명, 비례사망자수

40 다음 중 제1종 감염병에 대해 설명이 <u>잘못된</u> 것은?

① 감염속도가 빨라 환자의 격리가 즉시 필요하다.
② 콜레라, 세균성이질, 장티푸스 등을 감염병으로 한다.
③ 환자의 수를 매월 1회 이상 관할 보건소장을 거쳐 보고한다.
④ 환자 발생 즉시 환자 또는 시체 소재지를 보건소장을 거쳐 보고한다.

41 공중보건학의 목적과 거리가 가장 <u>먼</u> 것은?

① 질병 치료
② 수명 연장
③ 질병 예방
④ 신체적, 정신적 건강 증진

42 예방접종으로 얻어지는 면역을 위해 생균백신을 사용하는 감염병은?

① 파상풍   ② 결핵
③ 디프테리아   ④ 백일해

43 우유의 초고온 순간멸균법으로 135℃에서 처리시간은?

① 1~3초   ② 30~60초
③ 1~3분   ④ 5~6분

44 다음 중 하수도 주위에 주로 사용되는 소독제는?

① 생석회   ② 포르말린
③ 역성비누   ④ 과망간산칼륨

45 미용업소 기구 소독 시 가장 안전한 소독방법은?

① 일광소독   ② 건열멸균
③ 자비소독   ④ 고압증기멸균

46 지표군이나 화학적 지시계를 이용하여 살균효과를 판정하는 방법은?

① 균수 측정   ② 살균효과의 지속적 감시
③ 소독약품의 살균력 평가 ④ 멸균효과의 지속적 감시

47 비교적 가격이 저렴하고 살균력이 있으며 쉽게 증발되어 잔여량이 없는 살균제는?

① 알코올   ② 요오드
③ 크레졸   ④ 석탄산

48 다음 미생물 중 크기가 가장 작은 것은?

① 세균   ② 곰팡이
③ 리케차   ④ 바이러스

49 비교적 약한 살균력을 작용시켜 병원 미생물의 생활력과 감염의 위험성을 없애는 방법은?

① 소독   ② 저장법
③ 방부처리   ④ 냉각처리

50 병원성 미생물의 증식속도가 활발한 pH의 범위는?

① 3.5~4.5   ② 4.5~5.5
③ 5.5~6.5   ④ 6.5~7.5

51 손, 피부, 주사기 등의 소독 시 에틸알코올의 농도는?

① 20~30%   ② 40~60%
③ 70~80%   ④ 90~100%

52 공중위생영업을 하고자 하는 자는 시설 및 설비를 갖추고 누구에게 신고를 해야 하는가?

① 시·도지사
② 보건복지부장관
③ 행정자치부장관
④ 시장, 군수, 구청장(자치구의 구청장)

53 공중위생업소가 의료법을 위반하여 폐쇄명령을 받았다. 최소한 어느 정도의 기간이 경과되어야 동일 장소에서 동일 영업이 가능한가?

① 3개월   ② 6개월
③ 10개월   ④ 1년

54 이·미용업자에게 과태료를 부과·징수할 수 있는 처분권자에 해당하지 <u>않는</u> 자는?

① 시·도지사　　　　② 보건복지부장관
③ 시장　　　　　　　④ 군수

55 이·미용업에 있어 위반행위의 차수에 따른 행정처분 기준은 최근 어느 기간 동안 같은 위반행위로 행정처분을 받은 경우에 적용하는가?

① 6월　　　　　　　② 10개월
③ 12개월　　　　　④ 2년

56 이·미용사가 면허정지 처분을 받고 그 정지 기간 중 업무를 행한 때 1차 위반 시 행정처분 기준은?

① 면허정지 1월　　　② 면허정지 2월
③ 면허취소　　　　　④ 영업장 폐쇄명령

57 미용업 신고증 및 면허증 원본을 게시하지 않은 경우 1차 위반 시 행정처분 기준은?

① 경고 또는 개선명령　　② 영업정지 5일
③ 영업정지 10일　　　　④ 영업장 폐쇄명령

58 항산화제로서 산화방지제가 <u>아닌</u> 것은?

① BHT　　　　　　　② BHA
③ 비타민 E(토코페놀)　④ 금속 봉쇄제(EDTA)

59 노화 피부용 화장품 성분과 관련 <u>없는</u> 것은?

① 알란토인　　　　　　② AHA(α-하이드록시산)
③ 레티놀(지용성 비타민)　④ 리보플라빈(비타민 B_2)

60 피부 정돈제인 유연 화장수가 <u>아닌</u> 것은?

① 스킨로션　　　　　② 토닝스킨
③ 스킨토너　　　　　④ 스킨소프너

제1회 상시대비 적중문제

01	02	03	04	05	06	07	08	09	10
②	②	③	③	④	③	④	②	④	④
11	12	13	14	15	16	17	18	19	20
②	④	④	②	④	④	③	④	③	④
21	22	23	24	25	26	27	28	29	30
③	②	③	①	①	④	②	②	③	③
31	32	33	34	35	36	37	38	39	40
①	③	③	③	①	③	①	②	③	③
41	42	43	44	45	46	47	48	49	50
①	②	①	①	④	④	①	④	①	④
51	52	53	54	55	56	57	58	59	60
③	④	②	④	③	③	①	④	④	②

01 구상 과정은 짧은 시간 내에 요구되는 절차로서 미용사는 지식, 기술, 태도를 포함한 예술적 자질을 갖추어야 한다.

02 • 두정골은 사각형 접시 모양의 납작뼈로 4개의 모서리와 각이 있다.
• 두정골의 두발명은 곡으로서 전후, 좌우에 포, 양빈, 전발 등을 경계로 하고 있다.

03 ①, ②는 통일신라시대, ④는 조선시대이다.

04 영국의 화학자인 스피크먼에 의해 콜드 웨이브가 개발되어 실온(상온)에서 펌 시술이 이루어졌다.

05 ④는 빗의 재질에 관한 설명이다.

06 아이론 손질 시 알코올 램프의 불꽃을 이용하여 아이론에 묻은 헤어스타일 제품을 제거한다.

07 클리퍼는 '잘라 마무리 하는' 기구로서 바리깡이라고도 한다.

08 펌 처치를 위한 사전 샴푸는 중성 샴푸제를 사용한다.

09 제4급 암모늄염은 오일 린스에 첨가 시 정전기와 엉킴을 방지하여 빗질을 쉽게 해준다.

10 스트로크 커트는 가위로 하는 질감처리 기법이다.

11 틴닝(Thinning) 커트는 모발의 길이는 변화시키지 않는 방법으로서 드문드문 성기게, 엷고 가늘게 전체 모발의 양을 쳐내거나 불균형한 부분을 같은 양으로 치고 싶을 때 사용한다.

12 스캘프(Scalp)는 두피를 의미한다.

13 콜드 펌 용제는 제1액과 제2액으로 구성되며 제2액의 주성분은 과산화수소(H_2O_2) 또는 브롬산류($HBrO_3$)가 있다. 브롬산류는 취소산(BrO_3)염류로서 브롬산나트륨($NaBrO_3$) 브롬산칼륨($KBrO_3$) 등으로 구분된다.

14 마셀 그라또우(1875년, 프랑스) → 찰스 네슬러(1905년, 영국) → 조셉 메이어(1925년, 독일) → 스피크먼(1936년, 영국)

15 발수성모는 모표피 내의 비늘층 간 간격이 좁고 비늘층 수가 많은 상태로서 물을 스프레이했을 경우 다른 모발보다 튕겨내는 성질이 있어 저항성모라고도 한다. 펌 시 모발의 비늘층이 두꺼워 팽윤이 더디다.

16 컬의 목적
• 볼륨을 얻을 수 있다.
• 웨이브를 만들 수 있다.
• 모발 끝의 변화와 움직임(플러프)을 얻을 수 있다.

17 스킵 웨이브(Skip wave)
• 핀컬과 웨이브가 한 단씩 교차됨으로써 폭이 넓고 부드러운 웨이브를 만드는 데 적합하다.

• 핀컬은 핀컬끼리 웨이브는 웨이브끼리 방향이 같다.
• 핀컬은 스컬프처와 플래트 컬이 가장 적합하다.

18 핑거 웨이브는 세트 로션에 의해 손과 빗으로 웨이브를 만든다.

19 스캘프 매니플레이션과 브러싱은 두피 관리 과정이다.

20 헤어 스티머는 물리적 처치방법이다.

21 아닐린 유도체인 PPDA가 함유된 염모제는 반드시 알레르기 테스트(피부 첩포 실험)를 해야 한다.

22 염모제 제1액의 알칼리제가 제2액(산화제)의 발생기 산소가 촉진되도록 도와준다.

23 H_2O_2에서 방출된 산소가 모발 내 멜라닌색소를 파괴시킨다.

24 익스텐션은 헤어 커트스타일에 인모 또는 인조를 붙여줌으로써 모량의 볼륨감, 길이 등을 다양하게 변화시키기 위해 섞어 짜는 기술이다.

25 ② 칼슘은 골격과 치아의 주성분이다.
③ 요오드는 갑상선호르몬의 구성 성분이다.
④ 마그네슘은 골격과 치아 및 효소의 구성 성분이다.

26 사마귀는 바이러스에 의한 감염 질환이다.

27 비타민 C 결핍 시 색소침착 및 기미가 발생할 수 있다.

28 수렴 화장수는 아스트리젠트라고도 하며, 각질층의 보습과 수렴작용 및 피지 분비 억제작용 등의 효과가 있다.

29 자외선 B는 자외선 A에 비해 홍반 발생능력이 약 1,000배 가량 더 높다.

30 AHA의 종류
• 글리콜릭산 – 사탕수수에서 추출
• 젖산 – 우유에서 추출
• 구연산 – 오렌지, 레몬에서 추출
• 알릭산 – 사과에서 추출
• 주석산 – 포도에서 추출

33 광노화 시 콜라겐이 감소한다.

34 작업강도나 속도, 근무시간 등의 작업조건을 개별적 상황에 따라 합리적으로 운행해야 한다.

35 • 체온은 신체로부터 방열작용과 산열작용에 의해 조절된다.
• 방열작용은 열을 외부로 발산하는 것이다.
• 산열작용은 음식물(탄수화물, 지방)의 섭취에 의한 화학에너지는 복잡한 대사과정 중에서 100~75% 가열로 전환되는, 즉 체내에서의 열 생산작용을 말한다.

36 보건소는 시, 군, 구별 1개소로서 지역사회 주민들의 건강을 증진시킨다.

37 탄저는 동물(소, 말, 양, 개 등) 매개 감염병으로서 오염된 사료의 탄저 병균에 의해 전파된다.

38 • 일산화탄소(CO)는 연탄이 불에 타기 시작할 때와 꺼질 무렵 다량 발생한다.
• 헤모글로빈과의 친화성이 산소에 비해 250~300배 강하다. 최대 허용량(서량시)은 8시간 기준 100ppm(0.01%)이다.

39 국가 간 또는 지역사회 간의 보건 수준을 비교하는 데 사용되는 WHO의 대표적(종합적) 지표는 평균수명, 영아사망률, 조사망률 등이다.

40 발생 또는 유행 즉시 방역 및 환자 격리 대책을 수립해야 한다.

41 공중보건사업 수행의 3대 요소는 보건교육, 보건행정, 보건 관계 법규로서 질병의 예방 및 수명 연장을 위해 신체적, 정신적 효율 증진을 목표로 하고 있다.

42 생균백신을 예방접종함으로써 두창, 탄저, 결핵, 홍열, 황열, 광견병, 폴리오 등의 질병에 대한 면역을 얻고자 했다.

43 초고온순간멸균법은 순간적 열처리로써 선택적으로 미생물만 멸살시키는 방법으로, 우유의 경우 135℃에서 2초간 접촉시키거나 70~72℃에서 15초간 처리한다.

44 생석회는 값이 싸고 탈취력이 있어 분변, 하수, 오수, 토사물 등의 소독에 좋다.

45 기구소독 시 가장 안전한(멸균까지) 소독방법은 고압증기멸균법이다.

46 멸균효과의 지속적 감시는 지표군이나 화학적 지시계를 이용하여 살균효과를 판정하는 방법이다.

47 알코올은 가격이 저렴하며 쉽게 증발하고 영양형 세포에 살균력을 갖는다.

48 미생물의 크기는 곰팡이 〉 효모 〉 세균 〉 리케차 〉 바이러스 순이다.

49 소독은 병원성 미생물을 파괴해 감염의 위험성을 제거시키는 약한 살균작용이다.

50 세균이 가장 좋아하는 pH 범위는 6.5~7.5(중성)이다.

51 에틸알코올은 70~80% 수용액을 손, 피부, 주사기 등의 소독에 사용한다.

52 공중위생영업을 하기 위해 신고를 하려는 자는 시설 및 설비(보건복지부령)를 갖춘 후 시장, 군수, 구청장에게 신고한다.

53 의료법 등에 위반하여 관계 행정기관장의 요청이 있을 때 6월 이내의 기간을 정하여 영업의 정지 또는 일부 시설의 사용, 영업소 폐쇄 등을 명할 수 있다.

54 과태료는 대통령령이 정하는 바에 의해 보건복지부장관 또는 시장, 군수, 구청장이 징수한다.

55 위반행위의 차수에 따른 행정처분 기준은 최근 1년간 같은 위반행위로 행정처분을 받을 경우에 이를 적용한다.

56 면허정지 처분을 받고 그 정지 기간 중 업무를 행한 때의 1차 행정처분은 면허취소에 해당된다.

57 미용업 신고증 및 면허증 원본을 게시하지 않은 경우
- 1차 위반 시 경고 또는 개선명령
- 2차 위반 시 영업정지 5일
- 3차 위반 시 영업정지 10일
- 4차 위반 시 영업장 폐쇄명령

58 산화방지제
항산화제로서 스스로 산화함으로써 화장품 자체가 산화되는 것을 방지하는 방부제의 기능을 한다. 이는 부틸하이드록시톨루엔(BHT), 부틸하이드록시아니솔(BHA), 비타민 E(토코페롤) 등이 있다.

59 민감성 피부용 화장품 성분
- 아줄렌 : 카모마일에서 추출하며 진정, 항염증, 상처 치유에 효과적이다.
- 판테놀(비타민 B_5) : 보습, 항염증, 치유작용을 한다.
- 위치하젤 : 살균, 소독, 항염증, 수렴작용을 한다.
- 리보플라빈(비타민 B_2) : 피부트러블을 방지하고, 피부를 유연하게 한다.
- 비타민 P, K : 모세혈관벽을 강화시킨다.

60 수렴 화장수
- 아스트리젠트, 토닝로션, 토닝스킨이라 하며 피부를 소독해 주며 보호작용을 한다.
- 각질층에 수분 공급, 모공 수축, 피부결 정리, 피지 분비 억제작용을 한다.

미용사(일반) CBT 문제풀이

수험번호:

수험자명:

제한시간: 60분

01 미용 과정 중 구상 시 가장 우선적으로 고려해야할 것은?

① 고객의 유행 파악
② 고객의 개성 파악
③ 고객의 의사를 파악
④ 고객의 얼굴형 파악

02 두상의 가장 높은 점으로서 전·후, 좌·우를 구분짓는 포인트의 명칭은?

① S.P(사이드 포인트)
② T.P(톱 포인트)
③ N.P(네이프 포인트)
④ E.P(이어 포인트)

03 다음 중 면약(일종의 안면용 화장품)의 사용과 두발 염색이 최초로 행해졌던 시대는?

① 삼한시대
② 삼국시대
③ 고려시대
④ 조선시대

04 고대 미용의 발상지로서 가발을 사용하고 진흙으로 두발에 웨이브를 만들었던 나라는?

① 로마
② 그리스
③ 이집트
④ 프랑스

05 좋은 가위를 선택하기 위한 방법으로 잘못된 것은?

① 날 두께 – 가위 날은 얇고 피봇이 강한 것
② 협신 – 날 끝으로 갈수록 약간 내곡선상으로 된 것
③ 날의 견고성 – 양 날(동인, 정인)의 견고함이 동일한 것
④ 선회축 – 양쪽 가위 날의 몸체를 하나로 고정시켜주는 나사로서 느슨하게 조여진 것

06 드라이어의 종류 중 블로 드라이어의 작용인 것은?

① 적외선 램프를 사용하여 헤어스타일을 완성시킨다.
② 덕빌 클립이라고도 하며 핸드 드라이어의 일종이다.
③ 소음이 적고 모발이 날리지 않는 바람이 방산되어 건조속도가 다소 느리다.
④ 터비네이트 식으로 바람의 순환과 선회를 이용하며 모발을 건조시키는 속도가 빠르다.

07 가위의 구조에서 정도와 동도 안쪽 면으로 약간 들어가 있어 실제로 자를 수 있는 곳은?

① 날 끝
② 가위 끝
③ 선회축
④ 엄지환

08 탈색모 또는 빗질이 잘 안 되는 모발에 사용되는 린스는?

① 산성 린스
② 크림 린스
③ 컬러 린스
④ 구연산 린스

09 다공성모에 탄력성과 강도를 보강시킬 수 있는 샴푸제는?

① 프로테인 샴푸제
② 중성 샴푸제
③ 약용 샴푸제
④ 약산성 샴푸제

10 다음 중 레이어드형의 커트 기법으로 가장 알맞은 것은?

① 두발 절단면의 형태(외곽)선은 일자로 형성된다.
② 섹션은 사선 45°의 직선으로 자른다.
③ 전체적인 층의 단차가 두상에서 고른 질감을 갖는다.
④ 무게선이 있으며 블로킹은 주로 4등분으로 한다.

11 다음 중 레이어 형태가 표현된 전개도(Hair set)는?

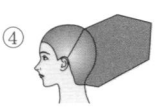

12 헤어 커트 시 크로스 체크(Cross check) 커트란?

① 가로 커트 된 커트 형태를 세로 파트로 교차되도록 체크하는 것이다.
② 모발의 무게감을 없애주는 것이다.
③ 세로로 잡아 체크 커트하는 것이다.
④ 전체적인 두발 길이를 처음보다 짧게 커트하는 것이다.

13 모발 측쇄결합에서 퍼머넌트 웨이브의 형성과 직접 관련된 결합은?

① 시스틴
② 알라닌
③ 멜라닌
④ 타이로신

14 콜드 퍼머넌트 웨이브에 관한 설명 중 틀린 것은?

① 논 스티밍 프로세스이다.
② 2욕법은 1액(환원제)과 2액(산화제)으로 구분된다.
③ 1욕법은 1액(환원제)만 사용되며 공기 중의 산소에 의해 자연산화 과정을 거친다.
④ 제1액의 주성분은 과산화수소, 취소산염류이며 제2액의 주성분은 티오글리콜산염이다.

15 발수성모는 비늘층 간격이 촘촘하고 건강하여 펌제의 침투시간이 더 디다. 이때 사전처리법으로 맞는 것은?

① 특수 활성제를 도포하여 스티머를 적용한다.
② 린스를 적당히 하여 두발을 부드럽게 해 준다.
③ PPT 제품의 용액을 도포하여 두발 끝에 탄력을 준다.
④ 헤어 트리트먼트 크림을 도포한 후 스티머를 적용한다.

16 벌어진(눈과 눈 사이가 먼) 눈의 특징에 관한 설명과 거리가 먼 것은?

① 둥근 또는 사각 얼굴형에 주로 볼 수 있는 유형이다.
② 헤어스타일은 얼굴 면 밖으로 움직이는 컬을 준다.
③ 사이드 파트로서 이마에서 T.P를 향해 볼륨 있는 뱅으로 한쪽 이마를 가린다.
④ 귀 뒤의 두발은 안말음형으로 얼굴면 쪽으로 향하게 연출한다.

17 삼각형 얼굴에 잘 어울리는 헤어스타일에 대한 설명으로 적합하지 <u>않은</u> 것은?

① 전두부를 낮게 하여 옆선이 강조되도록 한다.
② 딱딱한 느낌을 피하고 곡선적인 느낌을 갖는 헤어스타일을 구상한다.
③ 헤어 파트는 얼굴의 각진 느낌에 변화를 줄 라운드 사이드 파트로 한다.
④ 이마의 직선적인 느낌을 감추기 위해 변화 있는 뱅을 한다.

18 헤어스타일의 작품 머리를 하는 과정 중에서 주로 헤어 드라이어에 말려야 되는 경우에 해당하는 것은?

① 핀컬　　　　　　　② 롤러 컬
③ 아이론 롤　　　　　④ 퍼머넌트 로드

19 모발 구조에서 영양을 관장하는 혈관과 신경이 들어 있는 부분은?

① 모근　　　　　　　② 모유두
③ 모구부　　　　　　④ 입모근

20 외부의 자극에 의해 일어나며, 주로 모발을 묶는 여성에게 많이 일어나는 탈모증은?

① 결절열 탈모증　　　② 결발성 탈모증
③ 증후성 탈모증　　　④ 비강성 탈모증

21 산화제로서 H₂O₂에 대한 설명이 <u>아닌</u> 것은?

① 농도에 따라 볼륨으로 표기된다.
② 세기에 따라 %로 표기된다.
③ 화학구조상 불안정하여 3~4% 티오글리콜산을 첨가한다.
④ 산화제, 발생기체, 촉매제 등으로 불린다.

22 모발색의 결정으로서 틀린 설명은?

① 색소형성세포에서 생성되는 생화학적 천연색소이다.
② 모발아미노산 타이로신을 전구체로 하는 타이로시나제(효소)의 작용에 의해 모발색이 만들어진다.
③ 유멜라닌 또는 페오멜라닌 과립의 비율 및 양(농도)의 분포에 따라 모발색은 결정된다.
④ 모발의 자연색상은 밝고 어두운 정도에 따라 일반적으로 황인종, 흑인종, 백인종으로 구분된다.

23 백모 커버력이 없고 패치 테스트를 하지 않아도 되며, 도포시간이 길수록 노란색이 더 짙게 나타나는 염모제는?

① 헤나　　　　　　　② 카모밀레
③ 금속성 염료　　　　④ 혼합성 염료

24 쇼트 헤어를 일시적으로 롱 헤어의 모습으로 변화시키고자 할 때 사용하는 헤어 피스는?

① 폴(Fall)　　　　　② 스위치(Switch)
③ 위글렛(Wiglet)　　④ 웨프트(Weft)

25 모발을 태우면 나는 노린내 냄새의 주성분은?

① 질소　　　　　　　② 산소
③ 유황　　　　　　　④ 탄소

26 다음 중 공기의 접촉에 의해 블랙헤드를 생성하는 것은?

① 종양　　　　　　　② 면포
③ 구진　　　　　　　④ 비립종

27 다음 사마귀 종류 중 얼굴, 턱, 입 주위와 손등에 잘 발생하는 것은?

① 심상성 사마귀　　　② 즉시성 사마귀
③ 지연성 사마귀　　　④ 편평 사마귀

28 비늘 모양의 각질화 된 회백색의 인설로 떨어져 나가는 세포층은?

① 투명층　　　　　　② 유극층
③ 기저층　　　　　　④ 각질층

29 흡습효과와 피부 유연성을 나타내는 천연보습인자를 구성하는 성분 중 가장 많은 것은?

① 요소　　　　　　　② 젖산염
③ 아미노산　　　　　④ 피롤리돈카본산염

30 피부에서 땀과 함께 분비되는 천연 자외선 흡수제는?

① 우로칸산　　　　　② 글리콜릭산
③ 글루타민산　　　　④ 아스파라트산

31 다음 중 표피에 존재하며, 면역과 가장 관계가 깊은 세포는?

① 멜라닌세포　　　　② 랑게르한스세포
③ 머켈세포　　　　　④ 섬유아세포

32 AHA(Alpha Hydroxy Acid)에 대한 설명으로 틀린 것은?

① 화학적 필링
② 글리콜산, 젖산, 주석산, 능금산, 구연산
③ 각질세포의 응집력 강화
④ 미백작용

33 다음 중 일반적으로 건강한 모발의 상태는?

① 단백질 10~20%, 수분 10~15%, pH 2.5~4.5
② 단백질 20~30%, 수분 70~80%, pH 4.5~5.5
③ 단백질 50~60%, 수분 25~40%, pH 7.5~8.5
④ 단백질 70~80%, 수분 10~15%, pH 4.5~5.5

34 생활습관과 관계될 수 있는 질병과의 연결이 잘못된 것은?

① 가재 생식 - 무구조충
② 여름철 야숙 - 일본뇌염
③ 담수어 생식 - 간디스토마
④ 경조사 등 행사 음식 - 식중독

35 작업환경의 관리원칙은?

① 대치 - 격리 - 폐기 - 교육 ② 대치 - 격리 - 환기 - 교육

③ 대치 - 격리 - 재생 - 교육 ④ 대치 - 격리 - 연구 - 홍보

36 콜레라 예방접종은 어떤 면역방법인가?

① 인공수동면역 ② 인공능동면역

③ 자연수동면역 ④ 자연능동면역

37 다음 감염병 중 병원체가 바이러스(Virus)인 것은?

① 장티푸스 ② 쯔쯔가무시병

③ 폴리오 ④ 발진열

38 고도가 상승함에 따라 기온도 상승하여 상부의 기온이 하부의 기온보다 높아지면서 대기가 안정화되고 공기의 수직 확산이 일어나지 않게 되어 대기오염이 심화되는 현상은?

① 고기압 ② 열섬

③ 엘리뇨 ④ 기온역전

39 페스트, 살모넬라증 등을 전파시키는 매개 절족동물은?

① 쥐 ② 말

③ 소 ④ 개

40 자연독식중독 원인물질과 연결된 잘못된 것은?

① 테트로도톡신(Tetrodotoxin) - 복어

② 솔라닌(Solanin) - 감자

③ 무스카린(Muscarin) - 버섯

④ 에르고톡신(Ergotoxin) - 조개

41 폐흡충증(폐디스토마)의 제1중간숙주는?

① 다슬기 ② 왜우렁이

③ 게 ④ 가재

42 다음의 영아사망률 계산식에서 (A)에 들어갈 내용으로 알맞은 것은?

$$영아사망률 = \frac{(A)}{연간\ 출생아\ 수} \times 100$$

① 연간 생후 28일까지의 사망자 수

② 연간 1~4세 사망자 수

③ 연간 생후 1년 미만 사망자 수

④ 연간 임신 28주 이후 사산 + 출생 1주 이내 사망자 수

43 소독제의 농도 중 백만분률을 표시하는 단위는?

① ppm ② ppt

③ ppb ④ ‰

44 미용사의 손 소독으로 가장 좋은 소독제는?

① 석탄산수 ② 크레졸

③ 포르말린 ④ 역성비누액

45 금속 제품을 자비소독 할 경우 물에 넣는 가장 적당한 시기는?

① 가열 시작에 넣는다. ② 가열 시작 직후에 넣는다.

③ 끓기 시작한 후에 넣는다. ④ 수온이 미지근할 때 넣는다.

46 식기, 의류, 도자기 등에 적합한 소독방법은?

① 화염멸균법 ② 건열멸균법

③ 소각소독법 ④ 자비소독법

47 미생물은 육안 관찰이 어려운 미세한 생물체로서 크기는 얼마인가?

① 0.1㎛ ② 10㎛

③ 20㎛ ④ 100㎛

48 미용실에서 사용하는 타월을 통해 주로 발생할 수 있는 감염병은?

① 결핵 ② 트라코마

③ 페스트 ④ 일본뇌염

49 다음 중 고압멸균기를 사용하여 소독하기에 가장 적합하지 <u>않은</u> 것은?

① 약액 ② 금속기구

③ 유리기구 ④ 가죽 제품

50 다음 중 화학적 소독법이 <u>아닌</u> 것은?

① 자외선 ② 알코올

③ 염소 ④ 과산화수소

51 소독제의 구비조건으로 설명이 <u>잘못된</u> 것은?

① 살균력이 강하다.

② 값이 비싸고 위험성이 없다.

③ 인체에 해가 없으며 취급이 간편하다.

④ 살균하고자 하는 대상물을 손상시키지 않는다.

52 이 · 미용업은 다음 중 어디에 속하는가?

① 공중위생영업 ② 건물위생관리업

③ 위생 관련 영업 ④ 위생처리업

53 행정처분 중 청문을 거치지 <u>않아도</u> 되는 것은?

① 영업장의 개선명령 ② 영업소 폐쇄명령

③ 이 · 미용사의 면허취소 ④ 공중위생영업 정지

54 이 · 미용사의 면허를 취소할 수 있는 자는?

① 시 · 도지사 ② 대통령

③ 시장, 군수, 구청장 ④ 보건복지부장관

55 이 · 미용사의 면허가 취소되거나 면허정지 명령을 받은 자는 그 면허증을 누구에게 제출해야 하는가?

① 이 · 미용사 중앙회장 ② 시 · 도지사

③ 시장, 군수, 구청장 ④ 행정자치부장관

56 이·미용업의 개설자는 몇 시간의 위생교육을 받아야 하는가?

① 3시간　　　　　　② 4시간

③ 6시간　　　　　　④ 8시간

57 임의로 영업소의 소재지를 변경하였을 때 1차 위반 행정처분 기준은?

① 영업정지 1월　　　② 영업정지 3월

③ 경고　　　　　　　④ 영업장 폐쇄명령

58 메이크업 베이스에 관한 베이스 색상에 대한 설명으로서 연결이 잘못된 것은?

① 녹색 – 잡티 및 여드름 자국, 모세혈관확장 피부에 적합하다.

② 흰색 – 투명한 피부를 원할 때 T-zone 부위의 하이라이트에 효과적이다.

③ 보라색 – 붉은 얼굴, 흰 피부톤을 표현할 때 효과적이다.

④ 분홍색 – 창백한 사람에게 화사하고 생기 있는 건강한 피부를 표현할 때 사용한다.

59 모발 화장품에서 정발제의 종류와 특징으로 연결된 것은?

① 헤어 젤 – 투명하며 촉촉하고 자연스러운 스타일 연출에 적합하다.

② 헤어 크림 – 유분, 광택을 주며 모발을 정돈하고 보호한다.

③ 헤어 오일 – 수분을 공급함으로써 끈적임이 없는 보습효과가 있다.

④ 헤어 무스 – 리세트 된 헤어스타일에 분무하여 고정시킨다.

60 다음 보기의 반응성 화장품 중 펌제의 성분으로 연결된 것은?

㉠ 환원제	㉡ 산화제
㉢ 알칼리제	㉣ 염료 전구체
㉤ 염료 커플러	㉥ 과황산암모늄

① ㉠, ㉡, ㉢　　　　② ㉡, ㉢, ㉣

③ ㉢, ㉣, ㉤　　　　④ ㉣, ㉤, ㉥

제2회 상시대비 적중문제

01	02	03	04	05	06	07	08	09	10
③	②	③	③	④	③	①	②	①	③
11	12	13	14	15	16	17	18	19	20
①	①	①	④	①	②	①	②	②	②
21	22	23	24	25	26	27	28	29	30
③	④	②	①	③	②	④	④	③	①
31	32	33	34	35	36	37	38	39	40
②	③	④	①	④	②	③	④	①	④
41	42	43	44	45	46	47	48	49	50
①	③	①	④	③	④	①	②	④	①
51	52	53	54	55	56	57	58	59	60
②	①	①	④	③	④	③	③	①	①

01 고객의 의사를 파악하는 게 가장 우선되어야 한다.

02 전두부에서 가장 높은 지점은 톱 포인트(Top Point)이다.

03 고려시대에는 면약(안면용 화장품)을 사용했고, 최초로 모발 염색이 행해졌다.

04 이집트는 가발과 염모, 펌 등이 최초로 행해진 미용의 발상지이다.

05 선회축은 양날의 몸체를 하나로 고정시켜주며, 날이 스치는 긴장력 정도를 느슨하게 하거나 꽉 죄어주는 역할을 한다.

06 살롱용으로 1kW(1,000w) 이상의 대용량 전기를 이용하며, 노즐의 좁은 부분으로 바람이 집중된다.
①은 램프 드라이어, ②는 디퓨저, ④은 후드 드라이어에 대한 설명이다.

07 가위의 날 끝 정도와 동도 안쪽 면의 약간 들어가 있는 부분으로, 실제로 자를 수 있는 곳이다.

08 크림 린스는 영양 또는 광택을 주거나, 정전기를 방지하는 등을 목적으로 사용된다.

09 프로테인(단백질) 샴푸제는 다공성모(손상모)에 탄력과 강도를 보강시킨다.

10 • 유니폼 레이어드 – 두상의 곡면과 평행한 각도(두피로부터 90°)로서 모발 길이가 일정하다.
• 인크리스 레이어드 – 내측보다 외측으로 갈수록 모발 길이가 길어지는 형태이다.
• 레이어드 커트의 질감은 모발 끝이 다 보이는 활동적인 질감이다.

11 ①은 아웃 커트로서 위는 짧고 아래는 긴 형이다.

12 크로스 체크란 원래 파팅 패턴의 반대 패턴을 사용하여 커트의 정확도를 점검 및 체크하는 커트 절차의 마지막 단계이다.

13 모발 측쇄결합 중 시스틴결합(S–S bond)이 웨이브 펌과 직접적으로 관련된다.

14 콜드 펌 제1액의 주성분은 티오글리콜산염 또는 시스테인이며, 제2액의 주성분은 과산화수소 또는 취소산염류이다.

15 발수성모는 모표피 내의 비늘층 간의 간격이 좁고 비늘층 수가 많은 상태로서 물을 스프레이했을 경우 다른 모발보다 튕겨내는 성질이 강하며 저항성모라고도 한다. 펌 시 모발의 비늘층이 두꺼워 팽윤이 더디다. 따라서 웨이브 로션(펌1제)을 먼저 도포한 다음 열을 가하여 모표피를 팽윤시키고 제1액을 도포한다.

16 얼굴면 밖으로 움직이는 겉말음 컬을 주는 것은 눈과 눈 사이가 좁은 눈에 대한 설명이다.

17 삼각형 얼굴은 이마가 좁고 턱선과 볼이 넓은 얼굴형이다. 헤어스타일은 얼굴이 짧고 넓게 보이도록 T.P를 낮추고 보브 또는 뱅 스타일로 한다.

18 롤러 컬은 와인딩 후 드라이어의 열풍을 이용하여 건조시키거나 웨이브를 고정시킨다.

19 모유두는 혈관과 신경이 연결되어 있어 영양과 성장을 담당한다.

20 머리 다발은 강하게 묶는 결발(Lacing)에 의해 결발성 탈모증을 유발한다.

21 화학구조상 H_2O_2의 pH를 3~4로 유지시키기 위해 1~2% 티오글리콜산(Thioglycolic acid)을 안정제로 첨가한다.

22 명도는 일반적으로 1~10 레벨로 등급화된다.

23 카모밀레는 헤나와 같이 도포시간이 길수록 노란색이 더 짙게 나타난다. 자연적 금발의 재생을 원할 때 샴푸제에 혼합하여 사용하며, 입자가 커서 여러 번 반복적인 시술을 해야 하고, 백모에 대한 커버력이 없다는 단점이 있다.

24 폴은 헤어 피스(Hair pieces)의 종류로, 짧은 길이의 두발을 긴 두발로 변화시킬 때 사용한다.

26 블랙헤드는 공기 중에 노출된 면포가 멜라닌과 지방산의 산화에 의해 검게 변화된 것이다.

27 • 심상성 사마귀 – 신체의 말단인 손가락, 손톱 등에 발생한다.
• 물 사마귀 – 피부 점막 신체 전 부위에 발생한다.
• 수장족저 사마귀 – 손·발바닥에 주로 발생하며 통증을 수반한다.

28 ① 투명층은 엘라이딘이 존재하고 빛을 굴절시킨다. 손바닥과 발바닥에 존재한다.
② 유극층은 가장 두꺼운 층으로 랑게르한스세포가 존재한다.
③ 기저층은 세포분열로 인해 각질형성세포, 멜라닌형성세포, 촉각세포가 존재한다.

29 천연보습인자는 아미노산을 40% 함유하고 있다.

30 우로칸산은 천연 자외선 흡수제로 자외선 B를 차단해준다.

31 랑게르한스세포는 표피의 유극층에 존재하며, 유극층은 가장 두꺼운 층에 해당된다.

32 AHA는 각질세포의 응집력을 약화시킨다.

34 가재, 게를 생식하였을 시 폐흡충증에 노출된다.

35 작업환경의 관리원칙은 대치, 격리, 환기, 교육으로 구성된다.

36 콜레라 예방접종은 인공능동면역으로, 사균백신을 예방접종한다.

37 ① 장티푸스 : 세균
② 쯔쯔가무시증(양충병) : 리케차
④ 발진열 : 리케차

38 기온역전 시 대기오염이 심화된다.

39 페스트, 발진열, 살모넬라, 렙토스피라증, 쯔쯔가무시병, 유행성출혈열 등은 쥐를 매개(병원소)로 질병을 일으킨다.

40 조개류와 복어는 동물성 자연독 식중독으로서 조개류는 삭시톡신, 베네루핀이 원인물질이다.

41 폐디스토마 – 제1중간숙주(다슬기), 제2중간숙주(게, 가재)

42 영아는 생후 1년 미만인 자이다.

43 피피엠(ppm)은 1/100만을 나타내는 단위이다.

44 역성비누액은 피부에 독성이 거의 없어 손 소독제로 주로 사용된다.

45 물이 끓기 시작할 때 금속 제품이 잠길 정도에서 10분간 가열한다.

46 자비소독이란 대상물을 끓는 물에 넣어 미생물을 사멸시키는 방법이다. 영양형 세포는 수초~수분 이내에 사멸하며 식기류, 도자기류, 주사기, 의류 등의 소독에 사용한다.

47 미생물은 육안의 가시한계를 넘어선 0.1mm 이하의 미세한 생물체이다.

48 트라코마는 눈병으로 타월이 개달물이 된다.

49 가죽 제품에 고압증기멸균기에 의한 고압과 고온이 주어지면 멸균은 되나 제품으로서의 상품가치가 없어진다.

50 자외선 소독은 물리적 방법에 의한 소독법이다.

51 소독제의 구비조건
- 살균력이 강해야 하며, 용해성이 높고 부식성과 표백성이 없어야 한다.
- 소독대상물에 침투력과 안정성이 있어야 한다.
- 취기가 없고 독성이 약하여 인축에 해가 없어야 한다.
- 가격이 저렴하며 경제적이고 사용방법이 간편해야 한다.

52 ① 미용업은 공중위생영업에 속한다.
② 공중이 이용하는 건축물, 시설물 등의 청결유지와 실내 공기정화를 위한 청소 등을 대행하는 영업을 말한다.

53 청문은 신고사항의 직권 말소, 미용사의 면허취소 또는 면허정지, 영업정지 명령, 일부 시설의 사용중지 명령 또는 영업소 폐쇄명령 등을 처분 내용으로 한다.

54 이·미용사의 면허를 취소할 수 있는 자는 시장, 군수, 구청장이다.

55 면허의 취소, 정지 처분을 받은 자는 지체 없이 시장, 군수, 구청장에게 면허증을 반납한다. 반납된 면허증은 그 면허정지 기간 동안 관할 시장, 군수, 구청장이 보관한다.

56 위생교육은 3시간으로 한다.

57 ① 영업정지 1월에 해당된다.

58 보라색 메이크업 베이스는 칙칙하고 혈색이 안 좋은 피부에 노랑기를 없애준다.

59 모발 화장품의 종류
- 헤어 젤 : 투명하며 촉촉하고 자연스러운 스타일 연출에 적합하다.
- 헤어 오일 : 유분, 광택을 주며 모발을 정돈하고 보호한다.
- 헤어 로션 : 수분을 공급함으로써 끈적임이 없는 보습효과가 있다.
- 헤어 크림 : 유분이 많아 건조모에 적합하다.
- 헤어 무스 : 거품제로서 원하는 헤어스타일을 연출한다.
- 헤어 스프레이 : 리세트 된 헤어스타일에 분무하여 고정시킨다.
- 헤어 포마드 : 반고체 상태의 젤리 형태로 식물성과 광물성의 제형이 있다.

60 펌제의 성분
환원제, 산화제, 금속봉쇄제, 수산화나트륨(칼륨), 정제수, 알칼리제, pH 조절제, 향료, 고급 알코올, 계면활성제, 점증제, 지방산, 보습제, 침투제 등의 성분으로 구성된다.

염모제의 성분
산성 염료, 알칼리제, 고급 지방산, 용제, 염료전구체, 염료커플러, 산화제, 알코올, 금속봉쇄제, pH 조절제, 젤화제, 과황산암모늄, 계면활성제, 항산화제 등의 성분으로 구성된다.

미용사(일반) CBT 문제풀이

수험번호:

수험자명:

제한시간: 60분

01 미용의 과정 중 고객의 만족여부를 파악하는 절차는 어디에 해당되는가?

① 소재
② 구상
③ 제작
④ 보정

02 근대(개화기)에 대한 설명으로 옳은 것은?

① 일본의 단발령에 의해 미용이 발달했다.
② 1933년 우리나라에 처음으로 일본인이 미용실을 개원했다.
③ 해방 전 우리나라 최초의 미용교육기관은 정화고등기술학교이다.
④ 오엽주 여사는 화신백화점 내에 미용실을 개원했다.

03 블로 드라이어 선정 시 주의사항이 아닌 것은?

① 모터 소리가 크지 않아야 한다.
② 드라이어가 가볍고 안정성이 있어야 한다.
③ 전기사용량이 적으면서 고성능이어야 한다.
④ 기기의 안정성에 따른 작동방법과 기기 구조가 복잡해야 한다.

04 샴푸에 대한 설명 중 틀린 것은?

① 다른 종류의 시술을 용이하게 하며, 스타일을 만들기 위한 기초적인 작업이다.
② 샴푸는 두피 및 모발의 더러움을 씻어 청결하게 한다.
③ 두피를 자극하여 혈액순환을 좋게 하며 모근을 강화시키는 동시에 상쾌감을 준다.
④ 모발을 잡고 비벼줌으로써 사이사이에 있는 때를 씻어내고 모표피를 강하게 해준다.

05 스캘프 트리트먼트의 목적이 아닌 것은?

① 먼지나 비듬을 제거해 준다.
② 혈액순환을 왕성하게 하여 두피의 생리기능을 높인다.
③ 두피의 지방막을 제거해서 두발을 깨끗하게 해준다.
④ 두피나 두발에 유분 및 수분을 보급하고 두발에 윤택함을 준다.

06 비듬을 제거하기 위한 두피 손질법은?

① 드라이 스캘프 트리트먼트
② 댄드러프 스캘프 트리트먼트
③ 플레인 스캘프 트리트먼트
④ 오일리 스캘프 트리트먼트

07 하수오염이 심할수록 BOD의 수치는?

① 수치가 낮아진다.
② 수치가 높아진다.
③ 아무런 영향이 없다.
④ 높아졌다 낮아졌다 반복한다.

08 ★★ 자외선 중 장파장(UV A)파장범위인 것은?

① 200 ~ 290nm
② 290 ~ 320nm
③ 320 ~ 400nm
④ 400 ~ 700nm

09 자외선 차단제의 효과에 관한 설명으로 잘못된 것은?

① 자외선 차단제의 효과지수는 SPF로 표시한다.
② SPF의 지수가 낮을수록 차단지수가 높다.
③ 자외선 차단제의 효과는 멜라닌색소의 양과 자외선에 대한 민감도에 따라 달라질 수 있다.
④ 자외선차단지수는 자외선차단제품 미도포 상태의 홍반량을 도포 후 최초 홍반량으로 나눈 값이다.

10 ★★ 두꺼운 피부상태로서 무색, 무핵의 손 · 발바닥에 있는 층은?

① 각질층
② 유극층
③ 투명층
④ 기저층

11 산화염모제의 제1액 중 알칼리의 주 역할은?

① 제2제의 환원제를 분해하여 수소를 발생시킨다.
② 멜라닌색소를 분해하여 탈색시킨다.
③ 산화 염료를 직접 발색시킨다.
④ 모발의 모표피를 팽창시켜 산화 염료가 잘 침투되도록 한다.

12 패치 테스트에 대한 설명 중 틀린 것은?

① 테스트는 귀 뒤나 팔꿈치 안쪽에 실시한다.
② 테스트에 쓸 염모제는 실제로 사용할 염모제와 동일하게 조합한다.
③ 반응의 증상이 심할 경우에는 피부전문의에게 진료하도록 하여야 한다.
④ 처음 염색할 때 실시하여 반응의 증상이 없을 때는 그 후 계속해서 패치 테스트를 생략해도 된다.

13 수질오염의 지표로서 '생물학적 산소요구량'은?

① SS
② DO
③ COD
④ BOD

14 일반(기초)화장품에 대한 설명인 것은?

① 피부의 특정 부위의 문제를 개선시키는 화장품이다.
② 미백, 주름, 자외선으로부터 피부를 보호하고 개선시키는 화장품이다.
③ 주성분 표시 및 기재를 할 수 없으며 기능성 화장품에 대해 광고를 할 수 없다.
④ 미백, 주름, 자외선 차단 효능에 대해 기재하고 광고할 수 있다.

15 법정감염병 중 제1군감염병이 아닌 것은?

① 세균성이질
② 콜레라
③ 장출혈성 대장균
④ 디프테리아

16 자비소독 시 살균력을 강하게 하고 금속기구가 녹스는 것을 방지하기 위하여 첨가하는 물질이 아닌 것은?

① 5% 승홍수 ② 2% 크레졸 비누액
③ 3% 석탄산 ④ 2% 탄산나트륨

17 살균력과 침투성은 약하지만 자극이 없어 구강이나 상처 소독에 사용되는 소독제는?

① 석탄산 ② 승홍수
③ 과산화수소수 ④ 포름알데하이드

18 3% 크레졸 비누액 1,000㎖를 만들 수 있는 용질과 용액량은 몇 ㎖인가?

① 크레졸 원액 3㎖에 물 997㎖를 가한다.
② 크레졸 원액 30㎖에 물 970㎖를 가한다.
③ 크레졸 원액 3㎖에 물 1,000㎖를 가한다.
④ 크레졸 원액 300㎖에 물 700㎖를 가한다.

19 소독 시 화학적 소독제의 구비조건이 아닌 것은?

① 용해성이 낮아야 한다.
② 살균력이 강해야 한다.
③ 부식성, 표백성이 없어야 한다.
④ 경제적이고 사용방법이 간편하며 광범위해야 한다.

20 피부 미백 또는 항산화에 가장 많이 사용되는 비타민은?

① 비타민 A ② 비타민 B
③ 비타민 C ④ 비타민 D

21 아래 보기에서 설명하는 시술각 및 웨이브 움직임과 베이스 위치를 바르게 연계시킨 것은?

> • 빗질 각도는 90~135℃로서 베이스 크기 위로 모다발이 안착되는 논 스템(Non stem)이다.
> • 모근의 부피감과 볼륨감이 크며, 강한 웨이브로서 움직임이 큰 효과를 갖는다.
> • 베이스 섹션 자국이 선명히 남는 단점이 있다.

① 온 베이스 ② 오프 베이스
③ 프리즈 베이스 ④ 하프 오프 베이스

22 웨이브 펌에서 크로키놀 방식을 창안한 독일 사람은?

① 마셀 그라또우 ② 조셉 메이어
③ 스피크먼 ④ 찰스 네슬러

23 헤어 세팅에 있어 크레스트(Crest)가 가장 자연스러운 웨이브는?

① 와이드 웨이브 ② 내로우 웨이브
③ 섀도 웨이브 ④ 버티컬 웨이브

24 내로우 웨이브의 특징인 것은?

① 정상이 뚜렷하지 않은 좁은 웨이브
② 파장이 극단으로 많은 좁은 웨이브
③ 골이 뚜렷하지 않고 넓은 웨이브
④ 리지가 눈에 띄지 않는 넓은 웨이브

25 다음 중 미용사의 면허를 받을 수 없는 자는?

① 교육부장관이 인정하는 인문계 학교에서 1년 이상 이·미용사 자격을 취득한 자
② 면허가 취소된 후 1년이 경과된 자
③ 국가기술자격법에 의한 미용사의 자격을 취득한 자
④ 전문대학에서 미용에 관한 학과를 졸업한 자

26 다공성 모발에 대한 설명으로 틀린 것은?

① 다공성 정도가 클수록 모발에 탄력이 적으므로 프로세싱 타임을 길게 한다.
② 다공성모는 얼마나 빨리 유액을 흡수하느냐에 따라 그 정도가 결정된다.
③ 다공성의 정도에 따라서 콜드 웨이브의 프로세스 타임과 웨이브 용액의 강도가 좌우된다.
④ 다공성모는 간충 물질이 소실되어 모발조직 중에 구멍이 많고 보습작용이 적어져서 건조해지기 쉬운 손상모를 말한다.

27 미용업소에서 소독하지 않은 레이저를 사용할 때 전파될 수 있는 질병은?

① 파상풍 ② B형간염
③ 트라코마 ④ 유행성 출혈열

28 콜드식 웨이브 형성(환원)제의 주성분으로 사용되는 것은?

① 티오글리콜산염 ② 과산화수소
③ 브롬산 칼륨 ④ 취소산 나트륨

29 다음 중 크레졸에 관련된 설명으로 잘못된 것은?

① 물에 잘 녹는다.
② 손, 오물 등의 소독에 사용된다.
③ 3%의 수용액을 주로 사용한다.
④ 석탄산에 비해 2배의 소독력이 있다.

30 이·미용사가 아닌 사람이 이·미용 업무에 종사할 때에 대한 벌칙은?

① 100만 원 이하의 벌금
② 200만 원 이하의 벌금
③ 300만 원 이하의 벌금
④ 1년 이하의 징역 또는 1천만 원 이하의 벌금

31 한 국가 간 또는 지역사회 간의 보건수준을 나타내는 가장 대표적인 지표는?

① 조사망율   ② 평균수명

③ 영아사망율   ④ 비례사망지수

32 두발을 윤곽 있게 살리면서 조금씩 층을 주어 볼륨을 내는 입체적인 커트 방법은?

① 그래듀에이션 커트   ② 쇼트 커트

③ 원랭스 커트   ④ 블런트 커트

33 다음 그림은 3가지 종류의 테이퍼링 기법 중 노멀 테이퍼링은?

34 웨이브 펌 시술 시 언더 프로세싱이란?

① 두발 끝이 자지러진 상태이다.

② 웨이브의 형성이 잘 이루어진 상태이다.

③ 웨이브가 거의 나오지 않거나 전혀 나오지 않은 상태이다.

④ 젖었을 때 지나치게 꼬불거리고 건조하여 웨이브가 부스러진 상태이다.

35 영업소 폐쇄명령을 받고도 계속하여 이·미용의 영업을 한 자에 대하여 행할 수 없는 법적 조치는?

① 영업소의 간판을 제거한다.

② 영업소 내 기구 또는 시설물을 봉인한다.

③ 위법행위를 한 영업소임을 알리는 게시물을 부착한다.

④ 영업소의 출입문을 봉쇄한다.

36 우리나라 고대 여성의 머리형태에 속하지 않는 것은?

① 큰머리   ② 얹은머리

③ 높은머리   ④ 쪽진머리

37 ★★ 미용실에서 사용하는 브러시의 소독법으로 가장 적당하지 못한 것은?

① 크레졸 소독   ② 건열소독

③ 석탄산수 소독   ④ 포르말린수 소독

38 미용 기술을 행할 때 올바른 작업 자세가 아닌 것은?

① 안정된 자세를 취하도록 한다.

② 적정한 힘을 배분하여 시술하도록 한다.

③ 작업 대상의 위치는 심장의 높이보다 낮게 한다.

④ 작업 대상과의 명시거리는 약 30cm를 유지한다.

39 다음 중 미용실 실내 소독에 가장 적당한 소독제는?

① 승홍수   ② 크레졸

③ 자비소독   ④ 생석회

40 미용의 특수성과 거리가 먼 것은?

① 미용은 아름다움을 부가하는 부용예술이다.

② 미용은 일반 조형예술과 같이 정적예술이다.

③ 고객의 머리모양을 낼 때 미용사 자신의 독특한 구상을 표현한다.

④ 미용사 자신의 여건에 관계없이 고객의 머리 모양을 낼 때 시가적 제한을 받는다.

41 ★★ 손상모나 염색모발에 가장 적합한 샴푸제는?

① 약용 샴푸제   ② 논 스트리핑 샴푸제

③ 댄드러프 샴푸제   ④ 프로테인 샴푸제

42 ★★ 다음 중 브러시 세정법으로 옳은 것은?

① 세정 후 브러시 털을 위로 하여 음지에서 말린다.

② 세정 후 브러시 털을 아래로 하여 음지에서 말린다.

③ 세정 후 브러시 털을 위로 하여 양지에서 말린다.

④ 세정 후 브러시 털을 아래로 하여 양지에서 말린다.

43 빗의 선택방법으로 틀린 것은?

① 빗살 사이의 간격은 균등한 것이 좋다.

② 전체적으로 비뚤어지거나 휘어지지 않은 것이 좋다.

③ 빗살 끝이 너무 뾰족하지 않고 되도록 무딘 것이 좋다.

④ 빗살 끝은 가늘고 빗살 전체가 균등하게 똑바로 나열된 것이 좋다.

44 ★★ 가위 선택 시 유의사항으로 맞는 것은?

① 잠금 나사는 느슨한 것이 좋다.

② 양날의 견고함이 동일한 것이 좋다.

③ 일반적으로 도금된 것은 강철의 질이 좋다.

④ 일반적으로 협신에서 날 끝으로 갈수록 만곡도가 큰 것이 좋다.

45 ★★ 빗의 소독 및 보관으로서 옳은 것은?

① 증기소독은 자주 해 주는 것이 좋다.

② 소독액은 석탄산수, 크레졸 비누액 등이 좋다.

③ 빗은 사용 후 소독액에 계속 담가 보관한다.

④ 소독액에서 빗을 꺼낸 후 물로 닦지 않고 그대로 사용해야 한다.

46 ★ 컬러 아이론을 발명하여 부인 결발법의 대혁명을 일으킨 사람은?

① 마셀 그라또우   ② 조셉 메이어

③ 찰스 네슬러   ④ J. B. 스피크먼

47 빗의 각부 명칭과 특징 중에서 빗등에 대한 설명이 아닌 것은?

① 빗등의 두께는 균일해야 한다.
② 빗등의 재질은 약간 강한 느낌이 나는 것이 좋다.
③ 빗등 전체가 삐뚤어지거나 구부러지지 않는 것이 좋다.
④ 두피에 접해있는 모발을 일으켜 세우는 작용을 한다.

48 위그의 치수 측정 시 이마의 헤어라인에서 정중선을 따라 네이프의 움푹 들어간 지점까지는?

① 두상 길이
② 두상 높이
③ 이마 길이
④ 두상 둘레

49 두부 · 두상 영역, 머리카락 명칭과의 연결이 맞는 것은?

① 전두부 – 프론트 – 전발
② 측두부 – 사이드 – 포
③ 두정부 – 크라운 – 양빈
④ 후두부 – 네이프 – 곡

50 헤나와 진흙을 혼합하여 두발에 바르고 태양광선에 건조시켜 염색을 했던 최초의 고대국가는?

① 프랑스
② 로마
③ 그리스
④ 이집트

51 다음 내용 중 비녀를 사용하는 고대 여성의 머리형태는?

① 쪽진(낭자)머리
② 얹은머리
③ 푼기명식머리
④ 쌍상투머리

52 뒤통수에 낮게 머리채를 땋아 틀어 올리고 비녀를 꽂은 머리모양은?

① 첩지머리
② 얹은머리
③ 땋은머리
④ 쪽진머리

53 개체변발의 설명으로 틀린 것은?

① 몽고풍의 머리형태이다.
② 고려시대에 한동안 일부 계층에서 유행했던 남성의 머리형태이다.
③ 남성의 머리형태로서 머리카락을 끌어올려 정수리에서 틀어 감아 맨 모양이다.
④ 정수리 이외 두발은 삭발하고 정수리 부분만 남겨 땋아 늘어뜨린 형이다.

54 다음 내용 중 1920년 우리나라 최초의 단발머리를 유행시킨 여성은?

① 김상진
② 김활란
③ 권정희
④ 이숙종

55 우리나라에서 현대미용의 시초라고 볼 수 있는 시기는?

① 조선 중엽
② 한일합방 이후
③ 해방 이후
④ 6.25사변 이후

56 조선시대에 가체 대신 떠구지를 얹은 머리형은?

① 큰머리
② 쪽진머리
③ 귀밑머리
④ 조짐머리

57 아이론 기기를 이용하여 만든 웨이브 스타일은?

① 섀도 웨이브
② 핀컬 웨이브
③ 마셀 웨이브
④ 와이드 웨이브

58 헤어 세트에 사용되는 빗의 취급방법에 대한 설명이 아닌 것은?

① 엉킨 두발을 빗을 때는 얼레살을 사용한다.
② 두발의 흐름을 섬세하게 매만질 때는 고운살로 된 세트 빗을 사용한다.
③ 빗은 사용 후 브러시로 털거나 비눗물에 담가 솔 브러시로 닦은 후 소독한다.
④ 빗은 손님 5인 정도 사용했을 때 1회 소독한다.

59 다공성모에 가장 효과적인 헤어 트리트먼트는?

① 샴푸
② 신징
③ 헤어 팩
④ 클리핑

60 알칼리성 샴푸제의 pH는?

① 약 7.5~8.5
② 약 4.5~5.5
③ 약 5.5~6.5
④ 약 6.5~7.5

정답 및 해설

제3회 상시대비 적중문제

01	02	03	04	05	06	07	08	09	10
④	④	④	④	③	②	②	③	②	③
11	12	13	14	15	16	17	18	19	20
④	④	④	③	④	①	③	③	①	①
21	22	23	24	25	26	27	28	29	30
①	②	①	②	①	①	②	①	①	③
31	32	33	34	35	36	37	38	39	40
③	①	③	③	④	③	②	③	②	③
41	42	43	44	45	46	47	48	49	50
②	②	②	④	①	④	①	①	④	④
51	52	53	54	55	56	57	58	59	60
①	④	②	②	②	④	③	④	③	①

01 보정 후 고객의 만족여부를 파악해야 미용의 과정이 끝난다.

02 ① 일본은 서구문명을 빨리 받아들여 메이지 유신 때부터 미용이 발달했다.
② 1933년 화신백화점 내에 오엽주가 미용실을 최초로 개원했다.
③ 해방 후 김상진에 의해 미용학원이 설립되었고 6·25 사변 이후 고등 기술학교에 미용 교육이 도입되었다.

03 시술이 편리하도록 작동이 간편하여야 하며, 기기의 안정성이 뛰어나면 서 사용시간이 길어야 한다.

04 샴푸는 모발 내 오염물인 때와 이물질을 깨끗이 제거함과 동시에 두피에 적당한 자극을 주어 혈액순환과 두발성장을 촉진시킨다.

05 스캘프 트리트먼트(두피 관리)의 목적
• 두피에 발생하는 다양한 문제점을 올바르게 파악하여 효과적인 관리 를 위함이다.
• 노화된 각질이나 피지 산화물 등을 제거해 준다.
• 각화주기를 정상화시켜 모공 내 제품 침투력을 높여준다.
• 마사지를 통하여 혈액순환을 촉진시킨다.

06 댄드러프 스캘프 트리트먼트는 비듬 제거 손질법이다.

07 • 생물학적 산소요구량(BOD)은 물의 오염도를 생물학적으로 측정하는 방법으로서 BOD가 높을수록 오염이 되었음을 나타낸다.
• BOD의 산소요구량은 5ppm 이상이다.

08 ①은 UV C에, ②는 UV B에 해당된다.

09 SPF의 지수가 높을수록 차단지수가 높다.

10 무색, 무핵의 납작하고 투명한 3~4개의 층의 상피세포로 구성된다.

11 알칼리는 모발 내 모표피와 모표피 사이에 있는 틈새를 팽윤시킨다.

12 유기합성 염모제를 사용할 때마다 패치 테스트를 해야 한다.

13 생물학적 산소 요구량(BOD)
• 물의 오염도(물속의 유기물을 무기물로 산화시킬 때 필요로 하는 산 소요구량)를 생물학적으로 측정하는 방법으로 BOD가 높을수록 오염 이 되었음을 나타낸다.
• BOD의 산소요구량은 5ppm 이상이다.

14 일반화장품은 주성분을 표시 및 기재할 수 없으며, 주름, 미백, 자외선 차단 효능에 대해 광고를 할 수 없다. ①, ②, ④는 기능성 화장품에 관 한 내용이다.

15 디프테리아는 제2군감염병이다.
제1군감염병(6종)
마시는 물 또는 식품을 매개로 발생하고 집단 발생의 우려가 커서 발생

또는 유행 즉시 방역대책을 수립하여야 한다. 콜레라, 장티푸스, 파라티 푸스, 세균성이질, 장출혈성 대장균감염증, A형간염이 있다.

16 자비소독 시 소독효과를 높이고 금속기구의 녹스는 것을 방지하기 위 하여 끓는 물에 석탄산(95%), 크레졸(3%), 탄산나트륨(1~2%), 붕산 (1~2%) 등을 첨가한다.

17 과산화수소(2.5~3.5%)는 상처 소독에 많이 사용되며 구강세척 시 4~5 배로 희석하여 사용한다.

18 소독약의 농도
$$\text{소독약의 농도(\%)} = \frac{\text{용질(소독약)}}{\text{용액(희석량)}} \times 100$$

19 소독제의 구비조건
• 인체 무해·무독하여 환경오염을 발생시키지 않아야 한다.
• 용해성과 안정성이 높아 부식성과 표백성이 없어야 한다.
• 소독 범위가 넓고 냄새가 없어야 하며, 탈취력이 있어야 하고 살균력 이 강해야 한다.
• 경제적이고 사용이 간편하며 높은 석탄산 계수를 가져야 한다.

20 비타민 C(아스코빈산, 항산화 비타민)
• 미백, 재생, 항노화, 항산화, 모세혈관을 강화한다.
• 모세혈관을 간접적으로 강화시키며 콜라겐 형성 및 멜라닌색소 형성 을 억제하여 유해산소의 생성을 방해한다.
• 결핍 시 괴혈병, 빈혈 등을 야기하며 야채나 과일에 풍부하게 함유되 어 있다.

21 모다발의 빗질 각도는 모발이 로드에 말린 후(Curl-ness) 고정(Anchor) 베이스 위치를 예상하여 조절된다. 베이스의 위치는 모근에 대한 부피감 과 볼륨감에 영향을 준다.

22 1925년 독일의 조셉 메이어(Mayer, J.)에 의해 크로키놀식(Croquignole winding)의 전열 펌을 형성시켰다.
① 마셀 그라또우(1875, 프랑스)는 마셀과 컬로 구성된 히트 아이론을 최초로 창안해 냈다.
③ 스피크먼(1936, 영국)은 상온(콜드)에서 웨이브 펌을 고안했다. 콜 드 웨이브란 약한 염기성 용액을 모발에 사용함으로써 일반적 실온 에서 쉽게 모발 구조를 변화시키는 것을 말한다. 과거 전열기기, 용 제 등에 반응하는 열 펌에 대응하여 실온 또는 상온이라는 개념으로 사용된다.
④ 찰스 네슬러(1936, 영국)는 스파이럴식의 전열 펌을 고안했다. 붕사 와 같은 알칼리 수용액을 웨이브 로션으로 사용하였으며 105~110° 의 전열기기로 가열하는 웨이브 펌 방식이다.

23 와이드(Wide) 웨이브는 정상(Crest)과 골(Trough)의 고저가 뚜렷하여 넓은 웨이브 형상을 나타낸다.

24 내로우 웨이브는 웨이브 폭이 좁고 급경사의 웨이브 형상을 나타낸다.

25 ① 교육부장관이 인정하는 고등기술학교에서 1년 이상 미용에 관한 소 정의 과정을 이수한 자

26 다공성 모발(손상모)은 프로세싱 타임을 짧게 한다.

27 ① 파상풍 - 녹슨 못
③ 트라코마 - 수건
④ 유행성 출혈열 - 들쥐(배설물)

28 콜드 펌 웨이브의 주성분은 티오글리콜산염이다.

29 크레졸은 물 등의 용매에 잘 녹지 않는 난용성이므로 비누액과 섞어 크 레졸 비누액으로 제조하여 사용한다.

30 300만 원 이하의 벌금
- 다른 사람에게 미용사의 면허증을 빌려주거나 빌린 사람
- 미용사의 면허증을 빌려주거나 빌리는 것을 알선한 사람
- 면허의 취소 또는 정지 중에 미용업을 한 사람
- 면허를 받지 아니하고 미용업을 개설하거나 그 업무에 종사한 사람

31
- 영아는 생후 1년 미만의 아이로서 환경악화나 비위생적 생활환경에 가장 예민하게 영향을 받는 시기이다.
- 영아사망률은 한 국가 간 또는 지역사회 간의 보건수준을 나타내는 가장 대표적인 지표이다.

32 그래쥬에이션 커트는 두상 외부(Exterior)에서 내부(Interior)로 갈수록 모발 길이에 점차적인 단차가 생기도록 자르는 기법이다. 점점 길어지거나 짧아지는 미세한 단차인 그라데이션은 무게감과 형태감을 갖는다.

33 노멀 테이퍼링은 모간 1/2 지점에서 폭 넓게 겉말음 테이퍼링 한다. 모발이 자연스럽게 테이퍼되어 생동감 있는 움직임이 생긴다.

34 펌 웨이브 시술에서의 프로세싱
- 언더 프로세싱 : 펌 용제 1액의 작용으로서 웨이브가 잘 형성되지 않거나 전혀 형성되지 않는 상태이다.
- 오버 프로세싱 : 펌 용제 1액의 작용이 지나치게 형성된 상태이다.

35 영업소 폐쇄명령을 받고도 계속하여 영업을 할 때 관계 공무원이 영업소를 폐쇄하기 위해 다음의 조치를 할 수 있다.
- 해당 영업소의 간판 기타 영업표시물의 제거
- 해당 영업소가 위법한 영업소임을 알리는 게시물 등의 부착
- 영업을 위하여 필수 불가결한 기구 또는 시설물을 사용 할 수 없게 하는 봉인

36 높은머리(일명 다까머리)는 근대(개화기) 이숙종에 의해 유행된 머리형태이다.

37 브러시는 열에 약하므로 건열소독 할 경우 형태가 비틀리고 충분히 소독되지 않는다.

38 미용 시술 시 올바른 작업 자세
- 작업 대상은 심장 높이 정도(평행)에 위치하도록 한다.
- 심장의 위치보다 낮게 작업 시 울혈을 일으키기 쉽다.

39 크레졸
- 석탄산에 비해 3배의 소독력을 지닌다.
- 피부 자극성이 없으며 유기물에서도 소독력이 있다.
- 바이러스에는 소독효과가 적으나 세균 소독에 효과가 있다.

40 ③ 미용사 자신의 의사표현보다는 고객의 의사가 우선적으로 다루어져야 한다.

41 논 스트리핑 샴푸제는 저자극성 샴푸제로서 손상모나 염색모에 가장 적합하다.

42 브러시는 털이 위로 가도록하여 햇볕에 말리면 빗살이 뒤틀릴 수 있으므로 소독처리 후 물로 헹구고 털을 아래로 하여 음지에서 말린다.

43
- 빗은 열과 화학제에 대한 내구성으로서 내열성이 좋아야 한다.
- 빗살 끝은 가늘고 너무 뾰족하거나 무디지 않아야 한다.

44 ① 선화축(잠금 나사)은 느슨하지 않아야 한다.
② 양날의 견고함이 다를 경우 부드러운 쪽의 날에 상한 자국이 남는다.
③ 도금된 가위는 강철의 질이 좋지 않아 피한다.
④ 날이 얇으면 협신이 가볍고 조작이 쉬워 기술 표현이 용이하다.

45 빗의 소독에는 석탄산수, 크레졸수, 포르말린수, 역성비누액 등을 사용한다.
① 빗은 열에 약하므로 증기소독은 피한다.
③, ④ 소독액에 오래 담가두면 빗이 휘어지므로 소독 후 물로 헹궈 마른 수건으로 잘 닦은 후 보관한다.

46 1875년 마셀 그라또우는 일시적 웨이브를 창안하였다.

47 빗살 끝에 대한 설명이다.

48 두정골은 포와 전발, 양반을 경계로 하고 있다.

49 ② 측두부 – 사이드 – 양빈
③ 두정부 – 크라운 – 곡
④ 후두부 – 네이프 – 포

50 고대 이집트에서는 자연적인 흑발에 헤나를 진흙에 개어서 바르고 태양광선에 건조시켰다.

51 쪽진(낭자)머리는 고대 삼국시대 기혼녀의 머리형태로, 뒤통수에서 땋은 두발을 낮게 틀어 비녀로 쪽을 지은 형태이다.

52 쪽진머리는 고대 삼국의 머리형태로 두발을 묶어서 목덜미 부분에 쪽을 지었다고 하여 쪽진머리라 하였다.

53 개체변발은 고려 후기 중국 원나라와 국혼관계로 인해 들어온 머리형태로, 정수리 부분의 두발만 땋아 늘어뜨리고 나머지 두발은 모두 밀어 버린 형태이다.

54 1920년대 김활란의 단발머리, 이숙종의 높은머리(일명 다까머리)가 혁신적인 변화를 가져다 주었다.

55 우리나라 현대미용의 시초는 1910년 한일합방 이후이다.

56 떠구지는 궁중에서 의식 때 모발 대신 나무로 만든 장식이다. 떠구지를 얹은 형태의 머리를 큰머리 또는 거두미라고 하였다.

57 아이론은 마셀과 킬로 마셀 웨이브를 형성시킨다.

58 손님 1인에 1회 사용해야 한다.

59 다공성모의 처치는 헤어 팩으로 한다.

60 약 알칼리성 샴푸제의 pH는 약 7.5~8.5이다.

제4회 상시대비 적중문제

 미용사(일반) CBT 문제풀이

수험번호:

수험자명:

⏰ 제한시간: 60분

01 공중위생관리법의 목적으로 옳은 것은? ★★

① 국민 삶의 질을 향상
② 국민의 건강증진에 기여
③ 국민의 체력 향상을 도모
④ 국민의 건전한 생활을 확보

02 염·탈색시킨 건조한 모발에 가장 효과적인 샴푸는? ★

① 약용 샴푸
② 에그 샴푸
③ 식물성 샴푸
④ 드라이 샴푸

03 미용업자의 준수사항 중 옳은 것이 아닌 것은? ★★

① 조명은 75룩스 이상이 유지되도록 한다.
② 1회용 면도날은 손님 1인에 한하여 사용한다.
③ 신고증과 함께 면허증 사본을 게시한다.
④ 소독을 한 기구와 하지 아니한 기구는 각각 다른 용기에 넣어 보관한다.

04 면역을 얻기 위해 생균제제를 사용하는 예방접종 방법은? ★

① 장티푸스
② 파상풍
③ 결핵
④ 디프테리아

05 간헐적으로 유행할 가능성이 있어 지속적으로 그 발생을 감시하고 방역대책이 요구되는 감염병은? ★★

① 말라리아
② 콜레라
③ 장염비브리오
④ 유행성이하선염

06 이·미용의 업무를 영업소 이외에서 행하였을 때 이에 대한 처벌 기준은? ★★

① 1년 이하의 징역 또는 1천만 원 이하의 벌금
② 300만 원 이하의 과태료
③ 200만 원 이하의 과태료
④ 100만 원 이하의 벌금

07 위그 사용목적이 아닌 것은? ★

① 가발을 선택하고 모양을 낸다.
② 개인적 선택에 의해서 모량의 유무와 관련 된다.
③ 패션에 의한 모발 길이, 종류, 볼륨 등에 따라 장식과 변화에 대한 연출과 관련된다.
④ 헤어 펌과 염색된 모발을 일시적으로 변화시킬 수 있는 실용적 편리와 관련된다.

08 이·미용사 면허증을 분실하여 재교부를 받은 자가 분실한 면허증을 찾았을 때 취하여야 할 조치로 해당되는 것은? ★

① 재교부 받은 면허증을 반납한다.
② 시장·군수·구청장에게 찾은 면허증을 반납한다.
③ 시·도지사에게 찾은 면허증을 반납한다.
④ 본인이 둘 다 소지하여도 상관없다.

09 이·미용 영업자의 지위를 승계한 자는 며칠 이내에 시장, 군수, 구청장에게 신고를 해야하는가? ★★

① 즉시
② 10일
③ 1월 이내
④ 6월 이내

10 머리형태가 이루어진 상태에서 튀어나오거나 빠져 나온 두발을 가위로 마무리하는 기법은? ★

① 틴닝
② 트리밍
③ 클리핑
④ 테이퍼링

11 이·미용업소에 반드시 게시하여야 할 내용은? ★★

① 이·미용 요금표
② 준수사항 및 주의사항
③ 면허증 사본
④ 미용업소 종사자 인적사항표

12 이·미용사의 면허취소, 공중위생영업의 정지, 일부 시설의 사용중지 및 영업소 폐쇄명령 등의 처분을 하고자 하는 때에 실시해야 하는 절차는? ★★

① 구두 통보
② 서면 통보
③ 청문
④ 공시

13 이·미용 기구 소독 기준으로 해당되지 않는 것은? ★

① 자외선소독 : 1㎠당 85㎼이상의 자외선을 10분 이상 쬐어준다.
② 크레졸소독 : 크레졸 3% 수용액에 10분 이상 담가둔다.
③ 열탕소독 : 100℃ 이상의 물속에 10분 이상 끓여준다.
④ 석탄산수소독 : 석탄산 3% 수용액에 10분 이상 담가둔다.

14 다음 중 1년 이하의 징역 또는 1천만 원 이하의 벌금에 처할 수 있는 사항은? ★★

① 면허정지 기간 중에 영업을 한 자
② 영업의 신고를 하지 아니하고 영업을 한 자
③ 영업의 허가를 받지 아니하고 영업을 한 자
④ 중요사항 변경신고를 하지 않은 자

15 다음 중 공중위생영업 위법 사항 중 가장 무거운 벌칙 기준에 해당하는 자는?

① 신고를 하지 아니하고 영업한 자
② 관계 공무원 출입, 검사를 거부한 자
③ 변경신고를 하지 아니하고 영업한 자
④ 면허정지 처분을 받고 그 정지 기간 중에 업무를 행한 자

16 이 · 미용 영업자에 대한 지도, 감독을 위해 관계 공무원의 출입, 검사를 거부, 방해한 자에 대한 처벌 규정은?

① 100만 원 이하의 벌금 　② 100만 원 이하의 과태료
③ 200만 원 이하의 과태료 　④ 300만 원 이하의 과태료

17 유리 과립질은 피부 표피 내의 어떤 세포층인가?

① 과립층 　② 유극층
③ 기저층 　④ 투명층

18 일반적인 피부의 각화주기는?

① 1주 　② 2주
③ 3주 　④ 4주

19 공중위생영업자가 준수하여야 할 위생관리 기준은 다음 중 어느 것으로 정하고 있는가?

① 노동부령 　② 대통령령
③ 국무총리령 　④ 보건복지부령

20 공중위생영업소의 위생관리 수준을 향상시키기 위하여 위생서비스 평가계획을 수립하는 자는?

① 보건복지부장관 　② 시장 · 군수 · 구청장
③ 시 · 도지사 　④ 행정자치부장관

21 네팅(Netting) 중에서 손뜨기에 대한 설명이 아닌 것은?

① 모류에 따라 모발을 심을 수 있다.
② 두상의 크기에 따라 조절이 가능하여 신축성 있게 심을 수 있다.
③ 발제선과 가르마에 정교하고 자연스럽게 모발을 심어 질이 뛰어나다.
④ 다양한 색상과 스타일을 만들 수 있어 과감한 변신이나 치장에 유용하다.

22 이 · 미용사의 면허증을 다른 사람에게 대여한 때의 1차 위반 기준에 해당되는 것은?

① 영업정지 1월 　② 면허정지 1월
③ 면허정지 2월 　④ 면허정지 3월

23 신고를 하지 아니하고 영업장의 면적을 3분의 1 이상 변경한 때의 1차 위반 행정처분 기준은?

① 경고 또는 개선명령 　② 영업정지 10일
③ 영업정지 15일 　④ 영업장 폐쇄명령

24 미용업자가 점 빼기, 귓불 뚫기, 쌍꺼풀 수술, 문신, 박피술 그 밖에 이와 유사한 의료행위를 위반했을 때 1차 행정 처분의 경우는?

① 개선명령 　② 영업정지 2월
③ 영업정지 3월 　④ 영업장 폐쇄명령

25 영업소 외에서 미용업무를 할 수 없는 경우에 해당 되는 것은?

① 관할 소재동 지역 내에서 주민에게 미용을 하는 경우
② 혼례나 기타 의식에 참여하는 자에 대하여 그 의식의 직전에 미용을 하는 경우
③ 특별한 사정이 있다고 인정하여 시장 · 군수 · 구청장이 인정하는 경우
④ 질병, 기타의 사유로 인하여 영업소에 나올 수 없는 자에 대하여 미용을 하는 경우

26 공중위생관리법상 미용업의 정의로 가장 올바른 것은?

① 손님의 머리를 손질하여 손님의 용모를 아름답고 단정하게 하는 영업
② 손님의 머리카락을 다듬거나 하는 등의 방법으로 손님의 용모를 단정하게 하는 영업
③ 손님의 얼굴 등에 손질을 하여 손님의 외모를 아름답게 꾸미는 영업
④ 손님의 얼굴, 머리, 피부 등을 손질하여 손님의 외모를 아름답게 꾸미는 영업

27 기구의 멸균에 가장 적합한 소독방법은?

① 소각소독법 　② 자비소독법
③ 자외선소독법 　④ 고압증기멸균법

28 다음 중 환경위생과 오염물의 상호 관계가 잘못 연결된 것은?

① 하수 오염의 지표 – 탁도
② 대기오염의 지표 – SO_2
③ 실내공기 오염의 지표 – CO_2
④ 상수 오염의 생물학적 지표 – 대장균

29 보건행정의 목적에 포함되는 내용이 아닌 것은?

① 국민의 수명연장 　② 질병예방
③ 수질 및 대기보전 　④ 공적인 행정활동

30 알칼리 산화 염모제의 pH로서 가장 적절한 것은?

① pH 6~7 　② pH 7~8
③ pH 8~9 　④ pH 9~10

31 다음 중 연결된 내용이 옳은 것은?

① 화장품 - 장기간, 지속적으로 사용가능하다.
② 의약외품 - 질병치료만을 위하여 사용된다.
③ 의약품 - 전신에 사용하며 의사처방을 필요로 한다.
④ 화장품 - 피부병의 예방과 치료를 위하여 사용된다.

32 위반행위자와 그 법인 또는 개인에게도 해당조문의 벌금형을 과하는 양벌규정의 대상이 되는 위반 행위가 아닌 것은?

① 이·미용업소의 위생관리 의무를 지키지 아니한 경우
② 면허 정지 중 이·미용업을 한 경우
③ 이·미용업자의 지위를 승계한 자로서 신고를 하지 아니한 경우
④ 영업 신고를 하지 않고 이·미용업을 한 경우

33 먹는 물의 염소소독 등에 관한 수질기준에서 유리잔류염소량의 기준은?

① 1mg/L를 넘지 아니할 것
② 0.2mg/L를 넘지 아니할 것
③ 4mg/L를 넘지 아니할 것
④ 0.5mg/L를 넘지 아니할 것

34 염색 시 특히 신생부 및 기염부의 테스트에 유의해야 하는 것은?

① 재염색
② 흰머리 염색
③ 버진헤어틴트
④ 긴머리 염색

35 우리나라에서 암 발병자 중 사망자 수가 가장 높은 것은?

① 자궁암
② 폐암
③ 췌장암
④ 유방암

36 커트 시술 시 두부를 5등분으로 나누었을 때 관계 없는 명칭은?

① 톱
② 사이드
③ 헤드
④ 네이프

37 엔드페이퍼의 사용범위가 아닌 것은?

① 끼워말기
② 두겹말기
③ 홑겹말이
④ 수직말기

38 웨이브가 가장 잘 형성되는 모질은?

① 경모
② 백모
③ 지방과다모
④ 흡수성모

39 탄수화물의 최종 분해산물은?

① 아미노산
② 글리세린
③ 지방산
④ 포도당

40 피부소독용으로 가장 많이 사용하는 알코올 농도는?

① 에틸 90%
② 메틸 90%
③ 에틸 70%
④ 메틸 80%

41 에센셜 오일 추출법이 아닌 것은?

① 증류
② 압축
③ 용매
④ 응고

42 미용도구에 속하지 않은 것은?

① 헤어드라이어
② 가위
③ 빗
④ 브러시

43 겨드랑이 냄새는 어떤 분비물에 속하는가?

① 콜레스테롤
② 에크린선
③ 스테로이드
④ 아포크린선

44 일반적으로 돼지고기로부터 감염되지 않는 것은?

① 유구조충
② 무구조충
③ 선모충증
④ 살모넬라

45 소독액의 농도를 표시할 때 사용되는 단위로 용액 100mL 속에 용질의 함량을 표시하는 수치는?

① 퍼센트
② 퍼밀리
③ 피피엠
④ 푼

46 켈로이드의 설명으로 옳은 것은?

① 결합조직이 증대
② 탄력섬유의 감소
③ 기질의 감소
④ 멜라닌 세포 증대

47 공중보건산업의 기본개념에 따라 우선적으로 관리하여야 하는 대상은?

① 폐결핵환자
② 암환자
③ 심장질환자
④ 당뇨병환자

48 다음 중 가는 로드를 사용한 콜드 퍼머넌트 직후에 나오는 웨이브로 가장 가까운 것은?

① 호리존탈 웨이브
② 내로우 웨이브
③ 와이드 웨이브
④ 섀도우 웨이브

49 과산화수소를 이용하는 염모제와 관련한 설명으로 가장 거리가 먼 것은?

① 직사광선 피하고 서늘한 곳에 보관
② 시술 전 패치테스트
③ 1제와 2제 혼합 후 신속하게 사용
④ 사용하는 용기에 금속제 사용

50 피지선의 활성을 높여주는 호르몬은?

① 안드로겐
② 에스트로겐
③ 인슐린
④ 멜라닌

51 감귤류의 정유를 추출할 때 주로 사용하는 방법은?

① 수증기 증류법   ② 비휘발성 용매추출법
③ 냉각 압축법   ④ 휘발성 용매추출법

52 병원균의 내성이 뜻하는 것은?

① 인체가 약에 대하여 저항성을 지닌 것
② 약이 균에 대해 유효한 것
③ 균이 약에 대하여 저항성이 있는 것
④ 균이 다른 균에 대하여 저항성이 있는 것

53 다음 중 소독용 알코올의 적정 농도는?

① 30%   ② 50%
③ 70%   ④ 90%

54 ★ 세계보건기구에서 규정한 건강의 정의인 것은?

① 육체적으로 완전히 양호한 상태
② 정신적으로 완전히 양호한 상태
③ 질병이 없고 허약하지 않은 상태
④ 육체적, 정신적, 사회적 안녕이 완전한 상태

55 ★ 수질오염을 측정하는 지표로서 물에 녹아있는 유리산소를 의미하는 것은?

① 용존산소(DO)   ② 수소이온농도(pH)
③ 화학적산소요구량(COD)   ④ 생물화학적산소요구량(BOD)

56 ★ 다음 중 비타민과 그 결핍증과의 연결이 틀린 것은?

① 비타민 B_2 - 구각, 각막염   ② 비타민 C - 각기병
③ 비타민 D - 구루병   ④ 비타민 E - 불임증

57 ★ 95%의 에틸알코올 200cc가 있다. 이것을 70% 정도의 에틸알코올로 만들어 소독용으로 사용하고자 할 때 얼마의 물을 더 첨가하면 되는가?

① 약 70cc   ② 약 140cc
③ 약 25cc   ④ 약 50cc

58 ★ 다음 중 매개 곤충이 전파하는 감염병과 연결이 잘못된 것은?

① 벼룩 - 흑사병   ② 모기 - 황열
③ 파리 - 사상충   ④ 진드기 - 유행성출혈열

59 ★ 다음 중 소독방법과 소독대상이 바르게 연결된 것은?

① 화염멸균법 - 의류   ② 자비소독법 - 기름
③ 고압증기멸균법 - 면도날   ④ 건열멸균법 - 파우더

60 ★ 미생물을 대상으로 한 작용이 강한 것부터 나열된 것은?

① 멸균 〉 소독 〉 살균 〉 청결 〉 방부
② 멸균 〉 살균 〉 소독 〉 방부 〉 청결
③ 살균 〉 멸균 〉 소독 〉 방부 〉 청결
④ 소독 〉 살균 〉 멸균 〉 청결 〉 방부

제4회 상시대비 적중문제

01	02	03	04	05	06	07	08	09	10
②	②	③	③	①	③	①	②	③	②
11	12	13	14	15	16	17	18	19	20
①	③	①	②	①	④	①	④	④	③
21	22	23	24	25	26	27	28	29	30
④	④	①	②	①	④	④	①	③	④
31	32	33	34	35	36	37	38	39	40
①	①	②	③	②	③	①	④	④	③
41	42	43	44	45	46	47	48	49	50
④	①	③	②	①	①	①	②	④	①
51	52	53	54	55	56	57	58	59	60
③	③	③	④	①	②	①	③	④	②

01 공중위생관리법의 목적은 공중이 이용하는 영업과 시설의 위생관리 등에 관한 사항을 규정함으로써 위생수준을 향상시켜 국민의 건강증진에 기여하는 것이다.

02 에그 샴푸는 단백질 샴푸로 건조모나 염색모에 주로 사용한다.

03 ③ 면허증 원본을 게시한다.

04 생균 백신은 두창, 탄저, 결핵, 홍역, 황열, 광견병, 폴리오 등의 예방접종방법이다.

05 전 세계적으로 가장 많이 이환되는 급성 감염병이다. 양성 3일열 원충이 병원체로서 중국 얼룩날개모기가 전파한다.

06 200만 원 이하 과태료
- 위생교육을 받지 아니한 자
- 영업소 이외의 장소에서 미용 업무를 행한 자
- 미용업소의 위생관리 의무를 지키지 아니한 자

07 ①은 가발사의 역할로서 가발사는 고객의 외모를 돋보이도록 가발 제조·조립을 하고, 미용효과 등에 따른 가발을 선택하고 모양을 낸다.

08 이·미용사 면허증을 분실하여 재교부를 받은 경우 분실한 면허증을 찾았을 때 시장, 군수, 구청장에게 찾은 면허증을 반납하여야 한다.

09 공중위생업자의 지위를 승계하는 자는 1월 이내에 보건복지부령이 정하는 바에 따라 시장, 군수, 구청장에게 신고하여야 한다.

10 클립(Clip)은 언저리 부분에 있는 가장자리를 잘라낸다는 뜻으로 클리핑은 튀어나오거나 빠져나온 불필요한 모발을 잘라내어 마무리하는 기법을 말한다.

11 영업장에 미용업 신고증, 개설자의 면허증 원본 및 미용 요금표를 게시하여야 한다.

12 시장, 군수, 구청장은 미용사 면허취소 및 정지, 영업의 정지, 일부 시설의 사용중지 및 영업소 패쇄명령 등의 처분을 하고자 하는 때에는 청문을 해야 한다.

13 ① 자외선 소독은 1㎠당 85㎼ 이상의 자외선을 20분 이상 쬐어준다.

14 1년 이하의 징역 또는 1천만 원 이하의 벌금
- 영업의 신고 규정에 의한 신고를 하지 아니한 자
- 영업정지 명령 또는 일부 시설 사용중지 명령을 받고도 그 기간 중에 영업을 하거나 그 시설을 사용한 자 또는 영업소 폐쇄명령을 받고도 계속하여 영업을 한 자

15 ① 1년 이하의 징역 또는 1천만 원 이하의 벌금
② 300만 원 이하의 과태료
③ 6월 이하의 징역 또는 500만 원 이하의 벌금
④ 300만 원 이하의 벌금

16 300만 원 이하의 과태료
- 규정에 의한 보고를 하지 않거나 관계 공무원의 출입, 검사, 기타 조치를 거부, 방해 또는 기피한 자
- 개선명령 위반한 자

17 케라토히알린(각화 유리질과립)이 작용하며, 수분 증발을 막아 주고 물의 침투에 대한 방어막을 형성한다.

18 기저층에서 각질층까지의 각화주기는 28일이다.

19 공중위생영업자가 준수하여야 할 위생관리기준은 보건복지부령이 정한다.

20
- 위생서비스 평가계획권자 : 시·도지사
- 위생서비스 평가계획 통보를 받는 관청 : 시장, 군수, 구청장

21 ④는 기계뜨기에 관한 설명이다.

22 1차 위반 시 면허정지 3월, 2차 위반 시 면허정지 6월, 3차 위반 시 면허취소

23 1차 위반 시 경고 또는 개선명령, 2차 위반 시 영업정지 15일, 3차 위반 시 영업정지 1월, 4차 위반 시 영업장 폐쇄명령

24 1차 위반 시 영업정지 2월, 2차 위반 시 영업정지 3월, 3차 위반 시 영업장 폐쇄명령

25 영업소 외에서 미용업무를 할 수 있는 경우
- 질병 기타의 사유로 인하여 영업소에 나올 수 없는 자에 대하여 미용을 하는 경우
- 혼례, 기타 의식에 참여하는 자에 대하여 그 의식 직전에 미용을 하는 경우
- 사회복지시설에서 봉사활동으로 미용을 하는 경우
- 방송 등의 촬영에 참여하는 사람에 대하여 그 촬영 직전에 미용을 하는 경우
- 위의 네 가지 사정 외에 특별한 사정이 있다고 시장, 군수, 구청장이 인정하는 경우

26 미용업이란 손님의 얼굴, 머리, 피부 등을 손질하여 손님의 외모를 아름답게 꾸미는 영업을 말한다.

27 고압증기멸균법은 현재 가장 널리 이용되는 멸균법으로 고온·고압의 수증기를 미생물이나 포자 등과 접촉시켜 사멸하는 방법이다. 대상물은 수술기구 등의 금속제품, 린넨류, 실험용 기자재, 액체약병, 면포나 종이에 싼 고무장갑, 주사기, 봉합사, 고무재료 등이며 소독방법은 120~135℃의 온도에 15~20분간 방치한다.

28 하수오염의 지표는 BOD, COD, DO 등이다.

29 보건행정은 질병의 예방, 건강증진, 건강수명 연장 등에 따른 공중보건의 원리 및 공적, 사적 조직을 포함한 일련의 행정활동이다.

30 산화염모제의 pH는 9~10 정도이다.

31 ② 의약외품은 어느 정도 약리학적 효능, 효과가 있는 클렌징, 세정효과의 제품과 소독제, 마스크, 염모제, 탈색제 등이 있다.
③ 의약품이란 약리학적 영향을 줄 목적으로 특정 부위에 단기간 또는 일정기간 사용하는 연고, 항생제 등의 물품이다.
④ 화장품은 인체를 청결, 미화하여 매력을 더하고 용모를 밝게 변화시키거나 건강을 유지 또는 증진시키기기 위한 제품으로 피부병의 예방과 치료를 위하여 사용되는 것이 아니다.

32 이·미용업소의 위생관리 의무를 지키지 아니한 경우는 200만 원 이하의 과태료이다.

33 염소 살균제
- pH의 저하에 따라 살균력이 증가한다.

- 상수도의 수돗물 소독에는 액상의 차아염소산염이 이용된다.
- 소량의 우물물이나 수영장물 소독에는 표백분(클로르칼크)이 사용된다.
- 염소 주입량은 수질에 따라 다르지만 보통 0.2~1.0ppm이다.
- 경제적이고 간편한 조작에 비해 소독력이 강하다.
- 염소 자체의 독성 및 냄새 등은 단점이 되기도 한다.
- 우물물 소독 시의 잔류염소량은 0.2~0.4ppm 정도이다.

34 버진헤어란 파마나 컬러링을 한 번도 시술한 적이 없는 자연 상태 그대로의 생머리로 패치테스트(알레르기 반응검사)와 스트랜드 테스트(모발 가닥 색조검사)를 반드시 하여야 한다.

35 우리나라에서 암 발병자 중 사망자 수가 가장 높은 암은 폐암이다.

36 두부영역은 프론트, 톱, 사이드, 크라운, 네이프로 나뉜다.

37 엔드페이퍼의 사용범위는 두겹말기, 홑겹말기, 수직말기가 포함된다.

38 ① 경모(센털)는 두꺼운 모발로 모발 직경은 0.1~0.12mm이다.
② 백모는 노화에 의해 발생되는 증상이다.
③ 지방과다모는 모발에 유분기가 과하게 발생된 모발을 말한다.

39 ① 단백질의 최종 분해산물은 아미노산이다.
② 글리세린은 보습제 성분에 포함된다.
③ 지방의 최종 분해산물은 지방산이다.

40 피부소독은 에틸알코올 70% 수용액을 사용한다.

41 에센셜 오일 추출법은 증류법, 용매법, 압축법이다.

42 헤어드라이어는 미용기구이다.

43 대한선(아포크린선)은 사춘기 이후에 겨드랑이, 생식기 주위, 유두, 배꼽 등에 분포된다.

44 무구조충은 쇠고기를 덜 익혀 먹었을때 감염된다.

45
- 100ml, 퍼센트(%) : 수용액 100ml 중에 소독제(용질)의 양이 얼마만큼 포함되었는지를 나타내는 수치
- 1,000ml, 퍼밀리(‰) : 수용액 1,000ml 중에 소독제(용질)의 양이 얼마만큼 포함되었는지 나타내는 수치
- 100만ml, ppm : 수용액 100만ml 중에 소독제(용질)의 양이 얼마만큼 포함되었는지를 나타내는 수치

46 켈로이드는 피부가 결합조직이 이상증식하여 단단하게 융기한 것이다.

47 폐결핵은 전염병이므로 우선적으로 관리해야할 대상이다.

48 ①은 모다발 내 모근은 느슨하고 모간 끝은 강한 웨이브를 형성한다.
③은 정상과 골의 고저가 뚜렷하여 넓은 웨이브 형상을 나타낸다.
④는 정상과 골이 고저가 뚜렷하지 못하여 희미한 웨이브를 형성한다.

49 과산화수소는 빛 또는 열 오염균 물질에 약하며 금속성분이나 유기체(세균) 등에 의해 쉽게 분해되거나 휘발된다.

50 피지의 분비는 남성호르몬인 안드로겐의 영향을 받는다.

51 감귤류 및 비타민 C 계열은 압축법을 이용하여 정유를 추출한다.

52 내성이란 균이 약에 대하여 가지는 저항이다. 균이 약에 대하여 저항성이 강한 균주로 변했을 경우에 그 세균은 내성을 가졌다고 한다.

53 에틸알코올은 70% 수용액을 사용한다.

54
- 원슬로우의 공중보건학 정의 : 조직적인 지역사회의 노력을 통해서 질병을 예방하고 수명을 연장시키며 육체적·정신적 효율을 증진시키는 기술이며 과학이다.
- WHO 정의 : 신체적·정신적·사회적으로 완전히 안녕한 상태이다.

55
- 용존산소량(DO)은 물에 녹아 있는 산소, 즉 용존산소를 말한다.
- DO는 높을수록 좋다.
- BOD가 높을때 DO는 낮아진다.
- 온도가 낮아질수록 DO는 증가된다.
- 생물이 생존할 수 있는 DO는 5ppm 이상이다.

56 비타민 C 결핍 시 괴혈병이 나타나며, 각기병은 비타민 B_1 결핍 시 발생한다.

57 소독약의 농도

$$소독약의\ 농도(\%) = \frac{용질(소독약)}{용액(희석량)} \times 100$$

58 파리는 참호열, 쯔쯔가무시병을 전파하며, 사상충증은 모기가 옮기는 질병이다.

59 건열멸균법은 초자용품, 금속제품, 도자기, 유리제품, 광물유, 파라핀, 바셀린이나 분말(파우더)제품 등의 소독에 사용된다. 140℃에서 4시간 또는 160~180℃에서 1~2시간 실시한다.

60 멸균 〉 살균 〉 소독 〉 방부 〉 위생 순으로 미생물을 대상으로 하는 소독 작용이 강하다.

미용사(일반) CBT 문제풀이 | 수험번호: | 수험자명: | 제한시간: 60분

01 다음 중 뒤통수에 낮게 땋아 감아 올려 비녀를 꽂은 머리 형태는?

① 민머리
② 얹은머리
③ 푼기명식머리
④ 쪽진머리

02 모량이 많으며 굵은 두발인 경우 베이스 크기와 로드의 굵기의 관계가 옳은 것은?

① 베이스 모양을 크게 하고 로드 직경은 큰 것을 사용한다.
② 베이스 모양을 작게 하고 로드 직경은 큰 것을 사용한다.
③ 베이스 모양을 크게 하고 로드 직경은 작은 것을 사용한다.
④ 베이스 모양을 작게 하고 로드 직경은 작은 것을 사용한다.

03 내로우 웨이브의 특징인 것은?

① 정상이 뚜렷하지 않은 좁은 웨이브
② 파장이 극단으로 많은 좁은 웨이브
③ 골이 뚜렷하지 않고 넓은 웨이브
④ 리지가 눈에 띄지 않는 넓은 웨이브

04 헤어 컬링 시 1개의 컬을 할만큼의 두발량을 얇게 갈라 잡는 것을 무엇이라 하는가?

① 리본딩
② 엔코우
③ 스케일
④ 컬리스

05 다음 중 백모염색 시 사용되는 영구 염모제의 주성분인 것은?

① 오쏘트릴렌다이아민
② 니트로페닐렌다이아민
③ 모노니트로페닐렌다이아민
④ 파라페닐렌다이아민

06 빗 선택 시 고려할 사항으로 바른 것은?

① 빗살이 두꺼운 것을 고른다.
② 빗살 끝이 뾰족한 것을 고른다.
③ 빗은 내수성이 있는 것이 좋지 않다.
④ 빗살의 두께나 길이는 균일한 것이 좋다.

07 커트형에서 윗부분 머리가 짧고, 아래가 길어 단차가 큰 커트는?

① 하이 그래듀에이션
② 미디움 그래듀에이션
③ 로우 그래듀에이션
④ 인크리스트 레이어드

08 마셀 웨이브 시술 시 아이론의 적정한 온도는?

① 100~120℃
② 50~100℃
③ 120~140℃
④ 150℃ 이상

09 1차적 피부장애로서 직접적인 초기 손상(원발진)을 일으키는 것은?

① 면포
② 균열
③ 가피
④ 찰상

10 대상포진의 특징에 대한 설명인 것은?

① 감염되지는 않는다.
② 수두 세균성 감염을 앓은 후 재발생된다.
③ 입술이나 콧구멍의 주위에 가끔 발생한다.
④ 지각신경 분포를 따라 군집 수포성 발진이 생기며 통증이 동반된다.

11 연지는 뺨에, 곤지는 이마에 발라 신부화장이 대중화된 시기는?

① 고려 초기
② 조선 초기
③ 고려 중엽
④ 조선 중엽

12 두발의 자연적 윤곽을 강조하기 위하여 후두부 부분을 치켜 올려 자르는 기법은?

① 클리핑
② 싱글링
③ 트리밍
④ 슬라이더링

13 펌 용제 1액 처리 중 언더 프로세싱(Under processing)의 설명으로 옳지 않은 것은?

① 언더 프로세싱은 1액 처리시간이 과도하게 오버했다는 뜻이다.
② 언더 프로세싱일 때에는 모발의 웨이브가 거의 나오지 않는다.
③ 언더 프로세싱일 때에는 처음에 사용한 솔루션보다 약한 제1액을 다시 도포한다.
④ 제1액 도포한 후 테스트 컬로서 언더 프로세싱 여부가 판명된다.

14 자각증상 없이 원형 혹은 타원형의 형태로 탈모가 일어나는 탈모 유형은?

① 백모증
② 무모증
③ 원형 탈모증
④ 견인성 탈모증

15 에르고스테롤이 자외선을 받으면 어떤 비타민이 합성되는가?

① 비타민 A
② 비타민 C
③ 비타민 D
④ 비타민 K

16 웨이브 펌 시 비닐 캡을 씌우는 이유 및 목적이 아닌 것은?

① 제1액의 피부염 유발 위험을 줄인다.
② 체온의 방산을 막아 솔루션의 작용을 촉진한다.
③ 환원제의 작용이 두발 전체에 골고루 진행되도록 돕는다.
④ 공기 중으로의 휘발을 방지하여 환원력을 높여준다.

17 간유, 버터, 달걀, 우유 등에 주로 함유되어 있으며 결핍 시 피부가 건조해지거나 각질층이 두터워지며 세균감염을 일으키기 쉬운 비타민은?

① 비타민 A
② 비타민 B
③ 비타민 C
④ 비타민 D

18 피부 내 수분이나 일부의 물질을 통과시키지 못하게 하는 흡수 방어벽은 어느 층 사이에 있는가?

① 투명층과 과립층 사이
② 각질층과 투명층 사이
③ 유극층과 기저층 사이
④ 과립층과 유극층 사이

19 생명표의 표현에 사용되는 함수들은?

ㄱ. 생존 수	ㄴ. 사망 수
ㄷ. 생존률	ㄹ. 평균여명

① ㄱ, ㄷ
② ㄴ, ㄹ
③ ㄱ, ㄴ, ㄷ
④ ㄱ, ㄴ, ㄷ, ㄹ

20 임신초기에 이환되면 태아에게 치명적인 영향을 주어 선천성 기형아를 낳을 수 있는 질환은?

① 홍역
② 풍진
③ 백일해
④ 폴리오

21 헤어라인 중 E.P에서 N.S.C.P를 연결한 선을 무엇이라고 하는가?

① 목선
② 목옆선
③ 측두선
④ 측중선

22 웨이브 펌 시 두발의 끝이 자지러지는 원인이 아닌 것은?

① 오버 프로세싱 되었을 때
② 너무 가는 로드를 사용하였을 때
③ 발수성모에 시술을 하였을 때
④ 두발 와인딩 시 텐션을 약하게 하였을 때

23 컬의 루프가 귓바퀴를 따라 말린 스탠드업 컬은?

① 스컬프처 컬
② 플래트 컬
③ 리버스 스탠드업 컬
④ 포워드 스탠드업 컬

24 다음 중 피부의 촉각점이 가장 적게 분포하는 감각기관은?

① 손 끝
② 입술
③ 눈꺼풀
④ 발바닥

25 다음 소독의 분류에서 할로겐 화합물이 아닌 것은?

① 표백분
② 아크리놀
③ 염소산칼슘
④ 아이오딘(요오드)

26 과산화수소 6%에 대한 설명으로 맞는 것은?

① 10볼륨
② 20볼륨
③ 30볼륨
④ 40볼륨

27 네팅에 대한 설명으로 연결이 틀린 것은?

① 손뜨기 - 가격이 비싸다.
② 기계뜨기 - 가격이 저렴하다.
③ 손뜨기 - 질이 뛰어나다.
④ 기계뜨기 - 자연스럽다.

28 피부 색소를 퇴색시키는 미백작용 비타민은?

① 비타민 A
② 비타민 B
③ 비타민 C
④ 비타민 D

29 다음 중 지성피부 관리에 알맞은 크림은?

① 콜드 크림
② 라놀린 크림
③ 바니싱 크림
④ 에모리엔트 크림

30 미용업소에서 소독하지 않은 레이저를 사용할 시 전파될 수 있는 질병은?

① 파상풍
② B형간염
③ 트라코마
④ 유행성 출혈열

31 개성미 관찰·파악의 첫 단계는?

① 구상
② 보정
③ 제작
④ 소재

32 두상의 상부(내측)로 갈수록 길고 하부(외측)로 갈수록 짧게 함으로써 길이에 작은 단차가 생기게 하는 커트 형태는?

① 레이어드
② 이사도라
③ 스파니엘
④ 그래듀에이션

33 혈관과 신경이 연결되어 영양을 주거나 모발의 성장을 담당하는 부위는?

① 모낭
② 모근
③ 모관
④ 모유두

34 피부의 각화작용을 정상화시키며, 피지 분비를 억제하여 각질연화제로 많이 사용되는 비타민은?

① 비타민 A
② 비타민 B
③ 비타민 C
④ 비타민 D

35 다음 중 화학적인 필링제로서 각질 제거제로 사용되는 것은?

① AHA(α-Hydroxy acid)
② 프로폴리스
③ 토코페롤(비타민 E)
④ 인삼 추출물

36 다음 내용의 법정감염병 중 제2군감염병이 아닌 것은?

① 말라리아
② 파상풍
③ 일본뇌염
④ 유행성이하선염

37 미용실 바닥 소독제로 주로 사용하는 것은?

① 알코올
② 크레졸
③ 생석회
④ 승홍수

38 살균력이 강하며 맹독성이 있으며 무색, 무취하여 푸크신액으로 착색하여 사용하는 소독제는?

① 석탄산수
② 포르말린수
③ 승홍수
④ 크레졸 비누액

39 수렴화장수의 주요 성분이 아닌 것은?

① 습윤제　　　　　　② 알코올
③ 정제수　　　　　　④ 표백제

40 공중위생영업자의 지위를 승계받은 자가 시장, 군수, 구청장에게 신고를 해야 하는 기간은?

① 20일 이내　　　　② 1월 이내
③ 2월 이내　　　　　④ 3월 이내

41 근대 미용의 역사에 대한 설명으로 옳은 것은?

① 해방(광복) 이전 김상진에 의해 현대미용 학원이 설립되었다.
② 1933년 일본인이 화신백화점 내에 처음으로 미용실을 개원했다.
③ 해방 전 최초의 미용교육기관은 정화고등기술학교이다.
④ 오엽주는 일본에서 미용기술을 배워 화신백화점 내에 미용원을 열었다.

42 헤어 리컨디셔닝 시 준비물이 아닌 것은?

① 샴푸제　　　　　　② 브러시
④ 헤어 스티머　　　　③ 히팅 캡

43 그라데이션 기법의 라인드로잉과 시술 각도는?

① 대각선, 20°　　　　② 대각선, 45°
③ 수직선, 90°　　　　④ 수직, 120°

44 컬(Curl)의 구성요소에 해당되지 않는 것은?

① 루프(Loop)　　　　② 스템(Stem)
③ 베이스(Base)　　　④ 크레스트(Crest)

45 모발색(자연 모발색 또는 탈색처리모 등)을 10등급으로 구분하였을 때 연결이 잘못된 것은?

① 2등급 - 어두운(중간) 검정 → 적갈색(적보라) → 빨강 + 보라(보라)
② 5등급 - 중간 갈색(적색) → 주황색(오렌지) → 오렌지 + 약간의 빨강(빨강)
③ 8등급 - 중간 금발 → 진한 노란색 → 노랑 + 약간의 오렌지(따뜻한 금빛)
④ 10등급 - 매우 밝은 금발 → 흐린 노란색 → 따뜻한 반사 빛(어둡게), 차가운 반사 빛(밝게)

46 아래 보기에서 설명하는 파팅에 관한 내용으로서 옳은 것은?

> 오른쪽 가르마, 왼쪽 가르마, 뒤로 향하는 사선 가르마, 아래로 향하는 사선 가르마

① 정중선　　　　　　② 측두선
③ 발제선　　　　　　④ 측수평선

47 다음 중 탄수화물, 지방, 단백질의 3가지 지칭하는 것은?

① 구성 영양소　　　　② 열량 영양소
③ 조절 영양소　　　　④ 구조 영양소

48 균 자체에 화학반응을 일으켜 세균의 생활력을 빼앗아 살균하는 것은?

① 물리적 멸균법　　　② 화염 멸균법
③ 여과 멸균법　　　　④ 화학적 살균법

49 여러 가지 꽃 향이 혼합된 세련되고 로맨틱한 향으로 아름다운 꽃다발을 안고 있는 듯한 느낌을 주는 향수의 타입은?

① 우디　　　　　　　② 오리엔탈
③ 플로랄 부케　　　　④ 싱글 플로랄

50 신고를 하지 아니하고 영업소 명칭(상호)을 변경한 때의 1차 위반 행정처분 기준은?

① 영업장 폐쇄명령　　② 경고 또는 개선명령
③ 영업정지 15일　　　④ 영업정지 1월

51 다음 중 피부의 면역기능에 관계하는 것은?

① 각질형성세포　　　② 랑게르한스세포
③ 색소형성세포　　　④ 머켈(인지)세포

52 피부 진균에 의하여 발생하며 습한 곳에서 발생빈도가 가장 높은 것은?

① 모낭염　　　　　　② 족부백선
③ 봉소염　　　　　　④ 대상포진

53 상피조직이 신진대사에 관여하며 각화 정상화 및 피부 재생을 돕고 노화 방지에 효과가 있는 비타민은?

① 비타민 C　　　　　② 비타민 E
③ 비타민 A　　　　　④ 비타민 K

54 피지선의 활성을 높여주는 호르몬은?

① 안드로겐　　　　　② 에스트로겐
③ 인슐린　　　　　　④ 멜라닌

55 소화기계(수인성) 감염병으로 엮인 것은?

① 장티푸스-파라티푸스-콜레라-간흡충증
② 콜레라-파라티푸스-세균성이질-폐흡충증
③ 장티푸스-파라티푸스-콜레라-세균성이질
④ 장티푸스-파라티푸스-간흡충증-세균성이질

56 지용성 비타민 E를 많이 함유한 식품은?

① 당근　　　　　　　② 맥아
③ 복숭아　　　　　　④ 유제품

57 식사 전 손 씻기, 인체 항문 주위의 청결유지 등을 필요로 하며 어린 연령층이 집단으로 감염되기 쉬운 기생충은?

① 회충　　　　　　　② 촌충
③ 요충　　　　　　　④ 십이지장충

58 미용업소에서 비말에 의한 공기 전파로 감염될 수 있는 것은?

① 뇌염　　　　　　　② 대장균
③ 장티푸스　　　　　④ 인플루엔자

59 출생률이 높고 사망률이 낮으며 14세 이하 인구가 65세 이상 인구의 2배를 초과하는 인구유형은?

① 별형
② 종형
③ 항아리형
④ 피라미드형

60 우리나라에서 의료보험을 전 국민에게 적용하게 된 최초의 시기는 언제부터인가?

① 1964년
② 1977년
③ 1988년
④ 1989년

정답 및 해설

제5회 상시대비 적중문제

01	02	03	04	05	06	07	08	09	10
④	②	②	③	④	④	④	③	①	④
11	12	13	14	15	16	17	18	19	20
④	②	①	③	③	①	①	①	④	②
21	22	23	24	25	26	27	28	29	30
②	③	④	④	②	②	④	③	③	②
31	32	33	34	35	36	37	38	39	40
④	④	④	①	①	①	④	③	④	②
41	42	43	44	45	46	47	48	49	50
④	①	②	④	④	②	②	④	②	②
51	52	53	54	55	56	57	58	59	60
②	②	③	①	③	②	③	④	④	④

01 쪽진(낭자)머리는 고대 삼국시대 기혼녀의 머리 형태로 뒤통수에서 땋은 두발을 낮게 틀어 비녀로 쪽을 지은 형태이다.

02 굵고 모량이 많은 모발은 베이스 크기는 작고 로드 직경은 큰 것을 사용하여 모발 숱이 적어 보이게 하면서 웨이브는 뚜렷한 효과를 갖게 한다.

03 내로우 웨이브는 웨이브 폭이 좁고 급경사의 웨이브 형상을 나타낸다.

04 스케일(Sclae)은 하나의 모다발로 나누어지는 판넬이다.

05 파라페닐렌다이아민(Paraphenylenediamine, PPDA)은 영구적 모발 염색제이다. 향족아민의 유도체로 염색 시 사용되며 분자의 치환체를 바꾸면서 여러 가지 색을 나타낼 수 있다.

06 빗은 모발을 분배하고 조정시켜 가지런히 하며, 떠 올려 각도를 만들거나 볼륨을 만든다.

07 • 인크리스트 레이어드(Increase layered)는 내측 모발에서 외측 모발을 향해 점진적으로 길어지는 구조이다.
• 활동적인 표면 질감을 만들어낸다.
• 헤어스타일의 모양은 곡선적인 면과 높낮이에서 늘어남이 있다.

08 마셀 웨이브 시 아이론은 120~140℃로 가열시켜 모발에 볼륨, 텐션이나 컬, 웨이브 등을 형성시킨다.

09 ②, ③, ④는 속발진에 속한다.

10 대상포진은 수두를 앓은 후 잠복해 있던 수두 바이러스에 의해 재발생된다.

11 조선 중기에 분과 연지, 곤지 등이 신부화장에 사용되기 시작하였다.

12 ②는 손으로 각도를 만들 수 없는 후두부의 짧은 모발에 빗살을 아래에서 위로 이동시키면서 빗살 밖으로 나와 있는 모발을 잘라내는 기법이다.

13 언더 프로세싱이란 펌 제1액의 프로세싱 타임이 웨이브 형성에 요구되는 시간보다 과도하게 지난 것을 의미한다.

14 원형 탈모증은 아무 이유 없이 모발이 동전 크기로 빠져있는 것을 말하며 대부분 1~2개월 사이에 모발이 자라 60%의 자연 치유력을 가진다.

15 에르고스테롤은 버섯류에 풍부하며, 자외선을 받으면 비타민 D_2로 전환된다.

16 비닐 캡
• 공기 중 산소와 접촉되지 않도록 한다.
• 환원제의 휘발 방지를 위해 사용한다.
• 모표피의 팽윤(Swelling)과 모피질 내 S-S 결합을 연화(Softening)시키기 위해 사용한다.

17 • 비타민 A는 상피보호 비타민으로서 피부를 건강하게 유지시키고, 시각세포 형성에 관여하며, 각질생성을 예방한다.

• 결핍 시 야맹증, 안구 건조증, 피부점막의 각질화 등의 증상이 나타난다.
• 간, 달걀, 해조류, 녹황색 채소 등에 풍부하다.

18 • 과립층은 외부 물질로부터 수분 침투를 막아준다.
• 투명층은 엘라이딘이라는 반유동 물질을 함유하고 수분에 의한 팽윤성이 있다.

19 생명표의 표현에 사용되는 함수는 생존 수, 사망 수, 생존율, 평균여명 등이 있다.

20 풍진은 임신 초기에 감염률이 매우 높고 선천성 기형을 유발할 수 있어 주의해야 하는 질환이다.

21 헤어라인(Hair line)에는 얼굴선(Hem line), 목 옆선(Nape side line), 목선(Nape line)이 있고, E.P에서 E.B.P를 지나 N.S.C.P까지 이어지는 발제선을 목옆선이라고 한다.

22 발수성모는 모표피가 촘촘해서 모표피 팽윤이 잘 안 된다. 따라서 1액으로 전처리 과정이 요구된다.

23 루프가 두상 90~135°로 안말음형(귓바퀴 방향)으로 컬리스된다.

24 손·발바닥은 독립 피지선이 존재하며, 두껍고, 촉각점이 가장 적게 분포한다.

25 할로겐 화합물은 염소, 요오드, 염소산칼슘, 표백분(클로르칼크) 등이다.

26 용액(100%)에 물(94%)과 과산화수소(6g)를 포함하는 6% H_2O_2는 20볼륨으로서 H_2O_2한 분자가 20개의 산소원자를 방출한다.

27 기계뜨기는 정교함이 부족하여 인위적인 느낌이 나는 반면 가격이 저렴하다.

28 멜라닌 형성을 저지하여 미백작용과 노화방지에 도움을 주는 비타민이다.

29 • 바니싱(Vanishing) 크림은 데이 크림이라고도 한다.
• 피부 도포 시 피막을 형성하지 않고 흡수된다.
• 피부에 수분 공급을 하며 피부를 보존한다.

30 B형간염 바이러스를 병원체로 하여 환자 혈액, 타액, 성접촉, 면도날 등에 의해 전파된다.

31 미용에서의 소재는 신체 일부분인 모발이다. 이는 각각의 사람마다 일률적이지 못하므로 개성미를 파악하는 것이 필수이다.
미용의 과정은 고객의 모발을 소재로 머리 형태를 완성시켜가는 4가지 절차로서 소재 → 구상 → 제작 → 보정이다.

32 그래듀에이션 커트 형태
• 삼각형을 이루며 두상으로부터 모발을 들어 올리면서 제작되는 스타일이다.
• 모발을 얼마나 높이 들어 올리느냐에 따라 내부 또는 외부로 단차가 다르게 나타나게 된다.
• 무게감은 가장자리 머리 형태선 위에 나타난다.
• 비활동적인 질감과 활동적인 질감의 경계 부분에서 이루어진다.

33 모유두는 혈관과 신경이 연결되어 있어 영양과 성장을 담당한다.

34 비타민 A(레티놀)의 유사체로서 표피세포의 이상 각화를 억제한다.
비타민 A(상피 보호 비타민)
• 피부를 건강하게 유지시키며 시각세포 형성에 관여하며 각질생성을 예방한다.
• 결핍 시 야맹증, 안구건조증, 피부 점막의 각질화 등이 생기며 간, 달걀, 해조류, 녹황색 채소 등에 풍부하다.

35 5가지 과일산으로 구성된 AHA는 각질 제거, 피부 재생 효과가 뛰어나다. AHA(α-Hydroxy acid) pH 3.5 이상에서 10% 이하의 농도로 사용되는 AHA는 사탕수수, 우유(젖산), 구연산(오렌지, 레몬), 사과산(사과), 주석산(포도) 등 5가지 과일산으로서 수용성이다. 각질 제거, 피부 재

생효과가 있다.

36 말라리아는 제3군 감염병이다.

제2군감염병
- 예방접종을 통하여 예방 및 관리가 가능하여 국가예방접종사업의 대상이 된다.
- 디프테리아, 백일해, 파상풍, 홍역, 유행성이하선염, 풍진, 폴리오, B형간염, 일본뇌염, 수두, b형헤모필루스인플루엔자, 폐렴구균

37 크레졸
- 크레졸 비누액은 유기물이 존재해도 살균력이 저하되지 않는다.
- 환자의 배설물, 토사물 소독에 3% 용액을 동량 혼합하여 사용한다.
- 일반 실내 소독 청소로 바닥 등을 닦아내야 할 필요가 있는 경우 석탄산(2%), 크레졸(3%), 요오드, 역성비누(500배), 차아염소산나트륨(500배) 등을 사용한다.

38 승홍수는 무색, 무취하며 푸크신 액으로 착색하여 사용한다. 착색하여 사용하는 이유는 성과 살균력이 강하기 때문에 구분하기 위해서이다.

승홍수
- 살균력이 강하며 맹독성이 있어 피부 소독에는 0.1~0.5% 수용액을 사용한다(특히 온도가 높을수록 살균 효과는 더욱 강해진다).
- 금속을 부식시키며 단백질과 결합 시 침전이 생긴다.
- 식기류, 장난감 등의 소독에 사용할 수 없다.

39 표백제는 소독제에 속한다. 화장수는 피부 정돈제로서 정제수, 알코올, 보습제, 유연제, 가용화제, 기타(단충제, 점증제, 향료, 방부제) 등을 주요 성분으로 한다.

수렴화장수
- 아스트리젠트, 토닝 로션, 토닝 스킨이라 하며, 피부를 소독하고 보호하는 작용을 한다.
- 각질층에 수분 공급, 모공 수축, 피부결 정리, 피지 분비 억제작용을 한다.

40 공중위생영업자의 지위를 승계하는 자는 1월 이내에 보건복지부령이 정하는 바에 따라 시장, 군수, 구청장에게 신고하여야 한다.
공중위생영업자의 영업의 승계 : 공중위생영업자가 그 공중위생영업을 양도하거나 사망한 때 또는 법인의 합병이 있는 때에는 그 양수인·상속인 또는 합병 후 존속하는 법인이나 합병에 의하여 성립되는 법인이 그 공중위생영업자의 지위를 승계한다.

41 해방(광복) 이후 최초의 미용교육기관으로 정화고등기술학교가 개설되었다.

근대(개화기)미용의 역사
전통의 신분제를 폐지하고 복제 간소화나 양복화가 단발령의 기초가 되는 정책을 시행하였다.
개화기를 맞았지만 나라가 존속하는 한 궁중양식에서도 그대로였다. 조선조 후기 예장에 어여머리, 큰머리를 그대로 존속하였으며 서민의 기혼녀는 기호를 중심으로 이남은 쪽진머리, 서북은 얹은머리 형태가 그대로 유지되었고 미혼녀는 댕기머리가 주를 이루었다.
- 1920년 김활란의 단발머리, 이숙종의 높은 머리(일명 다까머리)가 혁신적인 변화로서 유행하였다.
- 1933년 오엽주가 일본에서 미용기술을 배워 화신백화점 내에서 우리나라 최초로 미용실을 개원하였으며 예림고등기술학교를 설립하였다.
- 광복이후 김상진에 의해 현대미용학원이 설립되었다.
- 6.25 사변 이후 권정희는 정화고등기술학교(사범 2년제 도입)를 설립하였다.

42 샴푸제는 세척제로서 트리트먼트제가 아니다.

43 그라데이션(Gradation)은 '단계, 층을 점차적으로 미세하게 내다'라는 뜻으로서 모발에 단차(45°)를 주는 정도가 미세하다.

44 크레스트(Crest)는 웨이브의 각부 명칭에 해당된다.

컬의 각부 명칭
① 루프(Loop, Circle) : 모다발이 원형(C컬)으로 말린 상태이다.
② 베이스섹션(Base section) : 모발의 근원(뿌리 부분)으로서 두피에 구획된 베이스 모양과 크기를 포함한다.
③ 피봇 포인트(Pivot point) : 선회축으로서 컬이 말리기 시작하는 크기로서 리보닝이라고도 한다.
④ 스템(Stem) : 베이스에서 피봇 포인트까지의 모간(줄기) 부분으로서 모다발의 양을 일컫는다.
⑤ 앤드 오브 컬(End of curl) : 스케일된 모다발 끝 지점으로서 플러프(Fluff)라고도 한다.

45 10등급은 모발 내 지배 색소가 흰색에 가까운 노란색으로서 따뜻한 반사 빛의 자연모는 밝게 표현되나 차가운 반사 빛의 자연모는 어둡게 표현된다.

46 파팅은 모발 관점에서 원하는 방향으로 상·하, 좌·우로 나누는 것을 의미한다. 헤어 커트 작업 중 가장 기본 기술로서 파팅은 커트 절차 중 일부분으로 생각할 수 있으나 머리 형태를 만들고 난 뒤의 모습까지 생각해야 하는 기본 기술이다.

47 열량 영양소는 지방, 단백질, 탄수화물 등 3대 영양소를 말하며 에너지 공급원이다.

영양소
- 구성 영양소 : 단백질, 무기질, 물 등은 신체조절 영양소로서 신체조직을 구성한다.
- 조절 영양소 : 비타민, 무기질, 물 등은 신체구성 영양소로서 생리기능과 대사조절 작용을 한다.

48 세균의 특정 활성분자들의 활성을 정지시키거나 저해시켜 살균작용을 하는 것은 화학적 살균법이다.

소독제의 살균기전
- 균단백질 응고와 변성작용을 한다. 석탄산, 알코올, 크레졸, 포르말린, 승홍수 등
- 효소계 침투작용에 의해 세포막과 세포벽을 파괴하는 균체의 효소 불활화 작용을 한다.
  예 알코올, 석탄산, 역성비누, 중금속염 등
- 계면활성제 작용으로 세포벽을 파괴하고, 세포막 투과성을 저해하며 다른 물질과의 접촉을 방해한다.
- 특이적 화학 반응으로서 화학물질이 미생물의 조효소 등 특정 활성 분자들의 활성을 저해시키거나 활동을 정지시키는 중금속염의 형성 작용을 한다. – 승홍, 질산, 머큐로크롬 등
- 산화작용을 한다. – 과산화수소, 오존, 염소유도체, 과망간산칼륨 등
- 가수분해 작용을 한다. – 강산, 강알칼리, 열탕수 등
- 탈수작용을 한다. – 식염, 설탕, 알코올, 포르말린 등

49 플로랄 부케
- 꽃에서 추출되는 향으로 로즈마리, 재스민, 라벤더, 제라늄, 캐모마일 등이 있다.
- 성기능 강화, 항우울증, 해독작용에 효능이 있다.

50 신고를 하지 아니하고 영업소 명칭(상호)을 변경한 때 행정처분 기준
1차 위반 2차 위반 3차 위반 4차 위반경고 또는 개선명령
영업정지 15일 영업정지 1월 영업장 폐쇄명령

51 알레르기 감각세포인 항원전달(랑게르한스)세포는 면역작용에 관여하며 항원을 탐지한다.

52 피부사상균(곰팡이균)은 무좀으로 발가락 사이, 발바닥에 나타난다.

53 ①, ②는 항산화제에 해당된다. ④ 비타민 K는 혈액응고에 관여한다.

54 피지의 분비는 남성호르몬인 안드로겐의 영향을 받는다.

55 소화기계(수인성) 감염병
- 환자나 보균자의 분뇨를 통해 병원체가 음식물 또는 식수를 오염시키거나 개달물을 매개로 경구감염된다.
- 콜레라, 폴리오, 장티푸스, 파라티푸스, 유행성간염, 세균성이질, 아메바성이질 등이 있다.

56 비타민 E는 항산화제로서 토코페롤이라고도 한다.
- 호르몬 생성, 임신 등 생식기능에 관여하며 노화방지나 세포재생을 돕는다.
- 결핍 시 불임증, 피부노화 등을 유발하며 두부, 곡물의 배아, 버터, 푸른잎 채소, 식물성 유지 등에 풍부하게 함유되어 있다.

57 요충은 도시 소아의 항문 주위에 산란함으로써 침구, 침실 등에서 충란으로 오염되며, 집단감염과 자가감염(손가락)을 일으킨다.

58 신체의 직접접촉에 의한 비말(침, 가래, 콧물)감염으로는 파상풍, 탄저, 홍역, 구충증, 급성회백수염, 인플루엔자 등이 있다.

59 피라미드형의 인구유형은 출생률이 높고 사망률이 낮은 인구증가형이다.

60 1989년에 우리나라 최초로 전 국민에게 의료보험이 적용되었다.

메모

메모

미용사 일반
필기시험 최종마무리

2017. 1. 17. 초 판 1쇄 발행
2018. 1. 5. 개정 1판 1쇄 발행
2019. 1. 16. 개정 2판 1쇄 발행
2020. 1. 6. 개정 3판 1쇄 발행
2021. 1. 19. 개정 4판 1쇄 발행

지은이 | 한국미용교과교육과정연구회
펴낸이 | 이종춘
펴낸곳 | BM (주)도서출판 성안당
주소 | 04032 서울시 마포구 양화로 127 첨단빌딩 3층(출판기획 R&D 센터)
　　　 10881 경기도 파주시 문발로 112 파주 출판 문화도시(제작 및 물류)
전화 | 02) 3142-0036
　　　 031) 950-6300
팩스 | 031) 955-0510
등록 | 1973. 2. 1. 제406-2005-000046호
출판사 홈페이지 | www.cyber.co.kr
ISBN | 978-89-315-8123-2 (13590)
정가 | 15,000원

이 책을 만든 사람들

책임 | 최옥현
기획 · 진행 | 박남균
교정 · 교열 | 디엔터
내지 디자인 | 홍수미
표지 디자인 | 박원석, 디엔터
홍보 | 김계향, 유미나
국제부 | 이선민, 조혜란, 김혜숙
마케팅 | 구본철, 차정욱, 나진호, 이동후, 강호묵
마케팅 지원 | 장상범, 박지연
제작 | 김유석

www.cyber.co.kr ★★★
성안당 Web 사이트

■ 도서 A/S 안내

성안당에서 발행하는 모든 도서는 저자와 출판사, 그리고 독자가 함께 만들어 나갑니다.
좋은 책을 펴내기 위해 많은 노력을 기울이고 있습니다. 혹시라도 내용상의 오류나 오탈자 등이 발견되면 **"좋은 책은 나라의 보배"**로서 우리 모두가 함께 만들어 간다는 마음으로 연락주시기 바랍니다. 수정 보완하여 더 나은 책이 되도록 최선을 다하겠습니다.
성안당은 늘 독자 여러분들의 소중한 의견을 기다리고 있습니다. 좋은 의견을 보내주시는 분께는 성안당 쇼핑몰의 포인트(3,000포인트)를 적립해 드립니다.
잘못 만들어진 책이나 부록 등이 파손된 경우에는 교환해 드립니다.

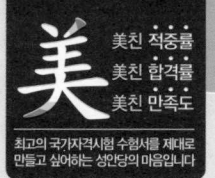